U0296411

低温共烧陶瓷系统级封装（LTCC-SiP）：5G时代的机遇

于洪宇　王美玉　谭飞虎　著

科学出版社

北京

内 容 简 介

5G 的蓬勃发展推动了电子封装技术的革新，低温共烧陶瓷系统级封装（LTCC-SiP）作为一种集成度高、性能优越的解决方案，正逐步成为射频前端和毫米波通信领域的核心技术。本书从基础理论到实际应用，分七章逐步展开。首先基于 5G 的研发背景，剖析其对系统级集成技术的需求，其次详细介绍了 SiP 技术和 LTCC 技术的研究进展和技术优势，深入解析 LTCC-SiP 在材料、工艺、性能等方面的核心优势与技术瓶颈。最后分析了 LTCC-SiP 的技术难点，探讨其在 5G 智能终端、可穿戴设备、天线封装等领域的广阔前景。

本书适合从事电子封装、射频通信、材料研发的专业人士及高校师生，可为行业内人士探索半导体封装技术的创新与市场机遇提供重要参考。

图书在版编目（CIP）数据

低温共烧陶瓷系统级封装：LTCC-SiP：5G 时代的机遇 / 于洪宇，王美玉，谭飞虎著. -- 北京：科学出版社，2025.3. -- ISBN 978-7-03-081227-8

Ⅰ. TQ174.6

中国国家版本馆 CIP 数据核字第 2025K1G223 号

责任编辑：郭勇斌　邓新平　覃　理 / 责任校对：任云峰
责任印制：徐晓晨 / 封面设计：义和文创

科学出版社 出版
北京东黄城根北街 16 号
邮政编码：100717
http://www.sciencep.com

北京华宇信诺印刷有限公司印刷
科学出版社发行　各地新华书店经销

*

2025 年 3 月第　一　版　开本：720 × 1000　1/16
2025 年 3 月第一次印刷　印张：14 1/4
字数：276 000
定价：128.00 元
（如有印装质量问题，我社负责调换）

目　录

第一章　5G 与系统级集成

第一节　5G 的研发背景与发展历程

一、5G 的研发背景

自从 20 世纪 70 年代第一代移动通信技术问世以来，移动通信技术一直在不断发展。移动通信技术一直遵循着每十年更新一代的规律，每一次的技术进步都对产业升级和经济社会发展起到了重要的推动作用。从 1G 到 4G，每一代技术都在不同程度上改变了人们的生活方式和工作方式。1G 到 2G 的升级实现了由模拟通信到数字通信的转变，让移动通信服务普及到千家万户，而 2G 到 3G、4G 的发展则实现了从语音业务到数据业务的转变，提升了传输速率，推动了移动互联网应用的普及和繁荣。当前，移动网络已深度融入我们的生活，令人们的沟通、交流方式发生了深刻的变革。4G 网络的优秀表现让互联网经济得到繁荣发展，同时解决了人们想要随时随地交流的问题。但是随着移动互联网的快速发展，新服务、新业务不断涌现，移动数据流量呈爆炸式增长，4G 系统逐渐不能适应高数据流量的应用场景，因此必须开发下一代移动通信（5G）系统来满足未来移动数据流量暴涨的需求。在当前的信息时代，5G 的应用已经给人们的生活带来了巨大的改变。

5G，即第五代移动通信技术（fifth generation of mobile communications technology），是一种具有高速率、低时延和大连接特点的新一代宽带移动通信技术。与前几代移动通信技术相比，5G 具有更高的通信速率、更低的时延和更高的连接密度等显著特点。1G 是第一代移动通信技术，传输速率较慢，质量差，只能基本实现语音功能。而 5G 则具有极高的速率、大容量、多连接能力，可以实现高清音视频、物联网（internet of things，IoT）、自动驾驶等诸多场景。2G、3G 分别是第二代及第三代移动通信技术，其核心分别是全球移动通信系统（GSM）和码分多址（CDMA），主要实现了数字语音和低速数据传输，与 5G 相比它们的通信速率和连接能力均较低。4G 是第四代移动通信技术，基于正交频分复用（orthogonal frequency division multiplexing，OFDM）等技术，速度更快，但仍无法满足未来对先进通信技术的需求。5G 能实现更加广泛的业务应用，其目标不仅仅在于解决人与人之间的通信，更重要的是要为用户提供更加身临其境的极致业务体验。人们通过 5G 可以体验增强现实、虚拟现实、超高清（3D）视频等丰富的内容，沉浸其中。此外，5G 也可以解决人与物、物与物之间的通信问题，满足物联网应用需求。目前 5G 已经渗透到社会的各行各业，成为支撑经济社会数字化、网络化、智能化转型的关键基础设施。

5G 的发展主要基于技术进步和市场需求的大环境。首先，在技术进步方面，5G 是通信技术进步的必然结果，在 5G 之前，1G 到 4G 的不断发展，推动了移动通信设备的普及和移动互联网的繁荣，5G 的出现标志着从"人人互联"向"万物互联"的跨越。其次，在市场需求方面，5G 的发展受到移动数据需求爆炸式增长的驱动，随着智能终端和应用的增多，现有的移动通信系统难以满足日益增长的数据传输速率和容量需求，因此急需研发新一代的 5G 系统。5G 不仅提升人与人之间的通信体验，还促进人与物、物与物之间的连接，满足移动医疗、车联网、智能家居、工业控制、环境监测等多个领域的需求。具体来说，5G 的发展背景主要体现在以下几个方面。

（1）技术演进的必然趋势：随着通信技术从 2G、3G 到 4G 的不断发展，每一次技术迭代都带来了网络速度、容量和效率的大幅提升。5G 作为新一代通信技术，是通信技术发展的必然趋势，能够满足未来社会对更高效、更智能、更可靠的通信需求。

（2）数字经济与智能化社会的需求：随着数字经济的蓬勃发展，物联网、云计算、大数据、人工智能等新一代信息技术与经济社会各领域深度融合，对通信网络的速度、容量和智能化水平提出了更高的要求。5G 以其高速率、大容量、低时延的特性，为数字经济的进一步发展提供了强大的技术支撑。

（3）全球竞争与合作的推动：在全球范围内，各国都在积极投入 5G 甚至 5.5G 和 6G 的研发、试验和商用部署，以抢占未来信息通信技术的制高点。这种全球竞争促进了 5G 的快速发展，同时也推动了全球范围内的合作与共享，加速了 5G 的标准化和普及。

（4）政策引导与支持：许多国家和地区都将 5G 作为国家战略进行布局，通过制定相关政策、提供资金扶持、建设基础设施等方式，推动 5G 的研发和应用。这些政策举措为 5G 的发展提供了有力保障，促进了 5G 的商用化进程。

5G 的发展是技术演进、数字经济与智能化社会需求、全球竞争与合作以及政策引导与支持等多方面因素共同作用的结果。目前，5G 的发展主要围绕着移动互联网流量的爆炸式增长、对时延和可靠性要求极高的垂直行业应用需求，以及以传感和数据采集为目标的应用需求等展开。

二、5G 的发展历程

5G 的发展历程中有多个重要时刻和关键事件。在 5G 的研发过程中，频谱资源的分配和利用成为了一个重要命题。国际电信联盟（International Telecommunication Union，ITU）在万国无线电通信大会上确定了5G频谱的使用范围，为5G的实施提供了基础频段和扩展频段的指导。同时，国际标准化组织（International Organization for Standardization，ISO）和第三代合作伙伴计划（Third Generation Partnership Project，3GPP）等机构也积极参与5G标准的制定，以确保全球范围内的互操作性和一致性。随着5G标准的逐步完善，各国纷纷投入资源进行5G的创新和试验。美国、中国、韩国等国家都成立了5G研究中心，并投入大量资金进行5G的研发和应用。这些努力使得5G逐渐从理论走向实践，为商业化应用奠定了坚实基础。

2013年2月，欧盟最先启动了5G基础设施公私合作伙伴关系（the 5G infrastructure public private partnership，5G PPP）计划，旨在将5G从实验室推向商业应用。开启了"面向5G研发的METIS"项目，计划拨款5000万欧元来促进5G的发展，并希望于2020年推出成熟的标准。同年，韩国三星电子有限公司宣布已成功开发第五代移动通信的核心技术，并预计于2020年开始推向商用。随后，我国工业和信息化部、发展和改革委员会、科学技术部于2013年4月共同支持成立了IMT-2020（5G）推进组，旨在成为推动5G发展的平台，组织国内各方力量并积极开展国际合作，共同推动5G国际标准的发展，从而引领5G的新时代。

2014年，我国提出了5G研发和标准制定的国家战略，并设立了一系列资金来支持相关研究工作。同年，全球移动通信标准制定组织3GPP也启动了5G的标准化工作。同年，5月8日，日本电信运营商NTT docomo宣布与爱立信、诺基亚、三星等六家厂商达成共识，合作测试高速5G网络。该网络将拥有超越4G网络1000倍的网络承载能力，可以实现10 Gbps的数据传输速度。

随着研究的深入，2016年3GPP发布了首个5G新无线接入技术（5G new radio，5GNR）的国际标准，这一标准确立了新无线接入技术的基本原则和性能要求，为5G的发展奠定了基础。2016年1月，我国也启动了5G的研发试验，并计划于2016~2018年分三个阶段实施，即5G关键技术试验、5G方案验证以及5G系统验证。2016年5月31日中国、欧盟、美国、日本和韩国的5个5G推进组织，在北京联合举办了第一届全球5G大会。

2017年11月15日，我国工业和信息化部发布了《关于第五代移动通信系统使用3300—3600 MHz和4800—5000 MHz频段相关事宜的通知》，该通知确定了5G所需的频谱范围，以满足对系统覆盖和大容量的基本需求。同年11月下旬，工业和信息化部发布通知启动5G研发试验第三阶段工作，并计划在2018年年底前实现第三阶段试验的基本目标。2017年12月21日，在全球移动通信标准制定组织3GPP RAN部门第78次全体会议上，5G NR首发版本正式冻结并发布。同年12月，国家发展和改革委员会发布《关于组织实施2018年新一代信息基础设施建设工程的通知》，通知要求"（1）明确在6 GHz以下频段，在不少于5个城市开展5G网络建设，每个城市 5G 基站数量不少于 50 个，形成密集城区连续覆盖；（2）全网 5G 终端数量不少于 500 个；（3）向用户提供不低于 100 Mbps、毫秒级时延 5G 宽带数据业务；（4）至少开展 4K 高清、增强现实、虚拟现实、无人机等 2 类典型 5G 业务及应用。"这些措施为我国 5G 的发展提供了强有力的支持，预示着 5G 时代的到来。

此后，全球范围内的 5G 研发和应用进入了快车道。2018 年，5G 正式商用化，韩国成为世界上首个推出商用 5G 网络的国家。随后，美国、中国等国家也纷纷推出了商用 5G 网络，推动了全球 5G 商用化的步伐。2018 年 2 月 27 日，华为在世界移动通信大会（MWC2018）上发布了首款符合 3GPP 标准的 5G 商用芯片（巴龙 5G01）以及 5G 商用终端。这些产品支持全球主流的 5G 频段，包括 Sub-6 GHz（低频）和毫米波（高频），理论上可以达到最高 2.3Gbps 的数据下载速率。同年 6 月 13 日，3GPP 5G NR 标准独立组网（standalone，SA）方案在 3GPP 第 80 次 TSG RAN 全会中正式完成并发布，这标志着第一个真正完整的国际 5G 标准正式推出。2018 年 12 月 1 日，韩国的三大运营商 SK、KT 和 LG U＋在韩国部分地区同步推出了 5G 服务，开启了全球新一代移动通信服务的商用历程。首批采用 5G 服务的地区包括首都圈，以及韩国六大广域市的市中心，之后逐步扩大覆盖范围。2018 年 12 月 10 日，我国工业和信息化部正式宣布向中国电信、中国移动、中国联通发放了 5G 系统中低频段试验频率使用许可。这意味着基础电信运营企业开展 5G 系统试验所必需使用的频率资源得到了保障，为我国 5G 产业链的成熟与发展发出了明确信号。

2019 年 6 月 6 日，我国工业和信息化部正式向中国电信、中国移动、中国联通和中国广电颁发了 5G 商用牌照，标志着我国正式进入 5G 商用元年。同年 10 月，5G 基站得到了工业和信息化部的入网批准，并获得了国内首个无线电通信设备的进网许可证，意味着 5G 基站设备将正式接入公用电信商用网络。

2020 年，我国每周增加超过 1 万个 5G 基站，同时 5G 用户量也在不断攀升。截至 2020 年 4 月，5G 用户数量已经突破 3600 万户，仅当月就增加了 700 多万户。2020 年 12 月 22 日，工业和信息化部向中国电信、中国移动、中国联通三家基础电信运营企业颁发 5G 中低频段频率使用许可证，允许这些企业利用现有的 4G 频率资源重整后用于 5G，以加快推进 5G 网络规模部署。

工业和信息化部、中央网络安全和信息化委员会办公室、国家发展和改革委员会等十部门于 2021 年 7 月 12 日联合印发的《5G 应用"扬帆"行动计划（2021—2023 年）》提出，到 2023 年我国要实现 5G 在大型工业企业渗透率达到 35%、各重点行业 5G 示范应用标杆数达到 100 个、5G 物联网终端用户数年均增长率达到 200% 三大指标。截至 2021 年 12 月，我国累计建成并投入使用了 142.5 万个 5G 基站，总量占全球 60% 以上，这些基站构成了当时规模最大、技术最先进的 5G 独立组网网络，每万人拥有 5G 基站数量高达 10.1 个。全国所有地级市城区、超过 97% 的县城城区和 40%的乡镇镇区都实现了 5G 网络覆盖。此外,我国已经拥有 4.5 亿 5G 终端用户,占据全球市场的 80%以上。

2022 年,华为和北京联通共同发布了全球最大规模的 5G 200 MHz 大带宽城市网络,拥有超过 3000 个基站。根据实际路测结果,5G 用户的下行峰值速率可达 1.8 Gbps,下行平均速率为 885.7 Mbps,上行平均速率为 260.4 Mbps,5G 网络的载波聚合(carrier aggregation,CA)生效比达到了 85%。截至 2022 年 9 月底,我国三家基础电信运营企业的移动电话用户总数达到了 16.82 亿户。在这些用户中,5G 移动电话用户数量为 5.1 亿户,占移动电话用户的 30.3%。此外,我国的移动通信基站总数达到了 1072 万个,其中包括 222 万个 5G 基站。2022 年 10 月 31 日,我国迎来了 5G 正式商用的第三周年。中国电信与中国联通已建成了全球首张 5G 独立组网共建共享网络,成为了业界规模最大、速率最快的 5G 网络之一。2024 年 4 月,中国已建成 5G 基站 374.8 万个,在全球 5G 基站部署量占比超 2/3,5G 移动电话用户达 8.89 亿户,在全球 5G 用户数占比超 52%。5G 套餐用户总数达 13.96 亿户,移动互联网用户数达 15.4 亿户。

5G 的产生主要是为了满足未来移动宽带通信的需求,提高通信速率,降低通信成本,提升通信体验。随着物联网、大数据、云计算等技术的逐渐成熟,未来数字化、网络化、智能化将成为通信产业发展的主要趋势。5G 标准化工作主要由国际电信联盟(ITU)、第三代合作伙伴计划(3GPP)等组织牵头进行。目前,5G 标准化工作取得了重要进展,全球范围内各地区陆续完成 5G 商用服务部署。5G 商用进展迅速,各国运营商均纷纷宣布 5G 商用计划。当前,全球已有多个国家正式进入 5G 商用阶段,助力推动经济加速迈向全面数字化时代。

随着网络基础设施的日益坚实,5G 在各个领域的应用也日趋广泛。例如,在远程医疗、自动驾驶、智能制造等领域,5G 的高速率、低时延特性为这些领域的发展提供了强大的支持。此外,我国的 5G 产业发展也取得了显著成果。我国企业在 5G 标准必要专利方面占据领先地位,华为等国内企业在 5G 领域的实力得到了全球认可。同时,我国政府也积极推动 5G 的应用和发展,出台了一系列政策扶持 5G 产业的发展。

总之,5G 的发展历程是一个全球范围内合作与竞争并存的过程,各国都在积极投入研发和应用 5G,以抢占未来信息通信技术的制高点。

第二节　5G 的技术特点与性能局限

一、5G 的技术特点

5G 的技术特点主要体现在以下几个方面。

（1）高速率：5G 网络具有极高的数据传输速率，5G 网络的理论峰值传输速率可达 20 Gbps，比 4G 网络快 10 倍以上，能够支持高清视频流、虚拟现实等应用，显著提升用户体验。

（2）低时延：5G 网络的时延极低，通常只有几十毫秒，甚至可以达到更低的水平如 1 ms。这种低时延特性使得 5G 网络能够更好地支持对实时性要求较高的应用，如实时控制、远程医疗、自动驾驶等。

（3）大连接：5G 网络具有大规模连接的能力，可以同时连接数百万甚至更多的设备，并且可以实现超高密度连接，5G 能够支持每平方公里高达 100 万个设备的连接，远高于 4G 的连接能力，这使得 5G 网络能够支持物联网的大规模应用，实现万物互联。

（4）广覆盖范围：5G 网络不仅提供广泛的覆盖范围，还具备深度覆盖的能力，能够在复杂环境中提供稳定的网络服务。

（5）高兼容性：5G 支持多种应用场景，包括增强移动宽带（eMBB）、超高可靠低时延通信（uRLLC）和机器类通信（mMTC），以满足不同垂直行业的需求。

（6）低能耗：5G 支持大规模物联网应用，具备低能耗特性，有助于提升网络效率和设备续航能力。

（7）高安全性：5G 网络采用更安全、可靠的加密技术，具备更高的弹性和可扩展性，保护用户信息和隐私。

（8）高可靠性：5G 网络在设计时考虑了高可靠性的需求，通过采用先进的编码和调制技术，以及优化网络架构和协议，确保数据传输的准确性和稳定性。

（9）高能效：5G 网络在提供高性能的同时，也注重能效的提升。通过采用先进的节能技术和优化网络资源配置，5G 网络在提高能效方面取得了显著进展。

总的来说，5G 的这些特点使得它在多个领域具有广泛的应用前景，包括但不限于工业自动化、智慧城市、智能家居、远程医疗、自动驾驶等。这些特点使 5G 成为未来移动通信的关键，能够推动智能手机、机器学习、虚拟现实、车联网和无人机等领域的快速发展。随着 5G 的不断发展和完善，相信未来会有更多的创新应用涌现出来。5G 时代通信技术的发展，具有非常重要和深远的意义，具体体现在以下四个方面。

（1）提升网络速度：5G 相比于 4G，在网络速度上有了大幅度的提升。在 5G 网络下，用户可以更快地进行文件传输、视频观看、游戏下载等操作。这对于提高工作效率、丰富娱乐方式都有着积极的意义。

（2）支持新兴应用：物联网、虚拟现实、增强现实等新兴技术的不断发展，对网络的传输速率和稳定性提出了更高的要求。5G 为这些新兴应用的发展提供了强有力的支持，有利于推动技术的普及和应用。

（3）促进产业发展：5G 的应用还将对各行各业产生深远的影响。它将推动工业自动化、智能制造、智慧城市等领域的发展，提升产业效率和竞争力。

（4）推动数字经济发展：5G 也将进一步推动数字经济的发展。它将加速信息的获取和传播，促进电子商务、互联网金融、线上教育等数字经济领域的发展，推动经济社会的转型升级。

为了更好地提高 5G 的运行传输速率，在 5G 系统的设计中将会进一步采取频谱效率的技术，如一些波形设计技术、多天线技术等。在无线网络方面，将会采用一些新兴的网络架构技术，对 5G 移动通信进行新一轮提高。5G 移动通信的关键技术，主要采用的是超高能的无线传输技术和高密度的无线网络技术[1]。

1. 无线传输技术

1）MIMO 技术

多输入多输出（multiple-input multiple-output，MIMO）技术是指采用大量天线阵列的基站，同时为众多终端用户提供服务的技术。与传统多天线系统相比，MIMO 技术能提高谱效和能效，同时在高可靠性方面也有所提升。配置了大规模天线阵列的基站，可以通过混合波束赋形技术，实现多个天线元素朝着同一方向进行收发。在混合波束赋形的过程中，首先进行数字波束赋形，生成一定数量的射频链；接着进行模拟波束赋形，形成赋形波束。采用混合波束赋形的基站不仅可以为用户提供更高的天线增益，还能通过预编码技术在多用户 MIMO 中同时为更多用户提供服务，具有高能效和高谱效的优势。然而，由于混合波束赋形需要对大量天线元素和射频链进行预编码操作，运算复杂度较高，为实现和仿真带来了巨大挑战[2]。

MIMO 技术的优势是空间分辨率与现有的无线传输技术相比已经得到了很大程度的加强。在这种情况下，它能够进一步地挖掘空间，对其维度进行把握，使得不同的用户能够在同一时间自由进行通信，从而不需要增加基站密度就可以实现频谱效率的提高。此外，MIMO 技术可以将波束集中在很窄的区域内，从而能够大幅度地降低干扰，同时也能够提高功率。目前，在对 MIMO 技术的研究中，仍旧发现了一些不足。例如，传输方案基本采用的是 TDD 系统，在这些系统中，所使用的基本上都是单天线，这就导致它的数量远远小于基站天线的数量，使得导频数量会随着用户的增加而不断增加。

2）基于滤波器组的多载波技术

多载波技术在无线通信系统中有着非常广泛的运用，它能够有效提高频谱效率，对一些多径衰落现象进行对抗。其中，OFDM 技术是一种常用的多载波技术。但是，OFDM 技术存在一些不足之处。例如，各子载波具有相同的带宽，因此在运行的过程中需要保持同步，各子载波必须保持正交，这在很大程度上严重影响了使用的灵活性。为了更好地解决这一问题，所以采用基于滤波器组的多载波技术。这一技术能够广泛用于雷达信号处理、信号处理等方面。基于滤波器组的多载波技术，它不再需要各子载波之间进行正交，也不需要再进行插入循环前缀。它既能够实现各子载波之间的带宽设置，同时也能够保证其灵活性，从而实现对一些细小的零件进行控制。

2. 无线网络技术

1）超密集异构网络技术

在 5G 系统中，由于其拥有无线传输技术，因此其注定是有多种无线接入形式的。在超密集异构网络技术中，由于网络密集程度较高，使得网络节点离终端更近，能够有效地促进频谱效率以及功率的提高，并且在更大程度上提高网络系统的容量，也提高了灵活性。虽然超密集异构网络技术为 5G 移动通信提供了更加美好的前景，但是由于节点之间出现距离减少的现象，系统中也在不断地出现问题。因此，需要针对这一技术进行改进，在这一基础上，通过利用有线回传方式，能够有效地节约资源，也能够有效地简化程序，使移动通信运行更好地发展。

2）自组织网络技术

为了和传统的移动通信技术进行区分，减少人力和物力资源的投入，因此在满足客户需求的同时，有研究提出了在移动通信中运用自组织网络技术。通过在网络中引入自组织网络技术，包括自我配置、自我优化等，在更大程度上减少人工的干预，目前自组织网络技术已经呈现出明显优势。5G 是融合、协同多制式共存的异构网络，业务、时间、空间等不断地变化，有必要使网络部署也适应这些动态变化。为了保证终端移动过程的平滑性，我们必须采用双连接的形式对目标进行优化选择。

3）内容分发网络

内容分发网络是为了有效地提高用户访问网站的响应速度而提出的一种新的概念。此前，一般情况下内容的发布都由提供商完成，而随着互联网访问的急剧增加，服务器很容易出现高负载的现象，使网络更加拥塞，网站响应的速度也越来越慢。在此情况下，采用缓存服务器，并且将这些服务器尽可能地分布到比较集中的区域。根据网络流量和节点之间的连接关系，用户信息会导向距离最近的服务点上，这样使用户可以就近选取内容，从而很好地解决网站响应速度慢的问题。

二、5G 的性能局限

5G 尽管带来了许多显著的进步和优势，但仍然存在一些性能局限与挑战，以及一些影响 5G 性能的因素。以下是一些主要的性能局限与影响因素。

（1）技术问题：5G 的部署和建设仍面临一些技术挑战。首先，全球需要建立统一的 5G 标准，减少不同国家和地区网络设施的差异，降低互联互通的难度。

其次，5G 的频谱、天线和芯片等关键技术也需要持续优化和完善，如网络切片、服务质量（QoS）保证和边缘计算等功能的实现。这些技术对于提升 5G 网络的性能和效率至关重要。

（2）经济问题：高昂的建设成本。5G 网络的建设需要大量的基站和设备，尤其是在高频段下，由于电磁波频率高、指向性强，需要更多的基站来实现覆盖，这使得建设成本显著上升。此外，还需要考虑网络规划、优化和运营等方面的成本，整体投资规模较大。5G 的建设涉及巨额的投资，这对一些经济不发达的国家和地区来说可能是一个沉重的负担。同时，5G 的普及还需要等待市场需求和资金供给的合理匹配，并需要政府税收、政策支持等良好政策环境的配合。

（3）应用场景的局限性：虽然 5G 网络在传输速率、延迟和连接数等方面有显著提升，但是真正需要 5G 高速率、低时延特性的应用场景还相对有限。

（4）安全问题：5G 的高速连接和大容量数据传输能力也带来了一些安全隐患。网络黑客可能会利用这些特性进行入侵，增加了网络安全风险。因此，加强 5G 网络的安全防护至关重要。

（5）频谱资源：速率受到可用频谱资源的限制。不同的地区和运营商可能分配给 5G 网络的频谱不同，有些频谱带宽较窄，限制了数据传输速率的上限。

（6）网络覆盖和稳定性：5G 网络的速率和性能也受到基站的布局和网络密度的影响。在实际部署中，由于地形、建筑物等因素的影响，网络覆盖可能存在盲区或信号不稳定的情况。如果某个区域内基站数量较少或者覆盖范围不充分，可能会导致信号弱或者干扰增加，从而影响传输速率。此外，网络拥堵和故障也可能影响 5G 网络的稳定性和可用性。需要加强网络负载和流量管理，如果某个区域内连接的设备数量众多或者网络流量过大，可能会导致网络拥塞，从而降低传输速率。

（7）设备和终端的兼容能力：传输速率还取决于用户所使用的设备或终端的能力。如果用户的设备不支持高速的 5G 或者网络协议，设备和终端在兼容性和互操作性方面存在问题，就无法达到理想的传输速率，这可能导致一些设备在 5G 网络下无法正常工作，或者难以充分利用 5G 网络的高性能。

尽管存在这些局限和挑战，但随着技术的不断进步和优化，相信 5G 的性能能得到进一步提升，这些局限和挑战有望得到解决，为未来的通信领域带来更多的可能性。

第三节　5G 的应用场景及展望

国际电信联盟（ITU）对于 5G 的三大应用场景进行了定义（图 1.1），分别是：①增强移动宽带（enhanced mobile broadband，eMBB），适用于连续广覆盖和热点高容量场景需求；②超高可靠低时延通信（ultra reliable and low latency communication， uRLLC），适用于工业自动化、远程自动驾驶等低时延高可靠应用需求；③海量机器类通信（massive machine type communication，mMTC），适用于低功耗大连接的物联网需求。这些场景对 5G 的性能提出了更高要求，5G 标准演进和商用部署情况表明，eMBB 场景已率先完成标准化并得到广泛应用，并逐渐向 uRLLC 场景渗透，最后会向 mMTC 发展[3]。三种不同的 5G 应用场景需要满足不同的需求，并且保证不同领域的设备不断连接网络，在 5G 网络资源有限的情况下，需要通过网络切片技术来优先保证网络质量要求较高的业务，同时兼顾处理优先级较低的业务[4]。

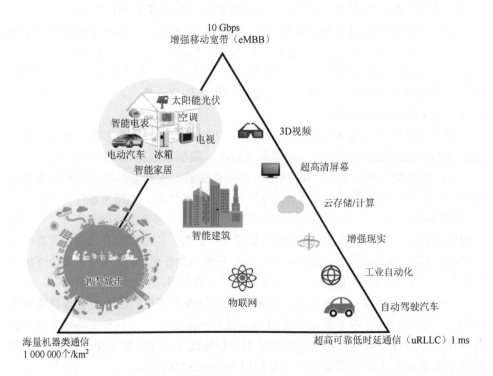

图 1.1　5G 的典型应用场景，包括增强移动宽带（eMBB）、超高可靠低时延通信（uRLLC）和海量机器类通信（mMTC）[5]

　　eMBB 场景针对的是以人为主体的通信模式，其目的是为用户提供极致的数据连接体验。用户体验数据传输速率可达 1 Gbps，每平方公里范围内最大可支持一百万的连接数密度，并且适应 500 km/h 的终端移动速度。相较于 4G 网络，eMBB 场景所带来的超大连接流量对现有的移动安全防护机制提出了严峻挑战。以防火墙和入侵防御为核心的安全边界防护设备可能会受到极其严重的冲击，同时以流量分析、安全审计、Web 安全防护为核心的服务端内网安全防护设备也将面临极大的压力。在应对 eMBB 场景下的巨大数据流量方面，现有的终端侧安全防护机制和数据安全存储仍缺乏有效手段。

uRLLC 场景不仅支持终端用户面达到超低时延，即上行和下行的延迟均低至 0.5 ms，也能满足垂直行业用户接近 100%的超高可靠性数据传输的需求。该场景为工业控制、无人驾驶和自动化处理提供了通信保障，极大地提高了这些应用的可用性。为了保证 uRLLC 场景的超低时延和高可靠性，需要在通信链路中部署一系列高级别的安全防护机制，从终端侧到核心网全方位保障网络安全。此外，还可采用优化措施来降低防护机制所带来的时延。从安全的角度来看，低时延和高可靠是相互矛盾的特性。为了保证高可靠性，通常会在 uRLLC 场景终端添加接入鉴权、传输加密和存储加密等安全保密机制，但这必然会增大通信时延。在保证安全性的前提下尽可能满足低时延的要求，可以采用轻量级鉴权协议和密码算法来权衡低时延和高可靠对于安全措施的保障需求。

mMTC 场景主要服务于物联网应用，为大量分布在边缘的节点提供蜂窝网络接入服务。该服务具备广泛的业务应用场景和地域覆盖范围，但也面临着终端能力有限、设备标准分化和连接数量大等问题，考虑这些局限性，mMTC 对安全防护也需要具备严格的标准。但由于物联网终端设备的种类、能力、形态及生产供应商的标准分化，所以还需要在统一架构下实现差异化的安全防护策略。物联网终端的数量预计会达到千亿级，并且大部分是部署在边缘节点的终端设备，但其计算和存储资源有限，无法配置相应的复杂的安全防护措施，具有泛在特性，若被攻击，很容易形成僵尸网络，给业务应用后台服务器带来极其严重的安全隐患，并且可能引发 5G 网络运行中断和瘫痪等问题。

eMBB、uRLLC 和 mMTC 作为 5G 的三大应用场景对 5G 的带宽和覆盖范围提出了较高的要求。但是，由于大部分的低频段电磁波已被 2G/3G/4G 网络占用，因此为 5G 提供大量且连续的空闲频谱资源存在较大的困难。对此，5G 转向占用资源较少的毫米波频段以及其他高频段。但是，随着信号频率的提高，其传输距离减小，运营商需要建设更多的 5G 基站以实现信号的高密度和连续覆盖，保障用户的网络性能。同时，由于 5G 承载了更高的业务量，因此也对基带单元的处理能力提出了更高的要求，相应地增加基站的功耗。为了保证覆盖距离，还需要提高 5G 射频模块 AAU 的发射功率，这同样会增加基站的功耗。因此，在建设 5G 网络时，都需要充分考虑这些因素，以保障用户体验并实现 5G 应用场景的良好发展。

其中，eMBB 场景是指对于频谱效率和系统吞吐量等性能指标有较高要求的场景。为满足该场景性能需求，需采用多种技术手段，如 MIMO 技术、毫米波通信和多用户调度等[2]。这些技术可以极大地提高网络的容量和效率，从而支持更高质量的移动宽带服务。毫米波通信是一种无线电波通信，其波长为毫米级，工作频率在 30～300 GHz。与低频段相比（如 6 GHz 以下），毫米波通信有着更高的带宽。在相同的信道情况下，带宽越大，系统的容量也就越高。因此，在提升 eMBB 场景的系统容量和速率方面，毫米波技术发挥着关键作用。然而，高频段电磁波在传播中易受到较大的干扰，且穿透力较弱，特别是在复杂的空间环境中传播或传播距离较远时，会产生很高的能量损失。即使使用混合波束赋形技术将能量集中在几个方向上，从根本上解决毫米波覆盖性能较差的问题也存在较大困难[2]。异构组网是提高毫米波覆盖性能的有效方案之一。当在蜂窝小区内同时放置工作在低频段的宏基站和工作在毫米波频段的微基站时，可以综合利用它们的优势，实现更加完善的网络覆盖。在微基站中，通过组合使用MIMO 技术和毫米波技术，可以在保证高速数据传输精确性的同时，提升系统的频谱效率。但传统的单层蜂窝网络在毫米波频段下难以提供有效的广域覆盖，如果采用宏基站和微基站同时工作在低频段的组网方式，基站间的同频干扰较大，无法获得较高的系统性能。因此，实际的异构网络系统通常由在低频段的宏基站和多个工作在毫米波频段的微基站组成，以此来增强网络覆盖性能，提高用户实际体验速率。

在无线通信中，网络中的用户通常会处于不同的信道环境下。由于无线时频资源的限制，需要采用多用户调度技术对这些有限的资源进行合理的分配，以提高系统吞吐量。根据时频资源是否复用，用户调度可以分为单用户调度和多用户调度。在单用户调度中，基站的一个资源单位（如资源块或资源元素）在同一时刻，只向一个用户提供服务。虽然这种调度方式的复杂度较低，但被调度到的用户的信噪比较高，且时频资源得不到充分合理的利用。而在多用户调度中一个资源单位同时会被多个用户占据，基站利用这个资源单位同时为多个用户传输信息，每个用户再从中解调出自己的有用信号。多用户调度的方式显然会带来用户之间的干扰，因此选择合适的用户配对，减小用户间干扰，增强系统吞吐量，对研究多用户调度十分关键。

uRLLC 作为 5G 三大典型应用场景之一，已经在多个垂直行业应用场景中得到广泛的关注，并应用于工业自动化、电力差动保护、分布式能源调控、车辆与网络通信、云计算下的虚拟现实/增强现实等业务领域。相较于适用于企业用户和个人用户场景的 eMBB，uRLLC 主要面向行业应用，其低时延主要用于数据及控制命令的无线快速传输和回传，以实现信息传递的及时性并提升协同的准确性[3]。对于 uRLLC 来说，超高可靠与超低时延是一对矛盾的综合体，无法通过单一技术实现两者兼顾，需要依靠网络各个环节的共同增强来实现平衡。3GPP 的 uRLLC标准分别从空口和核心网两方面开展关键技术研究。其中，uRLLC 的空口关键技术主要由低时延技术、高可靠技术以及确定性技术构成，其中特别受到产业关注的特性已列举在表 1.1 中。3GPP R15 版本已完成了 uRLLC 部分基础功能标准的制定。为降低 uRLLC 数据时延，一方面采用更大的子载波间隔、短时隙、快速 HARQ-ACK 以及预调度技术等，另一方面则通过采用低码率信道质量指示（channel quality indicator，CQI）、调制解调方案（modulation and coding scheme，MCS）、表格的分组数据汇聚协议（packet data convergence protocol，PDCP）、复制传输等技术，支持更高的可靠性。

表 1.1　uRLLC 空口重点关键技术列表

关键技术	R15	R16	R17	R18
低时延技术	灵活帧结构（DS 帧）	基于 sub-slot 反馈 HARQ	UE 内资源抢占/复用	UDD 技术，双工演进、无线 AI、网络节能、XR、UE 聚合、网络控制直放站等新增 8 个项目
	非时隙调度	mini-slot（任意符号，多 MO）		
	上行免授权调度配置	UE 间上行资源抢占/复用		
	自包含时隙调度	上行免调度传输增强		
	下行资源抢占机制	基于 span 的 PDCCH 检测		
高可靠技术	低码率 MCS/CQI 设计	双 HARQ-ACK 码本	HARQ-ACK 反馈增强	
	PDCCH 高聚合等级	UCI 增强		
	PDSCH/PUSCH 重复传输	PUSCH 重复传输增强		
	PDCP 重复传输（2 条冗余）	PDCP 重复增强		
确定性技术	—	SIB9 高精度授时	授时传播时延补偿	DetNet（deterministic network）技术，支持广域网范围的确定性传输保证
		以太网头压缩		
		时敏通信辅助信息		
		下行半持续调度		

R15 版本作为 5G 的首个完整版本，于 2019 年正式冻结，它奠定了 5G 的基础，为后续的演进提供了坚实的基础。R16 版本是对 R15 版本的进一步增强，在 2020 年冻结。R16 版本是在面向 uRLLC 的新应用场景下，以提高可靠性并降低时延为目标，主要针对物联网、车联网等领域进行优化和增强，进一步拓宽 5G 的应用范围。为提高低时延性能，R16 版本引入了许多新技术，包括提升短周期的检测能力、支持一组时隙内的多个物理上行控制信道（physical uplink control channel，PUCCH）进行 HARQ-ACK 反馈、支持一组带宽子集（bandwidth part，BWP）内的多个激活上行免调度传输配置，以及支持调度时的跨时隙物理上行共享信道（physical uplink shared channel，PUSCH）资源分配和动态指示等。通过这些增强技术，有效降低 5G 时延。为增强可靠性，R16 版本引入了紧凑的下行控

制信息（downlink control information，DCI）格式，实现了 PDCCH 的可靠性增强。此外，还利用短时隙级的重复传输技术，实现对 PUSCH 的可靠性增强。R16 版本支持最多 4 个无线链路控制协议（radio link control，RLC）实体的 PDCP 重复，基于多点协作的 PDSCH 传输等技术，以及针对业务性能管理需求制定的 QoS 监控功能，大幅提升了 5G NR 的可靠性[6]。

R17 版本已于 2022 年 6 月冻结，该版本支持更准确的定时精度，并研究非授权频段的实现方案。R17 版本主要关注于提升网络能效、优化网络切片等方面，此外，R17 版本还对人工智能技术展开了初步的探索，为 5G 网络的智能化和高效化提供了有力支持[7]。2024 年 6 月 18 日，在上海举行的 3GPP RAN 第 104 次会议上，R18 版本标准正式冻结，是 5G 又一重要的里程碑。值得注意的是，R18 版本不仅是 5G 标准的第四版，更是面向 5G-Advanced（5G-A）的第一个版本，预示着 5G 将进入一个全新的发展阶段。5G-A 是 5G 网络在功能上和覆盖上的演进和增强，旨在进一步提升网络的速率、延迟、连接数等关键指标，以满足未来更多样化、更高质量的应用需求。

mMTC 是 5G 在海量连接方面的重要应用场景之一。mMTC 允许大量设备装置或技术参与到物联网中，满足了用户对于覆盖区域、连接支持、功耗成本以及网络带宽等方面的需求，从而保证众多相邻设备能够同时享受顺畅的通信连接。尽管在移动通信网络中，每个传感器设备产生的数据量相对较小，对总体流量的影响较微弱。但当部署数千万甚至更多传感器时，将会对总体流量产生非常显著的影响。根据应用场景需求，mMTC 对于延迟没有极高的要求。但是，连接设备数量的不断增多给网络提供信令和连接管理能力带来了极大的挑战。为了应对这个问题，移动网络可以通过短程无线电接入技术（如 Wi-Fi、蓝牙、6LoWPAN 等）为设备提供连接。连接后，移动网络可以通过网关为设备提供超出本地区域的无线连接，从而在多应用处理方面实现更好的效果。此外，mMTC 应用更加注重人与物之间的信息交互，并具有广覆盖、多连接、高速率、低成本、低功耗等特点。这些特性使许多设备具备了支持嵌入式高速传感器、停车传感器和智能电表等应用的能力。同时，这些连接技术还需要保证不损害设备的安全功能。

如图 1.2 所示，3GPP 针对 5G 应用场景 mMTC 的标准，定义了增强型机器类型通信（enhanced MTC，eMTC）、扩展覆盖 GSM（extended-coverage GSM，EC-GSM）以及窄带物联网（narrowband internet of things，NB-IoT）[8]。这些技术可以应对低速率、超低成本、低功耗、广深覆盖、大连接需求的物联网业务，具有降低设备成本和复杂度的优势，扩大了通信服务的覆盖范围，提高了信号穿透性，同时减小了设备侧的功耗，延长了电池使用寿命。未来，3GPP 将会对这些技术进行升级，以满足更多种类的物联网应用需求。

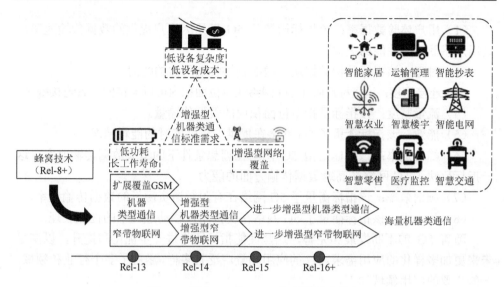

图 1.2　面向 5G 的 3GPP 物联网解决方案

　　在 3GPP 的 R13 版本中，mMTC 应用场景主要由两种技术进行支持，分别是 NB-IoT 和 eMTC，它们被广泛应用于物联网/机器类型通信中的蜂窝通信。而在 R14 版本中，3GPP 为 eMTC 和 NB-IoT 引入了一些新的特性和服务，例如，定位服务、多播服务以及更高的数据速率和移动性增强等。无论是 mMTC 还是 eMTC，都是物联网应用场景的重要组成部分，它们的共同目标是提高信息交互的效率和速度。然而，两者各具侧重，mMTC 更强调人与物之间的信息交互，而 eMTC 则主要满足物与物之间的通信需求。eMTC 是一种基于 LTE 协议演进而来的多机器互连技术，为了更加适合物与物之间的通信，也为了实现更低的成本，eMTC 对 LTE 协议进行了裁剪和优化。eMTC 的部署基于蜂窝网络，用户设备可以通过支持 1.4 MHz 的射频和基带带宽来直接接入现有的 LTE 网络。

　　eMTC 关键特性的主要目标是实现降低终端成本、提高覆盖深度和降低终端功耗以提升待机时长。为支持海量物联网终端接入移动网络，需要尽可能减小终端成本，而 1.4 MHz 的 eMTC 芯片成本只有 CAT 1 的 25%，同时相应的模组成本也会减少。另外，长时间待机是形成物联网的一个重要条件，而支持 PSM 模式的 eMTC 终端最长可待机 5～10 年。最后，提高 LTE 网络上下行覆盖能力对于运营商开展物联网业务具有重要意义，特别是需要深度覆盖的抄表类业务，而 eMTC 可以提升 15 dB 的覆盖能力[9]。

　　为满足上述三大应用场景的需求，ITU 还定义了 5G 的八大关键性能指标，是 5G 发展和应用的重要衡量标准。具体来说，这八大关键性能指标如下。

（1）用户体验数据率：该指标衡量了 5G 网络为用户提供的数据传输速率，是用户感受网络性能的关键因素。

（2）时延：该指标是指数据从发送端到接收端所需的时间。

（3）连接密度：该指标反映了 5G 网络在单位面积内可以支持的设备连接数量。

（4）流量密度：该指标是指单位面积内的数据传输量。

（5）能效：该指标衡量了 5G 网络在提供一定性能时的能耗情况。

（6）峰值速率：该指标是指 5G 网络在理想条件下的最大数据传输速率。这一指标反映了 5G 网络在高速数据传输方面的能力。

（7）频谱效率：该指标衡量了 5G 网络在有限频谱资源下的数据传输效率。

（8）移动性：该指标衡量了 5G 网络在支持用户移动过程中的性能表现。

随着 5G 的不断发展和完善，这些性能指标还将进一步优化和提升，以满足未来更加多样化的应用需求。5G 的应用场景广泛且多样，涵盖了多个行业和领域，一些主要的应用领域如下。

（1）智能家居：随着 5G 的普及，用户可以通过手机或其他终端设备实现对家居设备的控制和监测，实现更智能、更便捷的家居生活。例如，用户可以通过手机控制空调、灯光、窗帘等设备的开关，实现场景模式的自动切换。

（2）智慧城市：5G 推动智慧城市建设的加速发展。通过 5G 网络连接，城市中的各种设备和传感器可以实现实时互联，实现交通管理、环境监测、能源管理等方面的精细化运营。

（3）远程医疗：5G 的高速传输和稳定性为远程医疗提供了更好的平台。医生可以通过 5G 网络与患者进行实时视频会诊，观察患者的病情、提供指导和诊断。同时，5G 网络还可以用于远程手术操作，医生可以通过网络控制机器人进行手术，实现远程手术的精确和安全。

（4）虚拟现实和增强现实：5G 的低延迟和大带宽为虚拟现实（virtual reality，VR）和增强现实（augmented reality，AR）提供了更好的体验。用户可以通过 5G 网络更流畅地体验虚拟世界和现实世界的融合，为游戏、教育、旅游等领域带来更加丰富和真实的体验。

（5）工业自动化：5G 的高可靠性和低延迟为工业自动化提供了更好的支持。例如，通过综合利用 5G、人工智能、软件定义网络等技术，可以建设或升级设备协同作业系统，提高设备利用效率，降低生产能耗。

此外，5G 还在智慧交通、智慧文娱、智慧教育等领域发挥重要作用。例如，在智慧交通方面，5G 可以应用于智能驾驶、智慧道路、智慧停车、智慧公交和智慧枢纽等多个场景，提升交通效率和安全性。在智慧文娱方面，5G 带来的高速率和低时延特性，为 5G 直播、4K/8K 视频、AR/VR/MR、云游戏等应用提供了更好的体验。随着科技的不断发展，5G 已成为当今社会发展的重要推动力。5G 为电力系统、农业行业、智慧医疗和无人机通信等领域的发展提供了广阔的前景。

（1）在电力系统方面，5G 可以为其实现远程监控、运行和维护电网设备，减少人工巡检对设备的磨损，提高电网运行的稳定性和安全性。其次，5G 可以提高电力系统的调度效率，实现智能化、信息化管理。此外，5G 还可以为增容扩容、自动化改造等工程项目提供技术支持。

电力系统在未来将面临更多的挑战。例如，由于可再生能源（renewable energy）的间歇性和随机特性，日益普及的可再生能源将给电力系统带来更多的频率和电压波动[10]；分布式能源（distributed energy）的兴起将使更多的配电网由单向潮流向双向潮流转变，即有源配电网[11]；电力需求也在发生变化，如电动汽车和分布式储能电池数量的快速增长对电力供给提出更高的要求[12]。不仅如此，个人用户对电源质量的要求也越来越高，如有些设备要求电源不可间断、系统频率波动要小等。因此，将传统电力系统改造为智能电网被认为是最有效的解决方案之一。智能电网要建立在快速、可靠、集成的双向通信网络基础之上，这正是 5G 所能支持和满足的。

需求侧响应（demand response，DR）是通过先进信息通信技术控制需求侧资源，为智能电网提供调度服务的一种有效方式。由于 5G 具有传输速率快、可靠性高、安全性强、功耗低、连接数量大的优势，基于 5G 的物联网无疑可以为需求侧响应提供更好的基础建设。为了探索 5G 网络在物联网和智能电网中需求侧响应的应用潜力，已经有研究人员进行了大量研究。例如，在自动化工厂环境中进行的测试，测试结果表明，5G 网络可以保证亚毫秒级无线电传输的故障率低至 10^{-9}[13]。Tao 等[14]提出了基于 5G 的雾计算和云计算方法，用于实现电动汽车的大规模连接和高速通信，并为汽车的电力系统提供辅助服务。Leligou 等[15]设计了一种扩展的移动边缘计算方案，通过在电力系统中使用 5G，以减少回程负载并增加整体网络容量。此外，研究[16, 17]通过将投标和功耗数据发送到 DR 聚合器来实现电动汽车的 DR 应用，并在此过程中使用 5G 切片技术以增强数据传输的安全性，保障消费者隐私。带 DR 的电力系统传递函数模型如图 1.3 所示。

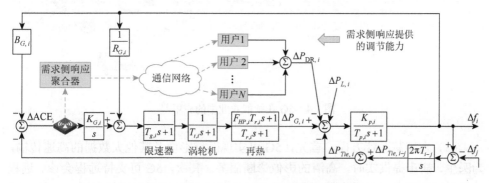

图 1.3　带 DR 的电力系统传递函数模型[18]

（2）在智慧农业方面，5G 可为农业生产和管理提供实时、高效的数据传输服务，实现对农田、温室、畜牧等生产环境的远程监控。此外，5G 还可实现对农业机械设备的远程控制，降低人工成本，5G 在农业物联网、农业无人机、智能温室等方面的应用将有力推动农业行业提质增效。

5G 网络具有覆盖范围广、能耗低、设备成本低、频谱效率高等特点，因此非常适合支持智能农业的建设。2017 年，首例 5G 农村项目通过使用智能拖拉机自动播种、无人机监测作物、机器自动浇水、施肥和喷洒农药，成功收获了第一批作物，在整个种植过程中没有工作人员到现场参与种植，农业生产者在舒适的家中远程管理农场、畜牧等。如图 1.4 所示[19]，5G 在农业领域的应用包括但不限于无人机、实时监测、虚拟咨询、预测性维护、AR、VR、AI 驱动的机器人、数据分析和云存储等。5G 的不断更新，有助于支持物联网传感器连接技术上升到新的高度，推动智能农业的各组成部分实现突破性创新[20-24]。未来，农业物联网的目标是从准确的地点、以较低的成本收集大量类型正确的数据，在自动完成信息分析和理解后将结论提供给农业生产者，以便农业生产者采取正确的决策和行动。

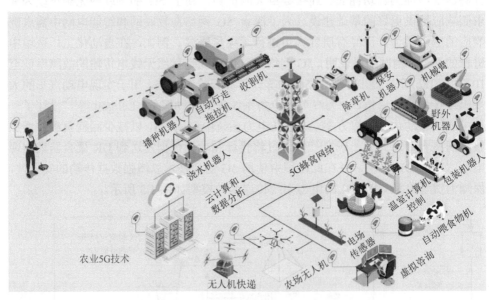

图 1.4　5G 在智能农业中的应用[19]

（3）在智慧医疗方面，首先，5G 可实现医疗影像及其他大数据的高速传输，为医生、病患提供实时、高清的影像诊断服务。其次，5G 可支持远程会诊、远程手术等医疗服务，突破地域限制，让优质医疗资源得到更广泛的利用。此外，5G

在可穿戴医疗设备、康复治疗等方面的应用也为未来智慧医疗的发展提供了广阔的空间。

无线网络技术在智慧医疗中发挥着不可替代的关键作用，5G 无线网络和大数据技术为智慧医疗提供了传输海量数据的能力，并且具有极高的传输速率、超低延迟和巨大网络容量的特点。近年来，将医疗与 5G 网络结合，实现对病症高效率的精准治疗已成为医疗行业的研究热点。与传统医疗相比，智慧医疗通过使用生物医学设备从人体采集各类数据，然后通过智能系统发送给医生，并由医生进一步完成疾病的分析和康复情况的监测。

生物医学设备在智慧医疗中是很重要的工具，可用于临床诊断、协助提供医疗服务，并通过访问患者的生理数据为患者提供治疗[25]。图 1.5 展示了生物医学设备中可穿戴传感器的用途之一[26]。可穿戴传感器可以收集患者的生理数据，然后通过无线网络将数据传输到遥远的医院，在最短的时间里以较低的成本协助医生诊断癌症等重大疾病，并为医生后续观察患者的身体情况提供条件。此外，脑电图、心电图、肌电图和植入设备也是结合 5G 无线网络的生物医学设备的医学应用[27]。5G 已应用于远程医疗的多个领域，但其应用在远程手术中的有效性、安全性和稳定性仍待提高。Zheng 等[28]使用 5G 无线网络在猪模型上进行了 4 次超远程腹腔镜手术并顺利、安全地完成。5G 网络的高移动性为远程外科手术的发展提供了强大推动力，特别是在互联网电缆难以铺设或无法铺设的地区。

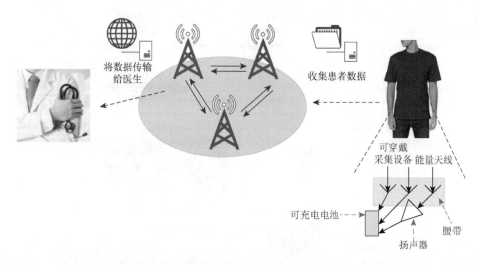

图 1.5　通过包含可穿戴传感器的无线网络建立医患关系示意图[26]

（4）5G 也为无人机通信提供了高速率、低时延、大连接的技术支持。一方面，5G 可实现无人机实时高清图像传输，为航拍、巡检、监控等领域提供稳定而高效的数据传输服务。另一方面，5G 在无人机远程控制、飞行安全监管等方面的应用也将成为未来无人机通信的核心竞争力。

　　无人机，也被称作无人驾驶飞行器（unmanned aerial vehicles，UAVs），其数量和规模正日益激增。监控、灾害管理、无人机竞速等应用场景对无人机通信的吞吐量、可靠性和低时延有着较高的要求，常用无线通信技术（如 Wi-Fi）往往应用于短距离和低机动性的无人机应用场景，而对于需要广范围、长距离连接、支持快速移动无人机通信、无人机机群同步通信等现代应用场景，传统通信技术已无法满足。而 5G 中的 MIMO 技术有潜力满足这些要求，其可以实现超远程和高吞吐量的无线连接，具备空间多路复用、覆盖拓展、高移动性支持等特点。MIMO技术需要为地面基站配置大天线阵列，而每个无人机只需要一个天线，如图 1.6所示[29]。随着 5G 的不断发展，通信网络的弹性、可靠性和健壮性越来越强，高性能通信技术结合网络策略对无人机的交互和正常运行是必不可少的，科学创新将推动无人机内部、外部通信的未来发展，LoRa 和 6LoWPAN 已经成为无人机短距离通信的主流技术，与频率干扰、速度适应、高空性能和机动性相关的挑战也会被逐渐解决。未来，无人机的电量、通信连接性和稳定性仍需要继续提升，总飞行时间、视线之外密集地理区域的控制以及数据压缩失效预测也需要改进。在多无人机场景下，无人机需要频繁地与地面操作员进行数据传输，能源的节约和利用仍然是多无人机系统的一个挑战。

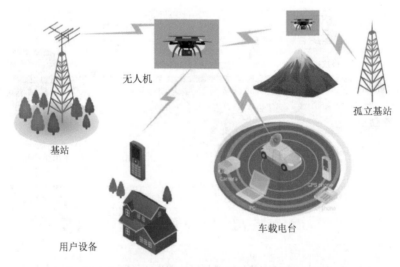

图 1.6　无人机通信网络示意图[29]

　　5G 已经成为通信网络发展的主流趋势，具有极大的发展潜力。这项技术不仅能够优化无线设备的通信方式，还可以提升智能手机和电动汽车等智能终端的性能,为社会创造巨大的经济价值。5G网络具备极高的数据吞吐量、优异的数据处理效率以及较小的传输延迟,因此能够真正满足数据交换和人工智能交互等需求,并带来优异的远程医疗、智慧城市、无人驾驶和虚拟现实体验。如今,越来越多的行业专家和业界人士高度关注并投身于5G甚至5.5G和6G的发展,希望建立一个更智能的社会和城市,以推动经济持续稳定发展[30]。

总的来说,5G的应用场景非常丰富,随着技术的不断进步和应用场景的深入挖掘,相信未来会涌现出更多的创新应用。同时,我们也需要关注并解决5G存在的性能局限,以推动其更好地服务于各行各业。5G除了具有重要的发展背景、巨大的发展潜力和深远的发展意义之外,也面临巨大的挑战和机遇,具体如下。

(1)需要强大的基础设施支持:包括更加密集的基站布局,更加先进的传输设备等,从而需要大量的资金投入和技术改造,这对各个国家和通信运营商来说,都是一项巨大的挑战。

(2)安全和隐私问题:随着5G的普及应用,网络安全和用户隐私问题变得更加突出。在信息传输和数据存储方面需要更加严格的保护措施。从软件到硬件,都需要在安全性方面做出改进和完善。

(3)产业转型:5G的应用不仅对传统产业有着重大意义,也将促进产业结构的深刻调整。传统产业需要适应新技术的发展,进行数字化、智能化改造,这需要时间和成本,也需要全社会的共同努力。

因此,在未来的发展过程中,我们需要不断加大研发力度,完善技术标准,加强国际合作,共同推动5G甚至5.5G和6G的健康、快速发展。5G的应用十分广阔,它已经深刻改变人们的生活方式和生产方式,推动社会经济的持续发展。我们期待着5G在未来的更多领域展现出其巨大的潜力和价值。

第四节　5G对系统级集成技术的需求

一、射频前端对系统级集成技术的需求

5G首先面临的技术挑战是射频前端(radio frequency front-end,RFFE)技术的突破。射频前端技术是无线通信模块的核心组件技术,主要负责射频信号的接收和发射。射频前端可以理解为无线移动通信系统中连接天线和基带电路的关键部件,涉及功率放大器、滤波器、开关、混频器、低噪声放大器(LNA)等多个器件。4G时代到5G时代的转变,带来了无线传输速率的巨大飞跃,然而伴随而来的是多频多模应用的需求,这使射频前端的复杂度迅速攀升。在5G通信系统中,为了实现更高的传输速率和更广泛的覆盖范围,射频前端技术需要在频谱利

用率、线性度、调制质量等方面取得实质性突破。

以 5G 手机的射频前端为例，随着 5G 的发展，手机功能的增加和性能的提升是不可避免的发展趋势。手机的射频前端需集成更多的射频器件，实现无线电波的接收、处理和发射，关键组件包括天线、射频前端和射频芯片等。射频前端中的天线开关、低噪声放大器、滤波器、双工器、功率放大器等众多器件的数量也越来越多，对其性能要求也越来越高。其中，接收/发射机滤波器数量从 30 个增加至 75 个，功率放大器、射频开关、频带等器件的数量至少翻倍。这些器件数量的大量增加不仅提高了手机的结构复杂度，而且也要求更高的封装集成水平，虽然新功能的增加和性能的提升是手机的必然趋势，但手机轻薄化设计已经逐渐到达瓶颈。因此，源于 5G 的高速率、低时延、大连接等核心特性，以及其在各种应用场景中的广泛应用，5G 对射频前端技术提出了更多方面的要求，具体如下。

（1）5G 的高频段增长使得射频前端需要具备更高的工作频率和更大的带宽。随着毫米波段等高频段的应用，射频前端需要支持更宽的频谱范围，以满足 5G 网络对高速数据传输的需求。这要求射频前端技术具备更高的灵敏度和抗干扰能力，以在复杂的电磁环境中稳定工作。

（2）5G 还要求射频前端具备更低的功耗。射频前端需要具备高速和低损耗的特性，以确保数据的快速传输和高效利用。为了延长设备的续航时间，射频前端技术需要在保证性能的同时降低功耗。这需要通过优化电路设计、采用高效的功率管理技术等手段来实现。

（3）数据交互能力。射频前端与基带部分之间的数据交互需要高速的数据通道来满足多频段和多路通道的要求。这要求射频前端具有强大的数据处理和交互能力，以确保数据的准确传输和实时处理。

（4）5G 的广泛应用场景也对射频前端技术提出了多样化的需求。例如，在物联网应用中，射频前端需要支持大量的设备连接和数据传输；在自动驾驶等低时延应用中，射频前端需要实现快速的数据传输和响应；在远程医疗等应用中，射频前端需要保证数据的准确性和安全性。

此外，在射频前端的关键器件方面，功率放大器在射频前端中扮演着至关重要的角色，需要其在节能、小型化以及高频高功率方面满足更高标准。滤波器需要具有足够的选择性和灵活性以应对复杂的多模、多频率场景。开关和混频器等部件也需要在信号处理、噪声控制和线性度上不断优化性能。5G 对射频前端的关键器件提出了以下要求。

（1）功率输出与增益：对于不同的频段，关键器件如功率放大器需要满足特定的功率输出和增益要求。例如，在 2G 和 5G 频段，功率输出和增益都需要达到一定的标准，以确保信号的强度，覆盖范围和稳定性。

（2）噪声系数与灵敏度：关键器件如低噪声放大器需要具有较低的噪声系数，

以提高信号的接收质量和灵敏度。噪声系数和灵敏度对信号质量有重要影响。较低的噪声系数和较高的灵敏度可以提高信号的纯净度和接收能力，从而提升通信质量。

（3）滤波频率与精度：滤波器在通信系统中扮演着消除信号干扰、实现准确选频的关键角色。随着 5G 时代的到来，陶瓷介质滤波器因其体积小、温度性能好、功耗低等优点，逐渐成为 5G 基站射频组件的首选电子元件。这不仅要求滤波器具有更高的选频精度和抗干扰能力，还需要满足 5G 通信系统的小型化和高频化需求。

（4）可靠性与稳定性：随着物联网、自动驾驶等应用的快速发展，对射频前端技术的实时性和稳定性也提出了更高的要求。因此，关键器件不仅需要具备高性能，还需要具备高可靠性和稳定性，以确保在复杂和多变的环境中能够稳定工作。

为了满足上述 5G 对射频前端技术的性能需求，5G 对射频前端模块的集成度和模组化提出了更高要求。在 5G 通信领域中，射频前端系统级集成技术作为关键技术之一，它涉及将多个射频前端组件、模块和子系统通过先进的技术和架构进行高效整合，从而形成一个完整的、高性能的射频前端系统。这种集成方式旨在提升系统的整体性能，减小尺寸，降低功耗，并满足无线通信设备日益复杂和多样化的需求。为了满足上述需求，射频前端芯片需要实现多个功能的集成，减小尺寸并降低功耗。这要求射频前端具备较高的集成度和模组化水平，以实现更高的性能、更高的可靠性，以及更低的成本。

在射频前端系统级集成技术中，关键的技术和策略包括采用先进的封装技术，如系统级封装（system in package，SiP）技术，以高密度地集成多个不同功能的有源和无源器件。系统级封装技术可以进一步通过表面贴装技术在系统母板上集成，形成更为复杂和完整的电子系统。此外，多芯片模组（multi-chip module，MCM）设计也是射频前端系统级集成的重要策略，它将射频前端划分为多个功能模块，每个模块具有特定的功能，从而便于模块的独立开发、测试和优化。具体来说，射频前端对系统级集成技术的要求主要体现在以下几个方面。

（1）高性能集成：射频前端作为无线通信系统的关键部分，其性能直接影响整个系统的性能。因此，系统级集成技术需要能够实现高性能的集成，确保射频前端在信号接收和发送过程中的准确性和稳定性。

（2）小型化与轻量化：随着电子产品的发展趋势，射频前端也需要实现小型化和轻量化。系统级集成技术需要采用先进的封装和组装技术，将多个功能模块和组件集成在一个紧凑的空间内，以满足设备小型化的需求。

（3）低功耗：低功耗是射频前端和系统级集成技术的共同追求。系统级集成技术需要优化电路设计、降低功耗，以延长设备的续航时间，提高系统的能效比。

（4）高可靠性：射频前端在系统运行中需要保持稳定和可靠。系统级集成技术需要确保各个组件和模块之间的连接稳定可靠，避免因连接问题导致性能下降或系统故障。

（5）灵活性与可扩展性：随着无线通信技术的不断发展，射频前端需要能够适应不同的应用场景和技术需求。系统级集成技术需要具备一定的灵活性和可扩展性，以便在需要时能够方便地添加新功能或进行技术升级。

射频前端对系统级集成技术的要求涵盖了性能、尺寸、功耗、可靠性以及灵活性等多个方面。为了满足这些要求，系统级集成技术需要不断创新和完善，以适应无线通信领域的快速发展和变化。射频前端系统级集成技术的优势在于其能够提高系统的集成度，减小尺寸，降低功耗，并提高系统性能。这有助于满足设备小型化的需求，延长设备的续航时间，并提高无线通信设备的整体性能。同时，系统级集成技术还能够降低系统的复杂性和成本，提高生产效率和可靠性，为无线通信设备提供高效、可靠、灵活的解决方案。因此，射频前端系统级集成技术在 5G 通信领域已经广泛应用并持续拥有巨大的应用市场。

二、毫米波通信对系统级集成技术的需求

除了射频前端以外，5G 还对毫米波通信提出了更为严苛的要求。毫米波是介于微波与光波之间的电磁波，通常毫米波频段是指 30～300 GHz，相应波长为 1～10 mm。毫米波通信就是指以毫米波作为传输信息的载体而进行的通信。毫米波由于其波长短、频带宽，可以有效地解决高速宽带无线接入面临的许多问题，因而毫米波通信成为 5G 最重要的通信方式之一。在 5G 通信中，毫米波通信需要更多的射频前端和天线以满足高频通信的需求。通常情况下，毫米波通信需要集成 3 个以上的功率放大器和数十个滤波器，相比之下低频模块仅需集成 1～2 个功率放大器、滤波器或双工器，数量有极大的提升。当工作频段超过 30 GHz 时，较短的波长需要更小的天线尺寸，即相当于天线长度约为无线电波长的 1/4，跟 4G 时代相比约为 1/10。因此，需要更多数量的天线。据报道，华为 Mate 30 Pro（5G 版）手机内部集成了 21 根天线。另外，需要采用 MIMO 技术形成天线阵列以加强覆盖能力，同时防止高频辐射对周边电路的影响。

此外，作为收发射频信号的无源器件，天线决定了通信质量、信号功率、信号带宽、连接速度等通信指标，是通信系统的核心。作为 5G MIMO 技术的技术支持，毫米波天线集成技术成为实现高分辨数据流、移动分布式计算等应用场景的关键技术[31]。多天线系统集成是应对 5G 系统 MIMO、缩小尺寸、提升功率密度等挑战的重点技术之一。无线通信和传感器系统均可以通过提高射频前端系统集成度和采用新封装技术的方法来提高性能。

目前实现射频前端元件和集成天线的方案有三种[32, 33]，即天线封装（antenna in package，AiP）技术、芯片上天线（antenna on chip，AoC）技术，以及混合集成毫米波天线技术。其中，芯片上天线技术是将辐射元件直接集成到射频芯片栈的后端，这种集成方式可以在一个仅几平方毫米的小尺寸单一模块上做到没有任何射频互连和射频与基带功能的相互集成。天线封装技术则基于封装材料与工艺，将天线与芯片集成在封装内，实现系统级无线功能。芯片上天线技术需要先进的后处理步骤或封装工艺，以减少严重的介电损耗。在当前的技术条件下，这种集成方式目前的竞争力并不在毫米波频段，该天线集成技术在成本和性能上的性价比更适合较毫米波有更高宽带和更高载波频率的频段。天线封装技术可以说是 5G 毫米波频段毫米波终端天线最适合的方案。天线封装技术能兼顾天线性能、成本及体积，相比传统天线与射频模块的分散式设计更顺应硅基半导体工艺集成度提高的潮流。天线封装技术进一步将各类通信元件，如传送收发器、电源管理芯片、射频前端等元件与天线整并在一起，达到缩小厚度与减小 PCB 面积的目的。目前大多数 60 GHz 无线通信和雷达芯片都采用了天线封装技术。

1. 天线封装技术

天线封装 AiP 技术是将一元或多元天线集成到射频封装内的关键技术，其典型方案是采用集成电路封装工艺。在硅基毫米波收发器中，封装内集成了天线阵列，有助于提供足够的信号增益，实现尺寸最小化。这种工艺是毫米波射频集成方案规模应用的关键技术。例如，30 GHz 天线元的尺寸为毫米量级，在单个封装内需要采用新类型的天线阵列集成技术。具有光束转向功能的微小相控阵天线是毫米波无线电的关键器件。为了在收发器封装内集成天线阵列，需要考虑芯片组装方案、阵列元和馈电网络、芯片与封装互连、封装材料等。如果收发器采用多层封装，需要在芯片与天线之间采用先进的互连技术，满足天线馈电插入损耗最小的要求。芯片可以放置在封装正面，也可以放置在封装底部。

在 AiP 设计中，除了波束形成、信号放大和具有频率转换功能的相控阵 IC 外，具有极化特性的天线也是天线阵列的关键器件。在最早的硅基毫米波 IC 设计发展阶段，天线设计采用衬底、形状和成本与硅基毫米波 IC 兼容的技术[34]。目前，已有多种频率的硅衬底片上毫米波天线。在 60 GHz 频率内，在液晶聚合物（LCP）、有机高密度互连衬底、玻璃衬底、高/低温共烧陶瓷衬底（HTCC/LTCC）、硅衬底和模制物料基晶圆级衬底等材料上制作的硅相控阵天线阵列已被报道[35]。通常需要对 AiP 阵列的增益、带宽和辐射图形进行优化。同时，需要考虑衬底材料、阵列尺寸（即元件和贴片的数量）、互连灵活性（如连接电源和控制信号）、热性能与机械性能的相容性、集成电路组装、载板集成等因素。

一种天线与集成电路/载体结构如图 1.7 所示[33]。天线结构通过 PCB 制作于厚度为 T 的介质衬底上，并悬空倒置，翻转在 IC/载体之上。IC 封装基底地也作为天线的镜像地，天线与地的间距为 H。该结构中，天线与底板之间具有非常低的介电常数，天线结构之上有一层具有较高介电常数的覆板材料。在保持高天线效率的前提下，相比于标准 PCB 天线结构，这种堆叠结构具有更高的带宽。一个带有凸点的垫片可以放置在天线覆板的另一端，作为支撑。

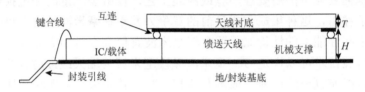

图 1.7　天线与集成电路/载体结构[33]

AiP 设计中通常采用集成电路封装工艺进行封装，需要将天线与片上电路进行物理连接。LTCC 工艺可实现任意数量层的安装结构，具有跨层过孔、层间形成开放腔或密闭腔（集成电路可集成于此）等灵活性[35]。采用该工艺封装的毫米波天线越来越受关注。有些方案采用传统的键合线、倒装芯片和 C4 焊接等工艺。例如，60 GHz 硅相控阵芯片封装需要有芯片与天线间低损耗分布网络的多层毫米波衬底，并且必须是多层低损耗的聚四氟乙烯基或 LTCC 基，成本昂贵。因此，典型的硅相控阵 AiP 技术可以达到 30～60 GHz 频率，达到 80 GHz 的难度更大。

较之 LTCC 封装方案，PCB 封装方案可以降低成本。利用 AiP 技术，一方面，布板空间的节省大大降低了模块的外形尺寸，缩短器件到天线的布线距离也有利于降低功率损耗。另一方面，PCB 上的天线需要使用高频基板材料，AiP 技术可以降低天线对高频基板材料的需求[31-33, 36]。有采用 PCB 等较低成本高频电路材料制成多层安装结构的封装方案，如 RO3000 系列和 RO4000 系列的封装。TI 公司的 AiP 技术利用倒装芯片封装技术直接将天线集成到无塑封装基板上，防止因天线穿过塑封材料时产生损耗而降低效率并导致杂散辐射。还有采用液晶聚合物作为基板的低成本方案。但使用盲孔或埋孔，层的数量增多，会导致 PCB 技术的机械制造成本升高。另外，PCB 工艺在极高频段实现高密度化的难度增加，这将严重影响系统性能，导致效率降低。因此，LTCC 工艺是大多数多层结构阵列的选择，采用该工艺方案的天线性能有改善。

在各种需要传感器感知环境的场景里，有着毫米波雷达广阔的用武之地，AiP 技术则帮助毫米波雷达大大强化了近场感知能力[31-33, 36]。AiP 技术大大增加了雷达的距离分辨率，而且视野足够宽阔。在汽车 ADAS 应用里，利用 AiP 高度集成的毫米波传感器也能应用在各种检测中，点云效果也很优秀。AiP 毫米波雷达解决了普通毫米波雷达尺寸大、功耗高等一系列问题。

在通信方面 AiP 技术同样效果明显，虽说 5G 毫米波特性带动了天线尺寸缩小，但将不同元件整合在单一封装中，仍然会存在散热等诸多问题。高通的 QTM 毫米波模块方案也是利用 AiP 技术解决这些问题，在 5G 毫米波通信集成天线封装模块上处于领先地位。5G 毫米波模块的升级也带动了 AiP 技术的持续发展。天线集成的根本是将一个相控阵所需的所有组件集成到一个芯片上，这是硅基毫米波天线系统的优势所在，在毫米波应用大放异彩的今天，AiP 技术优化了毫米波性能，给予了毫米波充裕的设计灵活性，也将毫米波推向更多的应用领域。

2. 芯片上天线技术

芯片上天线技术是采用片上金属化连线工艺集成制作天线。随着载波频率和带宽移向亚太赫兹，高宽带和高载波频率使得金属引线变得不稳定，芯片上天线被认为是替代印刷板上芯片金属互连的方法之一。除了芯片上天线技术，片上波导技术和硅通孔波导技术也是亚太赫兹频段大带宽应用中替代金属连线的有前景的技术。芯片上天线技术的成功实现将会使高集成度收发器、60 GHz 空间电源组合和更高频率毫米波系统等众多应用受益。频率从 0.9 GHz 到 77 GHz 的多种频率芯片上天线芯片已有不少；德国高性能微电子研究所采用标准 SiGe BiCMOS 工艺，设计并制作了一种 130 GHz 的芯片上天线，峰值增益达到 8.4 dBi。2023 年，王刚等[37]制备了一种基于分形结构的天线-芯片一体化射频组件，实现最大辐射方向增益为 11.93 dB。2024 年，杜勇机等[38]提出了一种具有新型多功能空间馈电平面的阵列天线，可以同时实现透/反射两个波束。测试结果表明，反射波束最大增益为 22 dB，3 dB 增益带宽达到 28%；透射波束的最大增益为 19.2 dB，3 dB 增益带宽达到 27%。

此外，CMOS 芯片上天线技术也是射频集成电路的一条重要的发展途径。通常，制作在掺杂硅衬底上的芯片上天线只有约 10% 的效率。但若采用成本较高的天线封装技术，可实现比芯片上天线更高的效率。可采用容性耦合等先进连接技术，将成熟、低成本、较少掺杂的衬底上制作的天线芯片与有源 60 GHz 毫米波射频芯片连接起来，以实现比采用标准键合工艺的器件高得多的工作频率范围。天线可以用低成本的工艺（如 0.18 μm 或 0.35 μm）和较低掺杂的衬底来制作，再通过容性耦合，连接到含 60 GHz 功率放大器等有源元件上，而不采用更先进工艺。虽然典型芯片上天线的效率只能达到 10%，但如果能在片上设计并制造出亚毫米天线，使成本大幅降低和设计灵活性大幅增加，则其性价比能超过使用效率更高、但昂贵且复杂的片下天线，从而增加应用的可能性。

3. 混合集成毫米波天线技术

混合集成毫米波天线技术是 AiP 和 AoC 的混合技术。由天线馈电点制作在芯片上，辐射元件在片外实现。混合集成毫米波天线技术就是采用专用工艺，将天线与前端 IC 集成在同一封装中。这种制作技术是纯 AiP 和 AoC 的替代技术。混合集成毫米波天线的熔融石英衬底上的偶极天线的一半安装在片上，另一半安装在片下。这种结构的天线可以直接连接到片上电子器件。在 60 GHz 全频段内，当增益为 6~8 dBi 时，芯片最大辐射效率可达 90%。

在毫米波技术中，基带模块和集成天线收发器模块都可以采用系统级封装技术。在该封装中，芯片和其他部件（如天线、无源元件和 PCB）的互连要满足严格的要求。而在模拟芯片领域中，实现阻抗控制是最关键的要求之一。在毫米波天线封装方案中，当收发器和天线在一定的频率范围内正常运行时，其封装互连应产生较低的插入损耗和可接受的返回损耗。另一个关键要求是封装外形，如图 1.8 所示，引线键合和倒装芯片互连已在封装工业中得到广泛使用，而倒装芯片或嵌入式芯片技术迅速发展，成为新兴的封装技术[39]。最初，倒装芯片封装和扇出型封装主要应用于高性能计算（high performance computing，HPC）或移动处理器应用，由于其具有细间距和低寄生等优异的互连属性，因此这些封装技术在射频/毫米波器件领域中发挥着非常重要的作用，如基带模块和天线集成模块。

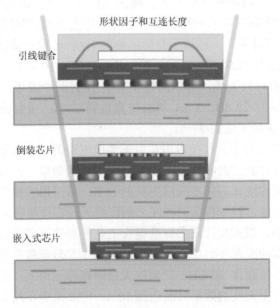

图 1.8　用于小型化的射频/毫米波技术中的互连封装方法的趋势

图 1.9 展示了调制解调器封装和天线集成封装[39]。在这些模块中，通常会将引线键合、倒装芯片、嵌入式芯片这三种互连方法组合使用。键合线用于 PCB 和堆叠在逻辑芯片或调制解调器芯片上方的存储芯片之间的连接，而具有高引脚数的调制解调器芯片则需要采用倒装互连技术，其能够提供完整的信号并降低信号延迟。目前，集成毫米波相控阵天线阵列与芯片之间的主流组装方法是倒装芯片技术，其具备工艺成熟、供应链完备的特点。根据芯片的引脚数和对传导损耗的敏感度，导电材料通常选择铜柱或 C4 凸点。

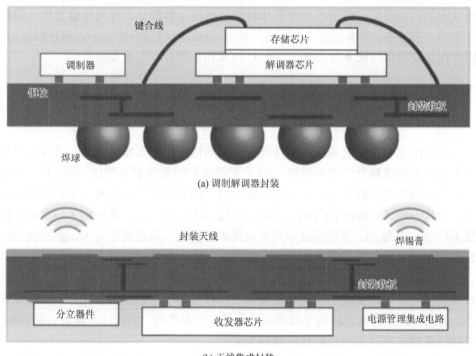

(a) 调制解调器封装

(b) 天线集成封装

图 1.9　系统集成毫米波封装示例

综上所述，在未来较长的时间里，5G 架构将继续在网络、无线访问和物理层不断发展，需要在射频/毫米波集成电路、毫米波天线阵列技术等方面拥有多种创新型产品组合，从而推动 5G 无线电和产业化发展。例如，5G 中功率放大器、天线、滤波器和匹配电路的数量可以高达 64 个或更多。这些组件在效率和集成度方面的提升对无线电的总体能效和性能十分重要。具有大量天线、频率为 27 GHz 及以上的高集成度 MIMO 无线电是 5G 系统的关键技术。天线封装技术、芯片上天线技术、混合集成毫米波天线技术这三种集成方案可用于毫米波天线设计。以

60 GHz 频段为例，AoC 器件的辐射效率和增益指标落后于 AiP 器件和混合方案。AiP 器件和混合器件实现了最佳辐射效率，因此可以认为选用 AiP 技术比选用 AoC 技术更合适。

AiP 技术具有设计灵活性和印刷天线结构的优势，但对于复杂的多层封装结构，可能不具备与 AoC 技术和混合集成毫米波天线同等成本竞争的条件。此外，采用 AiP 技术时，芯片到芯片的互连会导致热损失、延迟和设计量的增加。混合集成毫米波天线技术似乎是最好的方案。但是，当频率超过 60 GHz 时，典型的混合集成毫米波天线技术、AiP 技术都是不够成熟的方案。AoC 技术于缩减天线尺寸上的效能极佳，但需经由半导体材料与制程上的统一，并与其他元件一同结合于单一芯片中，考虑制造成本与芯片特性，AoC 比较适合应用于太赫兹频段中，因此在频段使用与成本等因素上，AoC 技术在高频具有更大发展空间。

第五节　系统级集成技术的优势

在 5G 通信中，轻薄化与高性能需求推动模组化和系统级整合，节省空间的模组化和系统级整合已成为趋势。5G 中的设备和组件向着小型化、集成化、模组化和低成本化等方向发展。系统级集成技术，如系统级封装技术、多芯片模块技术、单片系统（system on chip，SoC）等技术为实现上述目标提供了切实可行的技术路线，成为 5G 通信领域中的迫切需求，得到了高速发展应用。系统级集成技术的核心目标是将不同功能的 IP 核通过三维异质异构集成工艺整体封装成具有一定功能的系统。这种集成技术有望在诸多领域产生显著的影响，如小型化和智能化应用。通过实现小型化和智能化，这种技术可望带来诸多优势，如降低成本、提高性能以及拓宽应用领域等。尽管存在一定挑战，但通过不懈努力和创新，系统级集成技术有望改变科技领域的未来[40]。

小型化是通过提高系统的集成程度，降低成本和功耗来实现的。随着集成程度的提高，系统尺寸可以显著缩小，且无须牺牲性能。它在结构体积上相比传统的封装技术有着极大的缩小。这种技术通过在单一芯片上集成多个功能模块，不仅降低了组装和测试的成本，还能够减小芯片的体积，提高集成度。这有利于实现更小巧、更便携的电子设备，从而满足市场对小型化和便携化的需求。这种技术的发展极具潜力，可以应用于各种微型设备，如微型传感器、微型机器人以及医疗设备等。在这些应用中，小型化技术可以提高可穿戴设备的舒适性，降低能耗，提高医疗设备的灵活性和便携性等。

智能化则指使系统适应更多的场景和环境，提高其自主性和灵活性。通过将多种功能集成到一个单一的平台上，系统可以在不同的场景和环境中自如切换，从而大幅度拓宽其应用领域。例如，在物联网应用中，智能化技术可以实现对各种网络设备的无缝连接，并优化网络性能。而在自动驾驶领域，智能化技术可以帮助车辆更好地应对不同道路状况。此外，系统级集成技术还可以创新传统的计算和数据存储方式，提高系统的能效比和可靠性。例如，通过在同一平台上集成计算硬件和存储硬件，可以有效减少数据传输延迟，并提高数据处理效率。相较于传统的系统设计方法，系统级集成技术在成本、功耗和性能等方面具有明显优势。然而，这种技术的发展仍面临一定的挑战，如设计复杂度、可测试性以及散热问题等。正因如此，不断研究和探索系统级集成技术的改进方法，以解决这些挑战，将对未来的科技发展产生重要影响。

目前晶圆代工厂可以在硅/玻璃转接板上做到较高密度的集成，实现纳米级的芯片制程工艺。但从成本方面考虑，芯片集成工艺的成本较高，产业化大规模应用难度较大。另外，传统的系统集成大多数是基于 PCB 的集成组装，具有低成本的优势，但 PCB 集成的最小特征尺寸只能达到 10 μm 左右，5~8 μm 的特征尺寸只能在局部实现，集成密度继续提高的难度较大。而系统级集成技术旨在解决系统级联互连问题，与传统的电路板技术相比，系统级集成技术将重点集中在亚微米至 10 μm 量级的细小结构集成及互连方案设计上，能够实现高密度、高可靠性的三维互连结构，并以较低的成本将微纳连接和高级别系统级集成相互连通。因此，系统级集成技术是一种有效地实现高性能单片系统的工程手段，可应用于集成电路、MEMS 系统、传感器、光电子器件等芯片和微系统的集成。另外，系统级集成技术在系统性能方面相比传统的集成技术有着显著提升。这得益于多个功能模块紧密集成在单一芯片上，能够有效减少信号传输路径，降低信号延迟，从而提高整个系统的性能。此外，系统级集成还可以实现更高的能源效率，因为它将多个功能模块集成在单一芯片上，从而降低功耗。其中，系统级集成技术在 5G 通信中的优势主要体现在以下几个方面。

（1）高效整合与协同工作：系统级集成技术能够将 5G 通信系统的各个组件和子系统进行高效整合，确保它们能够协同工作。这种整合不仅提高了系统的整体性能，还使得各个部分能够充分发挥其优势，从而提升 5G 通信的整体效果。

（2）提高通信效率和质量：通过系统级集成，5G 通信可以实现更高的通信效率和质量。这得益于集成技术能够优化信号传输和处理过程，减少信号损失和干扰，从而确保数据在传输过程中的准确性和完整性。

（3）降低成本和简化维护：系统级集成技术有助于降低 5G 通信系统的制造成本和维护成本。通过将多个组件和子系统集成在一起，减少硬件和软件的冗余，降低系统复杂度，从而简化维护过程并减少维护成本。

（4）应对复杂应用场景：5G 通信面临多样化的应用场景，包括增强移动宽带（eMBB）、超高可靠低时延通信（uRLLC）和海量机器类通信（mMTC）等。系统级集成技术能够灵活应对这些复杂应用场景的需求，通过优化资源配置和性能调整，确保5G通信在各种场景下都能提供优质的服务。

（5）促进技术创新和升级：系统级集成技术为5G通信的技术创新和升级提供了有力支持。通过不断优化和改进集成方案，可以推动5G的持续发展，满足未来更高层次的需求。

总之，系统级集成技术在5G通信中具有显著的优势，对于提升5G通信的性能、降低成本、简化维护以及推动技术创新等方面都具有重要意义。系统级集成技术是当今微系统集成技术研究的重点和发展方向。它通过适应不同应用领域的集成需求，提供了一种丰富的芯片组装和互连选择。随着系统级集成技术的不断发展和应用，将为实现高速、高性能、低成本、集成度更高的电子芯片和微系统打开广阔的应用空间，有望在许多信息领域得到广泛应用。例如，在通信领域，集成微系统可以为5G提供更高速率、更低延迟的硬件支持；在医疗领域，集成微系统可以实现小型化、高精度的生物传感器，为临床诊断、微创手术等提供技术保障；在物联网领域，集成微系统可以为设备提供低功耗、高集成度的通信模块，从而实现远程监控、智能控制等功能。系统级集成技术让电子芯片和微系统在结构体积和系统性能方面获得了显著提升，使其可以广泛应用于各个信息领域。为人们的生产生活带来更便捷、低功耗、高性能的电子设备，从而推动整个电子产业实现新一轮的突破。

参 考 文 献

[1]　施健炬. 5G移动通信发展趋势与若干关键技术分析[J]. 中国新技术新产品，2016，14：30-31.

[2]　朱龙昶. 5G增强移动宽带系统级仿真与关键技术研究[D]. 北京：北京邮电大学，2020.

[3]　黎卓芳，刘慧敏，解博森. 5G高可靠低时延通信标准现状及产业进展[J]. 信息通信技术与政策，2022，4：37-42.

[4]　陆东飞，邹青松，黄蜜. 网络切片技术在5G+工业互联网中应用的探讨[J]. 广西通信技术，2021，3：14-18.

[5]　ITU Radiocommunication Sector. IMT vision-framework and overall objectives of the future development of IMT for 2020 and beyord[R]. Geneva：International Telecommunication Union Radiocommunication Sector，2015.

[6]　朱雪田. 3GPP R16的5G演进技术研究[J]. 电子技术应用，2020，46（10）：1-7，13.

[7]　李晓华，宋得龙，高娴. 3GPP R17垂直行业应用关键特性综述[J]. 信息通信技术与政策，2022，6：91-96.

[8]　温向明，潘奇，路兆铭，等. 面向5G大连接场景的eMTC技术解析[J]. 北京：北京邮电大学学报，2018，41（5）：13-19.

[9]　黄陈横. eMTC关键技术及组网规划方案[J]. 邮电设计技术，2018，7：17-22.

[10]　Chen X Y，Zhang H C，Xu Z W，et al. Impacts of fleet types and charging modes for electric vehicles on emissions under different penetrations of wind power[J]. Nature Energy，2018，3（5）：413-421.

[11]　Song Y H，Lin J，Tang M，et al. An internet of energy things based on wireless LPWAN[J]. Engineering，2017，3（4）：460-466.

[12]　Zhang H C，Hu Z C，Xu Z W，et al. Evaluation of achievable Vehicle-to-Grid capacity using aggregate PEV

model[J]. IEEE Transactions on Power Systems，2017，32（1）：784-794.

[13]　Yilmaz O N C，Wang Y P E，Johansson N A，et al. Analysis of ultra-reliable and low-latency 5G communication for a factory automation use case[C]//IEEE International Conference on Communication Workshop，London，2015. Institute of Electrical and Electronics Engineers，2015：1190-1195.

[14]　Tao M，Ota K，Dong M X. Foud: Integrating fog and cloud for 5G-enabled V2G networks[J]. Institute of Electrical and Electronics Engineers，2017，31（2）：8-13.

[15]　Leligou H C，Zahariadis T，Sarakis L，et al. Smart grid：A demanding use case for 5G technologies[C]//IEEE International Conference on Pervasive Computing and Communications，Athens，2018. Institute of Electrical and Electronics Engineers，2018：7-20.

[16]　Zhang Y H，Li J，Zheng D，et al. Privacy-preserving communication and power injection over vehicle networks and 5G smart grid slice[J]. Journal of Network and Computer Applications，2018，22：50-60.

[17]　Zhang Y H，Zhao J F，Zheng D. Efficient and privacy-aware power injection over AMI and smart grid slice in future 5G networks[J]. Mobile Information Systems，2017，6：1-11.

[18]　Hui H X，Ding Y，Shi Q X，et al. 5G network-based Internet of Things for demand response in smart grid：A survey on application potential[J]. Applied Energy，2020，257：113972.

[19]　Tang Y，Dananjayan S，Hou C J，et al. A survey on the 5G network and its impact on agriculture：Challenges and opportunities[J]. Computers and Electronics in Agriculture，2021，180：105895.

[20]　Akpakwu G A，Silva B J，Hancke G P，et al. A survey on 5G networks for the Internet of Things：Communication technologies and challenges[J]. Institute of Electrical and Electronics Engineers，2018，6：3619-3647.

[21]　Modesta E E，Francis A O，Anthony O O. A framework of 5G networks as the foundation for IoTs technology for improved future network[J]. International Journal of Physical Sciences，2019，14（10）：97-107.

[22]　Antony A P，Leith K，Jolley C，et al. A review of practice and implementation of the Internet of Things（IoT）for smallholder agriculture[J]. Sustainability，2020，12（9）：3750.

[23]　Ayaz M，Ammad-Uddin M，Sharif Z，et al. Internet-of-Things（IoT）in smart agriculture[J]. Institute of Electrical and Electronics Engineers，2019，7：129551-129583.

[24]　Mavromoustakis C X，Mastorakis G，Batalla J M. Internet of Things（IoT）in 5G mobile technologies[M]. Midtown Manhattan：Springer，2016.

[25]　Ahad A，Tahir M，Yau K L A. 5G based smart healthcare network：Architecture，taxonomy，challenges and future research directions[J]. Institute of Electrical and Electronics Engineers，2019，7：100747-100762.

[26]　Kouhalvandi L，Matekovits L，Peter I. Magic of 5G technology and optimization methods applied to biomedical devices：A survey[J]. Applied Sciences，2022，12（14）：7096.

[27]　Qureshi H N，Manalastas M，Zaidi S M A，et al. Service level agreements for 5G and beyond：Overview，challenges and enablers of 5G-healthcare systems[J]. Institute of Electrical and Electronics Engineers，2021，9：1044-1061.

[28]　Zheng J L，Wang Y H，Zhang J，et al. 5G ultra-remote robot-assisted laparoscopic surgery in China[J]. Surgical Endoscopy and Other Interventional Techniques，2020，34（11）：5172-5180.

[29]　Sharma A，Vanjani P，Paliwal N，et al. Communication and networking technologies for UAVs：A survey[J]. Journal of Network and Computer Applications，2020，168：102739.

[30]　杨锐. 5G 移动通信关键技术及其发展前景分析[J]. 无线互联科技，2022，19（2）：4-5.

[31]　程潇鹤. 毫米波通信系统中的端射天线关键技术研究[D]. 北京：北京邮电大学，2019.

[32]　陈文江，陈麒安，陈宏铭，等. 5G 毫米波天线阵列模组技术挑战与未来发展趋势[J]. 中国集成电路，2021，

30（11）：40-45.

[33] 王文捷，邱盛，王健安，等. 毫米波天线集成技术研究进展[J]. 微电子学，2019（4）：551-573.

[34] 余英瑞. 毫米波数字多波束阵列关键技术研究[D]. 南京：东南大学，2019.

[35] 张晓庆，刘德喜，祝大龙，等. 基于 LTCC 的用于 5G 通信的 AiP 设计[C]//2020 年全国微波毫米波会议，上海，2020.

[36] 黎卓芳，刘慧敏，解博森. 5G 高可靠低时延通信标准现状及产业进展[J]. 信息通信技术与政策，2022，4：37-42.

[37] 王刚，赵心然，尹宇航，等. 基于分形结构的天线设计及天线-芯片一体化射频组件制造工艺[J]. 电子与封装，2023，23（8）：77-86.

[38] 杜勇机，王泽华，张驰，等. K 波段高增益宽带的异极化透/反射阵列天线[J]. 固体电子学研究与进展，2024，44（2）：138-142.

[39] Watanabe A O，Ali M，Sayeed S Y B，et al. A review of 5G front-end systems package integration[J]. IEEE Transactions on Components Packaging and Manufacturing Technology，2021，11（1）：118-133.

[40] 张墅野，李振锋，何鹏. 微系统三维异质异构集成研究进展[J]. 电子与封装，2021，21（10）：78-88.

第二章 系统级封装（SiP）技术

第一节 系统级集成技术分类

随着电子产业的不断发展，芯片的体积逐渐减小，而器件的数量却不断增加。这种趋势使得芯片微缩制程的难度越来越大，摩尔定律所代表的芯片晶体管数量翻倍的速度可能已经到达了极限。然而，随着微系统集成技术的发展，超越摩尔定律似乎变得可能。相对于传统封装技术，系统级集成在结构体积方面有着极大的缩小，并且在系统性能方面也有着很大的提升。根据系统级集成技术的发展，目前，系统级集成技术大致分为以下四种：多芯片模组（MCM）技术、单片系统（system on chip，SoC）技术、基于封装的系统（system on package，SoP）技术，以及系统级封装（SiP）技术。这些技术能够实现多片芯片集成和垂直互连，从而解决了传统单片集成技术带来的面积和互连限制问题。

一、多芯片模组技术

多芯片模组（MCM）技术，是一种高密度微电子组件，它将两个或更多的大规模集成电路芯片和部分微型元器件连接于同一块共用的高密度互连基板上，并封装到同一外壳内。MCM 技术可以大幅提高电路连线密度，提升封装效率，同时实现"轻、薄、短、小"的封装设计，并提高封装的可靠性。MCM 技术的主要优势有高集成度、高性能和低功耗。通过在一个封装内集成多个芯片（如处理器、存储器、传感器等），可以实现更高的集成度，使整个系统在一个封装中完成，无须多个单独的封装。此外，MCM 技术可以将多个高性能芯片组合在一起，形成一个功能强大的整体系统，这些芯片可以共享数据和资源，从而提供更出色的性能和运算能力。同时，MCM 技术通常采用高密度的互连技术，缩短信号传输距离，减少功耗和信号延迟，优化电路的功耗。

MCM 技术主要有金字塔形堆叠封装技术和硅通孔（through silicon via，TSV）堆叠封装技术。这类封装技术以高密度互连载体（high-density interconnect carrier，HIC）封装技术为基础，形成更高级、更复杂的混合集成电路。MCM 系统主要由芯片组成，集成无源元件的形式和数量较少，多用于数字电路。MCM 技术无论在机械和电学性能方面都具有更好的特性，同时也是系统级封装（SiP）技术的一种特定形式[1]。多芯片模组由于在小空间内集成了多个功能复杂的芯片，可以实现更高性能的功能。相比于单个芯片，多芯片模组的优势不仅在于可以实现更高的集成度和更小的体积，而且可以通过利用不同芯片的优势相互补充，在整体上提高系统的性能。除了这些优点外，多芯片模组还具有能够节约制造成本的潜力。多芯片模组包括 2.5D 和 3D 多芯片模组，其中 2.5D 多芯片模组是一种中介技术，将多个芯片通过硅基中间层互连在一起，而 3D 多芯片模组是直接堆叠芯片。2.5D 多芯片模组通常比单芯片更快，更节省能耗，拥有更好的系统可重构性及更好的抗电磁干扰（electromagnetic interference，EMI）和射频干扰的特性。而 3D 多芯片模组则更加紧凑，可以大大降低功耗和延迟，实现更高的性能。此外，多芯片模组的设计需要考虑绝缘、温度和耐久性等因素，从而确保系统工作的稳定性。目前，多芯片模组已经应用于人工智能、互联网、医疗、汽车、航天航空等多个领域。例如，在人工智能领域，多芯片模组可以集成不同类型的神经网络，提高计算性能和效率；而在医疗领域，多芯片模组可以将多个传感器集成于一体，实现更好的数据采集和分析。

二、基于封装的系统技术

基于封装的系统（SoP）技术源于人们对电子设备集成度和系统性能的不断追求。在过去，较低的集成度和功能性往往导致电子设备的体积庞大、功耗高、信噪比差等问题。SoP 技术的出现打破了这一局面，为电子行业带来了全新的解决思路。SoP 基于系统主板，将 SiP、元器件和连接器、散热结构等部件集成到一个具备系统功能的封装内，实现了空间上的高度压缩，从而增加了系统的集成度和可靠性。与此同时，SoP 也具备很强的可扩展性，开发者可以根据应用场景的需求灵活地添加或删除模块，以达到最优的设计目标。它通过对数字、射频、光学、微机电系统的协同设计和制造，提供几乎所有的系统功能，是在 SiP 技术以上更高层次的集成，也属于广义的封装集成领域。目前，SoP 已被广泛应用于各种行业领域。例如，在移动通信领域，SoP 可以实现多种无线标准的支持，同时还可以提高设备的成本效益；在医疗设备领域，SoP 可以实现更加精确地测量和检测，有效提高了医疗设备的可靠性和效率。

三、单片系统技术

单片系统或系统级芯片（SoC），它是一种集成了多个晶体管、内存、I/O 接口及其他处理器核心的芯片，能够构建出整个系统的功能。与传统的 CPU、GPU 等芯片相比，SoC 的最大特点在于其高度集成的特性，可以实现多个系统级的功能。SoC 构建的电子产品能够高效、可靠地运行，包括智能手机、平板电脑、智能音箱、智能汽车等。SoC 拥有高度集成的特性，可以将处理器、内存、输入/输出接口、传感器等功能集中在一个芯片上，形成一种系统级的解决方案。这使得 SoC 的性能、能耗、体积和成本都得到了极大的优化。例如，SoC 可以通过在芯片上集成低功耗处理器和传感器，实现深度睡眠、语音唤醒等功能，从而提高了智能手机和智能音箱的使用体验。SoC 在智能汽车中的应用也越来越广泛。通过在芯片上集成多个传感器、处理器和通信接口，SoC 可实现自动驾驶、先进驾驶辅助系统（ADAS）、车联网和智能交通等功能。例如，特斯拉公司的高性能 SoC 芯片（tesla FSD SoC）可以在极大程度上掌控整个自动驾驶系统，获得了业界的高度赞誉。

在微系统集成实现的过程中，SoC 希望通过在单芯片上集成多个异构甚至异质的系统功能来实现三层架构，以达到微系统的终极目标。但由于材料和工艺兼容性等问题，技术难度大、研发周期长且成本高昂，SoC 很难实现大规模的集成，因此需要与其他技术手段相结合才能在电子装备和系统中实际应用，多功能芯片的形态更为常见。系统级封装（SiP）技术则是将许多异构芯片和无源元件集成在一个封装体中，它具有更高的灵活性、更高的综合集成密度和更高的效费比，是目前微系统集成的热门研究领域。然而，SiP 的集成规模受限，且部分功能集成手段存在制约。因此，在散热、电源、外部互连和平台集成等系统必备需求方面还存在困难，它也不能构成独立的系统。而 SoP 则是面向系统应用，基于系统主板，将 SiP、元器件、连接器、散热结构等部件集成到一个具备系统功能的广义封装内，可以加载系统软件，具备完整的系统功能，是功能集成微系统最合理、最直观的集成形式，也是整机和系统的核心集成能力[2]。

人们经常把 SiP 与 SoC 做对比讨论[3]。SoC 具有许多优点，并且若干年来一直是许多 IC 制造厂商集中努力的方向；但是从本质上讲，SoC 所遇到的最大限制是工艺的兼容性，即在加工过程中晶圆的所能够累计兼容的加工工艺种类。因此不难看出，SoC 上所能够集成的系统功能，也受到 SoC 设计中所能够集成进来的 IC 类型的限制。另外，由于某些加工工艺的要求是互相矛盾的，为了兼容不同的工艺往往需要作出一些折中平衡，不能使各部分功能部件的性能发挥到极点，因此 SoC 往往不能达到可能的最佳性能。而 SiP 则没有这样的限制。所封装的各种类型的 IC 芯片都可以分别采用最佳的工艺制作，不同工艺类型的 IC 芯片一般都可以很容易地封在一起（如 CMOS 的数字 IC、GaAs HBT 射频 IC 等）。

随着工艺节点的不断微缩，基于 SoC 的射频微系统功能正在复杂化。此时，天线和开关的性能会随着工艺尺寸的缩小而逐渐退化，这会导致射频、数字和模拟电路性能失配。另外，射频、模拟和数字模块的工作电压不同，低功耗设计采用的低电压技术会降低模拟电路的信噪比，而多电压域设计会引入补偿和校正等技术，增加了设计难度。此外，随着集成规模的增加，系统灵活性也将减小，使得射频 SoC 微系统的验证时间增加，增加了产品上市时间[4]；再者，相比于数字电路，模拟电路和射频电路更难适应工艺的变动，因此工艺迁移会增加射频微系统的设计任务量。此外，射频 SoC 微系统中的无源匹配器件（如平面电感和电容）的面积不随着工艺节点的缩小而减小，这会导致射频 SoC 微系统良率随着晶圆面积的增大而下降。因此，基于 SoC 的集成技术主要用于成熟工艺制备规模相对较小的射频微系统。

四、系统级封装技术

系统级封装（SiP）技术，其定义首先强调的是系统，其次是封装。SiP 技术是将多个芯片集成到一个封装体中，采用高性能互连器件完成各个芯片之间的通信和互连。这种技术专注于实现系统级互连设计，并能够实现高速传输、低功耗的系统性能。国际半导体技术蓝图（international technology roadmap for semiconductors，ITRS）2003 年明确将 SiP 列为了半导体技术的重要发展趋势[5]，并对 SiP 作出定义：SiP 是采用任何组合将多个具有不同功能的有源和无源电子元器件以及诸如微机电系统（MEMS）、光学甚至生物芯片等其他器件组装在单一封装中，形成一个具有多种功能的系统或子系统[6]。

SiP 是在 HIC 和 MCM 封装技术基础上，将多种功能芯片和附属无源器件在三维空间内组装到大小只有封装尺寸的体积内，如处理器、存储器、传感器、射频收发器件等功能模块芯片混合搭载于同一个封装体之内，实现一定系统功能的单个标准封装件，形成一个系统或者子系统[1]。SiP 技术的封装层次一般包括芯片级封装、模块级封装和系统级封装。其中，系统级封装是最高级别的封装形式，它将整个电气系统封装在一个单一的模块中，实现了更高的集成度、更小的体积和更高的信号品质。SiP 通过三维异质异构集成基片和芯片，可以搭建具有良好性能的功能核心单元，最终实现芯片之间的互连和防护。SiP 技术的优点在于可以提高电路的性能和可靠性。

安靠科技（Amkor Technology）公司认为 SiP 技术应具有以下特征[3]：

（1）SiP 技术应包括芯片级的互连技术，即它可能采用倒装芯片（flip-chip）键合、引线键合或其他可直接连接至 IC 芯片的互连技术。但是很明显它并未将小型 SMT 线路板的装配技术列入 SiP 技术的范畴。

（2）一般来说，SiP 技术在物理尺寸方面力求小型化。

（3）SiP 中经常包含有无源元件。这些无源元件可能是采用表面安装技术安置的分立元件，也可能是被嵌入在衬底材料上，或者甚至就是在衬底材料上制作的。

（4）通常包含有若干个 IC 芯片。

（5）SiP 系统通常是功能比较完整的系统或子系统。因此，SiP 内也可能包含有其他的部件，如基座、顶盖、射频屏蔽、接插件、天线、电池组等。

相比于传统的 PCB，SiP 技术可以大大缩小系统尺寸，提高集成度，减少能耗。同时，SiP 技术在制造过程中采用了高可靠性的连接和封装材料，可以提高电路的系统可靠性，降低故障发生率。通过将芯片及各种无源电子器件系统封装在一起，可以避免因为 PCB 而造成的性能不足问题。以存储芯片和处理器为例，PCB 的走线密度远远低于 SiP 内部走线的密度，利用 SiP 技术可以在很大程度上解决因 PCB 线宽造成的系统瓶颈[7]。

尽管 SiP 技术存在不少优势，但其也面临一些挑战。首先，由于 SiP 技术要求高密度连接，因此成本相对较高，尤其是当系统级封装范畴内的器件数量增多时，封装成本的增加可能会影响 SiP 技术的范围。其次，由于 SiP 技术要求高精度的制造过程，因此制造难度相对较高，需要成熟的封装技术和强大的制造能力支持。

SiP 技术与 MCM 技术相比，SiP 技术其市场规模和增长空间都较 MCM 技术大，SiP 技术是 MCM 技术进一步发展的产物，其核心是各模块芯片和元器件在不同工作频段的高密度组装和互连。MCM 技术主要是通过将各种裸芯片堆叠连接，元器件较少，通常以数字芯片、存储芯片为主，而 SiP 技术可安装不同工艺、不同功能的芯片，芯片之间可进行信号的存取和交换，从而完成一个系统目标产品的全部互连以及功能和性能[1]。SiP 和 MCM 的体积和尺寸都比传统的单芯片封装要小，但是 SiP 通常比 MCM 更小。因为在 SiP 中，组件和芯片可以放在一起进行堆叠，节省了空间。此外 SiP 还可以将多个不同的芯片集成在一个封装中，从而实现更多的功能。相比之下，MCM 主要是将相同芯片通过堆叠和连接来实现更高的性能。由于 SiP 集成了更多的芯片和功能，产生的热量也更大，为此，SiP 通常需要更高效的散热系统来降低温度，而 MCM 的热量产生相对较少，因此不需要特别复杂的散热系统。此外 SiP 中集成了多个不同的芯片，其可靠性可能会受到影响，而 MCM 对于相同芯片的堆叠和连接，可靠性更高，不过，这也通常取决于封装技术的质量和制造工艺。

ITRS 总结了当前 SiP 的主要封装结构如表 2.1 所示[5]。可以看到，系统级封装还包括了叠层封装（package on package，PoP）、芯片堆叠（chip on chip，CoC）、晶圆级封装（wafer level package，WLP）、硅通孔、埋入式基板（embedded substrate，ES）等，也涉及引线键合、倒装芯片、微凸点等其他封装工艺的开发。

表 2.1　SiP 的封装形式分类[5]

封装形式		封装图例		
水平式		QFP 封装	BGA 封装	倒装芯片单元
堆叠式	基于基板的内部互连	QFP 类型 / 堆叠 SoP	基于引线键合的芯片堆叠 / 封装体上堆叠封装体	引线键合 + 倒装芯片 / 封装体内堆叠封装体
	片间直接连接	QFP 类型	引线键合 + 倒装芯片（CoC）	硅贯穿通孔
埋入式		埋入式芯片 + 表面上的封装体		3D 芯片埋入类型

　　图 2.1 是 3D-SiP 可能实现的多种功能集成系统的示意图[5]，其中集成了微机电系统、存储器、模拟电路、电源转化模块、光电器件等，还将散热通道也集成在封装中，集中体现了 SiP 的基本概念。

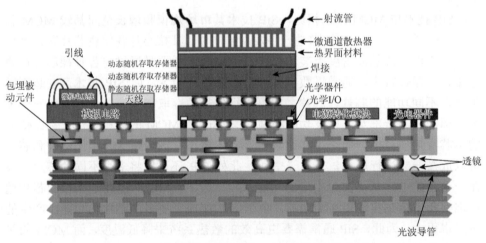

图 2.1　3D-SiP 可能实现的多种功能集成系统示意图[5]

　　实际上，从 2000 年开始，伴随着便携式产品的发展，SiP 得到了广泛的应用，在常见的迷你移动存储卡、各种智能卡、手机功率放大器模块、Wi-Fi 模块、蓝牙模块、CMMB 模块、微型摄像头模组和医疗电子的内窥镜胶囊等产品的核心电路中，都可以看到系统级封装器件的应用[5]。SiP 发展至今，已经不再是一种单纯的封装形式[6]。比起现在已经发展较为成熟的封装技术如双列直插封装（dual in package，DIP）、四方扁平封装（quad flat pack，QFP）、芯片级封装（chip scaled package，CSP）等，SiP 拥有更高的封装效率，可以得到更高的集成度以及更小的尺寸。随着工艺水平的提高以及新兴技术的应用，SiP 将实现多功能系统的集成，图 2.2 是典型 SiP 结构示意图。

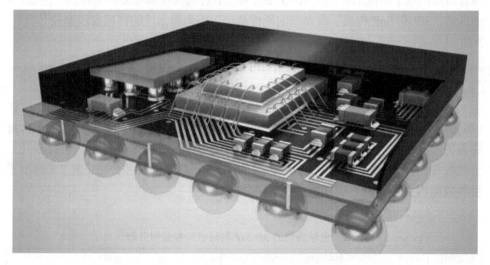

图 2.2 典型 SiP 结构示意图

目前，SiP 和 SoP 在系统级三维异质异构集成中都有广泛应用。SiP 将具有不同功能的有源电子器件、无源电子器件、光学器件、MEMS 等器件封装在一起，以实现特定功能或多个功能，最终实现一个系统或者子系统的形成。SoP 可以实现辅助元器件和核心单元的集成，并可以提供系统对外的接口，最终形成系统功能[2]。在制造工艺和生产成本方面，SoP 采用的是先封装后组装的技术，将不同的组件，如处理器、存储器、无线电和通信模块封装在一个芯片外壳内，SiP 则是将芯片直接组装在一个封装底片上，不需要一个外壳进行封装，所以 SiP 的制造工艺更加简单，而且能够大规模生产，还极大地降低了制造成本。虽然 SoP 的生产成本也低于传统的封装技术，生产效率也较高，但是它在信号干扰和电磁干扰等方面（在偏高的频率上电路的散裂和奇特的共模电压波形引起的电磁辐射干扰）容易出现问题；在功耗和可靠性方面，SiP 的功耗相比 SoP 更低，由其不同的制造工艺可知 SoP 中不同组件之间需要通过金线连接，而这些连接不仅会增加功耗，还会降低信号传输速率。相比之下，SiP 内部芯片之间的连接更加紧密，减少了功耗的同时也提高了数据传输速率。由于 SiP 其内部芯片之间的连接更加紧密，也减少了芯片之间的相互影响，且在芯片级别上封装还能够减少不同芯片之间的金线接触或脱落，提高了整体封装的可靠性。SiP 比 SoP 具有更高的可靠性，而且在成本和性能方面都更加优于 SoP。

综上所述，SoC 是芯片级的集成，SiP 是封装级的集成，SoP 是系统级的集成。多功能芯片是 SoC，基于封装基板和多功能芯片的高密度集成构成 SiP，若干个具有特定功能的 SiP 及其他辅助元器件与系统母板集成构成 SoP，而 SoP 再与系统软件结合最终构成了面向用户的微系统产品。系统软件与功能算法是微系统的上层逻辑，而 SoC、SiP 和 SoP 构成了微系统的硬件基础，成为微系统的物理实现途径[2]。

第二节　SiP 技术的研究进展与未来趋势

目前，全球范围内多个国家、地区开展了对 SiP 的研究。其中，美国、欧洲（德国、比利时等）以及亚洲（日本、韩国、新加坡、中国台湾）等，得益于自身完善的产业结构、先进的半导体工艺与机械加工技术，在 SiP 技术的研究和开发上比较领先[5, 6]。表 2.2 列出了一些典型的 3D-SiP 科研机构和公司。表 2.3 列举了世界范围内主要的 SiP 研究单位及其研究方向。

表 2.2　全球典型的 3D-SiP 科研机构和公司分布[5]

国家/地区	科研机构	公司
美国	Sematech、GT-PRC、CALCE、IEEC、IFC、SIA、SRC	IBM、Intel、GE、Freescale、Qualcomm、Broadcom、Cisco、Amkor
欧洲	Fraunhofer IZM（德国）、IMEC（比利时）、LETI（法国）、FMEC（比利时）	NXP（荷兰）、Infineon（德国）、STMicroelectronics（瑞士）
亚洲	KAIST（韩国）、JIEP（日本）、IME（新加坡）、ITRI（中国台湾）、EPACK Lab/CAMP（中国香港）	Renesas（日本）、Samsung（韩国）、STATS-Chippac（新加坡）、SONY（日本）、HITACHI（日本）、ASE（中国台湾）、SPIL（中国台湾）

表 2.3　SiP 研究单位及其研究方向[6]

研究单位	所在地区	相关研究方向
香港科技大学先进微系统封装中心电子封装实验室 EPACK Lab	中国香港	晶圆级凸点与倒装芯片技术、晶圆级与芯片级封装、TSV 技术、焊接点可靠性仿真与建模
弗劳恩霍夫可靠性与微集成研究所 Fraunhofer IZM	德国	封装与系统集成技术、产品寿命与可靠性评估、晶圆级封装、3D 系统集成、热管理、射频与无线技术、MEMS 封装、金属物理学、故障探测与分析
HDPUG	美国	倒装芯片及其可靠性研究、无铅焊接、晶圆级可靠性研究、芯片级可靠性研究、光学研究
集成电子工程研究中心 IEEC	美国	电/热/力分析与测试、新型封装材料研究、3D 系统、小型化系统集成与封装、可靠性与故障分析、柔性材料研究
微电子研究所 IME	新加坡	硅光电子研究、纳米电子学、MEMS 与 NEMS、射频与无线系统研究
校际微电子研究中心 IMEC	比利时	先进封装技术与互连结构研究、射频器件研究、CMOS、生物电子学与有机电子学

续表

研究单位	所在地区	相关研究方向
日本电子封装研究院 JIEP	日本	3D 装配材料、EMC 建模、高频基板设计、噪声抑制、印制板技术研究、光电子技术、半导体封装、新一代电路基板研究
韩国科学技术院 KAIST	韩国	封装材料研究、封装工艺研究、可靠性设计与研究
法国原子能委员会电子与信息技术实验室 CEA-LETI	法国	微电子及纳米技术、微系统设计、通信技术
封装研究中心 PRC	美国	电子设计、热力可靠性的研究以及高热力可靠性结构的设计、碳纳米材料的研究、碳纳米器件的研究、新的内连接方式的研究以及其可靠性的研究、散热分析以及散热材料结构的开发、系统集成的整体分析
美国半导体制造技术战略联盟 SEMATECH	美国	D 互连结构、半导体材料及工艺研究
台湾大学 NTU	中国台湾	MMIC 研究、SiP（互连结构、IPD、天线、射频无源电路等）研究、EMC 研究

　　SiP 涉及综合性、多学科的交叉研究，包括微电子/电子技术、材料、机械/力学以及工业工程等[5, 6]。SiP 关键技术的研究是支持其小型化与高集成化的基础与重点，其中最主要的几个研究方向包括互连结构（图 2.3 为目前 SiP 互连结构示意图）、散热结构及热可靠性的研究、电磁兼容（electromagnetic compatibility，EMC）研究、埋置芯片与埋置无源元件以及小型化无源电路的研究。

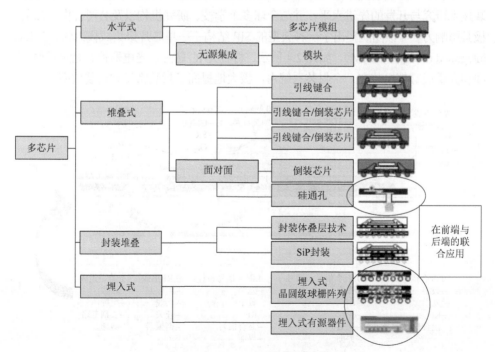

图 2.3　SiP 互连结构示意图[6]

美国是率先开始 SiP 技术研究的国家，早在 20 世纪 90 年代，就将 MCM 技术列为重点发展的十大军民两用高新技术之一。由于美国半导体产业结构完整，在集成电路设计、终端产品集成方面的优势极大促进了 SiP 技术在应用市场的开拓。欧洲各国在 SiP 技术的发展方面同样不甘落后，欧盟及各国研究机构或者企业都在该技术领域有多种规划，并进行联合研究。亚洲方面，日本和韩国在 SiP 技术领域相对比较领先，主要的优势在于它们所拥有的世界级半导体企业自身对于该技术的需求。中国台湾地区拥有众多的半导体代工企业，在 SiP 技术开发上也有比较多的投入。

一、国外研究进展

针对 SiP 技术，目前参与或者组织进行 SiP 研究开发的国外主要研究联盟/机构依然集中在北美、欧洲大陆以及东南亚地区[5, 6]。美国在系统级封装上处于领先地位，研究的单位包括佐治亚理工学院封装研究中心（Georgia Institute of Technology Packaging Research Center）、安靠科技、思科（Cisco）以及英特尔（Intel）等。

其中，佐治亚理工学院封装研究中心由美国政府、产业界和其他机构共同出资建立，是全球著名的封装技术研究中心，也是目前世界上系统级封装技术研究与开发最有影响力的研究中心，该中心的 Rao Tummala 教授是系统级封装的先驱者和主要倡导者，他领导的封装研究中心（Packaging Research Center，PRC）团队代表了系统级封装技术研究与开发的先进水平，并与全球多个学校、研究机构以及公司合作，在全球极具影响力[5, 6]。该团队提出了一种典型的 SiP 结构——单芯片级集成模组（single level integrated module，SLIM），如图 2.4 所示，将各类 IC 芯片、光电器件、无源元件、布线和介质层等都组装在一个封装系统内，极大地提高了封装密度和封装效率。

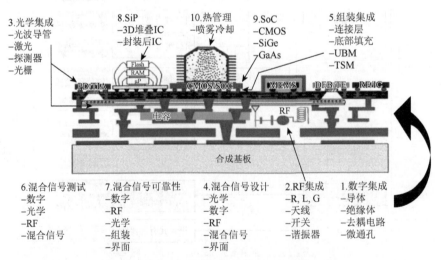

图 2.4　单芯片级集成模组示意图[5]

在 SLIM 中，各类分立元器件都埋置于基板或介质中，无须占用基板面积；采用无源元件集成以及薄膜微细布线层结构，便于各类 IC 芯片在基板顶层采用 FCB 方法集成。这种将基板纳入封装体的解决方案，极大简化了原本复杂的工艺结构。此外，该团队在 2011 年研发出 chip-last 埋置芯片超小型化 WLAN 接收 SiP 模块，首次实现了低造价、高可操作性的埋置芯片（GaAs 低噪放）与无源元件（射频低通滤波器）的小型化集成封装。2013 年该团队研发出 30 μm 间距 Cu-Cu 芯片到封装 I/O 互连结构，以及 50～80 μm 间距 PoP 通模通孔（through-mold vias，TMV）互连结构。图 2.5 为微间距互连结构示意图，该 PoP 互连结构将 I/O 端口数提高到当时水平的 8 倍，结构厚度减少到当时的 1/3～1/2。除 PRC 团队外，还有安靠科技与思科公司合作的 90 mm×90 mm 超大型 SiP 及其热稳定性的研究；佛罗里达大学研发的 60 GHz 生命特征探测微型 SiP 雷达等。

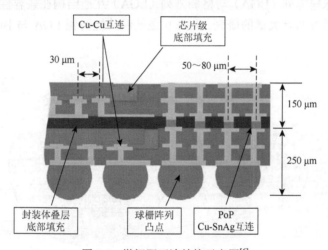

图 2.5　微间距互连结构示意图[6]

半导体制造技术科研联合体（Semiconductor Manufacturing Technology Research Consortium，SEMATECH）是 1987 年在美国政府财政资助下，由 14 家在美国半导体制造业中居领先地位的企业组成的 R&D 战略技术联盟[5, 6]。2010 年 12 月份，SEMATECH 联合世界半导体协会（Semiconductor Industry Association，SIA）以及半导体研究协会（Semiconductor Research Council，SRC）启动了一项 3D IC 芯片堆叠技术项目，该项目成立的目的是促进 3D IC 技术的标准化，对异构型 3D IC 整合技术进行研究。项目的首要目标是确立出一套与 3D IC 有关的关键技术如测试技术、芯片键合技术、微凸点技术（micro-bumping）等技术和规格标准，包括日月光（Advanced Semiconductor Engineering）、阿尔特拉（Altera）、亚德诺（Analog Devices）、艾萨华（LSI Corporation）、安森美

（Onsemi），以及高通（Qualcomm）在内的 6 家半导体公司都已加入了 3D IC 芯片堆叠技术的项目。

　　欧洲几个著名的技术研究中心和单位，如比利时的微电子研究中心（IMEC）、德国的弗劳恩霍夫可靠性与微集成研究所（Fraunhofer IZM）、卡尔斯鲁厄理工学院（Karlsruhe Institute of Technology）、法国原子能委员会电子与信息技术实验室（CEA-Leti），以及博世（BOSCH）公司等，都对系统级封装投入了大量的资源，并获得了众多突破性的进展[5, 6]。2013 年 KIT 与博世公司合作研制一款 QFN 封装 8 mm×8 mm 122 GHz 小型化短距离距离与速度探测 SiP 雷达。其使用引线键合的方式实现芯片到基板、天线到共面波导（CPW）馈线的连接。借助自动化键合机，引线长度能够精确控制，保证了连接拥有较好的插损。另外，欧洲的多个研究单位包括 IMEC、汉堡应用技术大学、伊尔梅瑙工业大学、IMST，以及芬兰奥卢大学都对球栅阵列（BGA）与格栅阵列（LGA）互连结构在兼容性结构、建模、可靠性与应用方面有大量的研究。图 2.6 是低温共烧陶瓷 LGA 与 BGA 互连结构示意图。

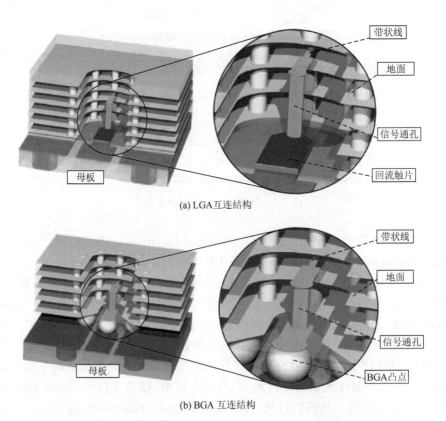

(a) LGA 互连结构

(b) BGA 互连结构

图 2.6　低温共烧陶瓷 LGA 互连结构和 BGA 互连结构[6]

一些知名的联盟也开展了多种研究活动，如成立于 2003 年底的 ENCAST（European Networkfor Co-ordination of Advanced Semiconductor Technologies），为欧洲电子生产企业提供半导体及微电子生产、组装、封装及测试技术的各类信息及情报，包括晶圆级封装、3D 封装、系统级封装（SiP/SoP）、无铅凸点等技术[5, 6]。德国的弗劳恩霍夫可靠性与微集成研究所与柏林工业大学合作，在封装和系统集成技术、微观可靠性和寿命评估、圆片级系统封装、3D 系统集成、温度管理、射频和无线技术、光电子封装、MEMS 封装等技术领域进行研究，为系统级封装中有源芯片的埋入联合开发了高分子内埋芯片（chip-in-polymer，CiP）技术，其示意图见图 2.7。

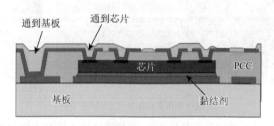

图 2.7　IZM 的 CiP 技术示意图[5]

日本、韩国以及新加坡对 SiP 的关键技术研究主要集中在热稳定性、噪声分析、无源电路研究与建模，以及互连等方面[5, 6]。2011 年南洋理工大学发表晶圆级 Cu-Cu 键合结构，实现了互补金属氧化物半导体器件（CMOS）到 MEMS 封装的异质集成连接；如图 2.8 所示，2012 年韩国 Seon Young Yu 等通过有限元分析以及 X 光成像的方式研究了内埋芯片在工作环境下由于材料的热膨胀系数（coefficient of thermal expansion，CTE）不同而失配产生弯曲或者界面应力对倒装芯片凸点的损坏，并对开关噪声经通孔耦合对芯片干扰进行了等效的电路建模的研究。

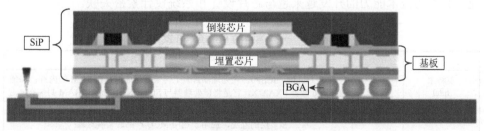

(a) SiP结构示意图

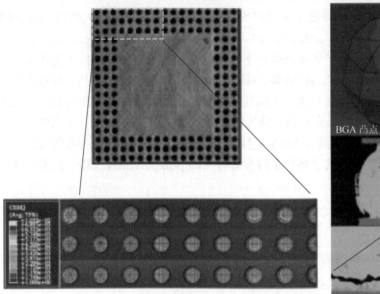
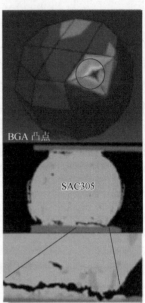

(b) BGA热仿真结果及其X光横截面图

图 2.8　SiP 结构示意图和 BGA 热仿真结果及其 X 光横截面图[6]

关于国外主要企业针对 SiP 技术的研究，无论是整合器件制造商（integrated device manufacturer，IDM）或是封装代工企业（packaging house，PKG house），都在系统级封装上进行了研发工作，即使是芯片设计企业（fabless design house），也提出并参与了相当多的研发工作[5, 6]。一些典型的 SiP 技术开发列于表 2.4 中。表中列举了一些在 SiP 技术开发领域有建树的国际化公司的相关理念、技术以及观点，从中明显可以看出整合器件制造商和芯片设计企业更多从产品的多功能、高性能化提出 SiP 的需求，而主要的封装代工企业则重点解决的是针对上述需求的物理实现在技术上完成开发。对于 IDM 公司而言，无论是从公司的整体战略发展还是局部技术的开发，在 SiP 方面都有明确的技术蓝图；同样对于封装代工企业，其工艺技术能力的开发越来越与芯片设计和系统设计紧密关联。

表 2.4　一些典型的 SiP 技术开发[5]

公司名称	公司类型	典型系统级封装技术开发及应用
英特尔 Intel	IDM	FSCSP（folding SCSP），在处理器封装上再堆叠集成闪存和 RAM 的内存：如便携终端处理器 PXA27X，它是将微处理器与 Strata 闪存、LP-SDRAM 封装在一起
瑞萨电子 Renesas	IDM	FO-WLP（fan-out wafer level package），包含 RDL 技术和键合技术以获得高密度和多层的互连，应用于通用 MCU 产品的紧凑封装； SiWLP（system in wafer level package），利用 FO-WLP 技术集成封装 MCU 与模拟/射频芯片，可应用于传感网络；SMAFTI（smart chip connection with feed-through interposer），利用聚酰亚胺和铜形成 FTI（feed-through interposer），用于大容量堆叠存储器和逻辑 IC 芯片的集成，能够实现 100 Gbps 的数据传输速率

续表

公司名称	公司类型	典型系统级封装技术开发及应用
三星 Samsung	IDM	开发了集 ARM 处理器、NAND 闪存和 SDRAM 于一体的 SiP，在单一封装结构内，基于 ARM 的应用处理器芯片和 256 M NAND 闪存芯片和 256 M SDRAM 内存芯片垂直叠装在一起，尺寸仅为 17 mm×17 mm×1.4 mm，应用于 PDA
飞思卡尔 Freescale	IDM	RCP（redistributive chip packaging），真正带有可选择性的新型圆片级封装技术；第二代 ZigBee 顺应式平台，将低功率 2.4 GHz 射频收发器和一个 8 位微控制器封装为 SiP，存储可扩展满足多种应用
恩智浦 NXP	IDM	AWL-CSP，开发了无源器件芯片（硅基板上包含解耦电容器、射频变压器和 ESD 保护二极管等，同时可以带有 TSV）
美国国家半导体 National Semiconductor	IDM	埋入式无源器件技术，应用于蓝牙射频模块
星科金朋 STATS-Chippac	PKG House	CSMP（chip size module package），直接将无源元件（电阻、电容、电感、滤波器、平衡—非平衡变压器、开关和连接器等）集成到 Si 基板，实现 SiP 模块化；高 Q 值 IPD 技术，减少了在射频信号传输路径中的损耗，形成 IPD 组件库
安靠科技 Amkor	PKG House	各类先进的封装技术（FC、BGA、CSP 等），已推出 ASIC 和微处理器高度集成的 SiP 计算模块、几乎容纳全部器件的 CIS-SiP 模块、集成了控制器和无源元件的高容量 SD 卡模块
高通 Qualcomm	Fabless	目前对 SiP 的主要需求来源于 X32 双倍数据传输率（double-data-rate，DDR）存储设备的使用，希望集成产品具有高速总线，能进步存储容量，并把所有存储芯片和用于低端产品的逻辑电路整合在了一起
博通 Broadcomm	Fabless	蓝牙 V3.0 + HS 兼容技术应用于同合作伙伴 ODM 共同生产的 mini-PCIe 组合模块中
苹果 Apple	IDM	A4 处理器与 DDR SDRAM 采用叠层封装（PoP）技术

二、国内研究进展

集成电路封装是中国大陆半导体产业的重要组成部分，在国家政策的支持下，尤其是 2009 年以来在国家科技重大专项（如 02 专项）的支持下，国内骨干的集成电路封装企业在先进封装技术的开发、储备、应用上得到了长足发展，在某些方面对国际封装企业巨头形成了挑战；国内的研究机构在多年坚持跟踪国际研究动态的基础上，结合国内产业的现状，在紧密联系产业界的同时，也提出了在 SiP 技术领域的研究方向；国内信息产业的一些重要的集成制造商（如华为、中兴通讯、联想、国民技术等）在产品系统集成的过程中，不断面临着 SiP 技术落后的障碍，因而对系统级封装有巨大的需求[5, 6]。

目前，国内在系统级封装领域主要的研究单位，包括中国科学院微电子研究所、中国科学院上海微系统与信息技术研究所、清华大学、北京大学、复旦大学、东南大学，华中科技大学、上海交通大学、电子科技大学，中国电子科技集团公司第十三研究所等，也逐步开展了先进封装技术基础及应用的研究。例如，2012 年东南大学窦文斌等设计的 15.8 mm×7.6 mm×3.8 mm 基于 LTCC 的 X 波段接收 SiP 模块[5, 6]。另外，国内高校及研究机构发表的 SiP 相关论文还包括多芯片 SiP 热分析及可靠性分析、SiP 的 T/R 组件研究、电源完整性、噪声分析、建模及噪声抑制等。在国家 02 专项的支持下，中国科学院微电子研究所联合多家研究机构，以"高密度三维系统级封装的关键技术研究"为主题，重点开展了系统级封装的设计方法研究、可靠性和可制造性基础研究、三维集成封装的关键技术研究和多功能化集成系统实现方法等研究工作，成为国内系统级封装研究的主要团队，目前在系统级三维封装设计、混合信号芯片的测试方法、TSV 关键工艺等方面有显著突破。

　　我国台湾地区在系统级封装方面在亚洲较为领先，台湾大学制作的一款 60 GHz 四元阵列天线收发 SiP 达到了世界先进水平，如图 2.9 所示。该 SiP 的关键技术在于在 LTCC 基板上应用了倒装芯片技术，以及使用相应补偿电路来减小互连结构寄生参数的影响，同时采用底部填充（underfill）方式增强倒装芯片凸点的热稳定性和散热能力。日月光公司（ASE）在封装堆叠、内埋元件基板及整合元件技术、TSV 及 TSV 芯片-圆片堆叠与封装具有较高的技术。其中，TSV 相关技术主要针对硅基板应用、存储器与逻辑电路堆叠应用、异质芯片整合应用。矽品科技（SPIL）是一家封装代工企业，在引线键合堆叠封装、多层芯片堆叠封装、倒装芯片堆叠键合封装等技术方面，形成应用于微型硬盘、存储卡、手机等的 SiP 系列产品。

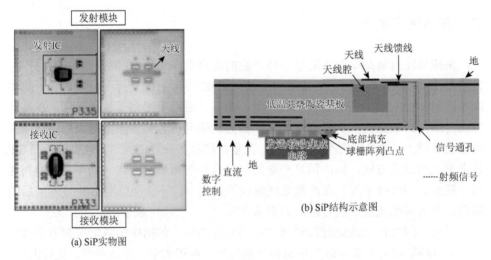

图 2.9　SiP 实物图和 SiP 结构示意图[6]

　　此外，国外著名半导体公司，如英特尔（Intel）、三星（Samsung）、瑞萨电子（Renesas）、意法半导体（STMicroelectronics）等，以及世界前四封装代加工厂（日月光、安靠科技、矽品科技、星科金朋）在中国设厂，推动了中国封装行业的发展[5, 6]。国内各封装企业在 SiP 技术开发上也加大了投入。如图 2.10 所示，长电科技目前已经开展了 CSP、BGA、SiP、铜线键合、叠层封装等系统封装相关的研发工作并提供了相关业务，南通富士通、通富微电、天水华天等企业也在系统级封装及测试领域展开了研发。国内的一些封装代工厂已经具备了一定的封装技术实力，并在晶圆级凸点技术、TSV 技术等方面逐渐具备和世界级封装企业竞争的实力，在系统级封装的选型、封装设计、封装模型电性参数提取、SI/PI 分析服务方面也积累了一定的经验。

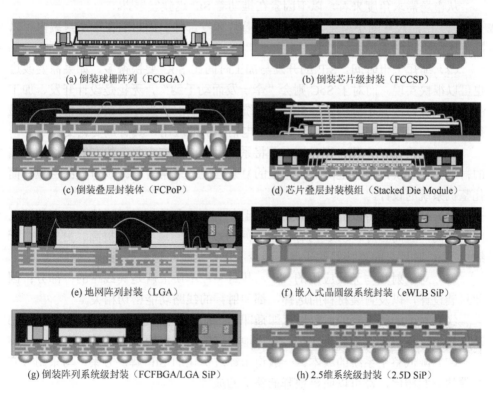

(a) 倒装球栅阵列（FCBGA）

(b) 倒装芯片级封装（FCCSP）

(c) 倒装叠层封装体（FCPoP）

(d) 芯片叠层封装模组（Stacked Die Module）

(e) 地网阵列封装（LGA）

(f) 嵌入式晶圆级系统封装（eWLB SiP）

(g) 倒装阵列系统级封装（FCFBGA/LGA SiP）

(h) 2.5维系统级封装（2.5D SiP）

图 2.10　长电科技 BGA 相关技术[6]

三、SiP 技术未来趋势与挑战

　　系统级封装技术在迅速发展过程中，由于集成系统的高性能、小型化、异质集成、结构多样化的特点，以及市场对成本的需求，集成技术将成为以后的主要的发展方向，苹果公司的 iWatch 用 SiP 模块代替 PCB。可以看到，SiP 技术正迅速发展，并逐步增加在电子产品市场中的份额[5, 6]。

SiP 技术的迅速发展也面临着众多的挑战，这些挑战包括：复杂系统的芯片—封装—系统协同设计（co-design）、热管理，以及为了满足系统集成电、热、力特性的新型材料开发、在传统封装基础上创新的工艺技术（如 TSV 互连、超薄芯片的获得与拾取、新型引线键合工艺、圆片键合技术等）和集成系统的测试工具与方法等[6]。

国内的系统集成制造商和芯片设计企业对系统级封装的需求是多样化的，包括内存集成、基站射频多频模组、手机上网卡、手机基带与射频、电源管理芯片集成、MCU 和电源管理芯片集成等。

从市场需求角度来看，以下因素在推动着 SiP 迅猛发展[3]。

（1）产品尺寸的小型化。将众多 IC 芯片和零部件一同封装在一个封装内可以显著地缩小系统或子系统的尺寸。

（2）缩短上市时间。SiP 的开发与加工时间比 SoC 要快得多，如果需要改进也可以很快实现。而对于 SoC 则会"牵一发而动千钧"，无论是设计开发、加工制造，或者修改都十分困难。SiP 在系统级线路板层次进行调试和查错，也容易得多。这在射频应用方面，如对于无线电话手机的应用，具有重要意义。

（3）采用 SiP 实现方案时。由于将系统母板上的许多复杂的布线转移到封装的衬底上去解决，显著地降低了母板的复杂程度。通常可以减少母板的层数，简化整机系统的设计。

（4）某些性能得以提高。例如，由于在 SiP 内部缩短了逻辑线路与存储器之间的距离，因而芯片、CPU 与存储器之间的数据传输速率得以提高。另外，由于缩短了 IC 芯片之间连接线的长度，减少了电容负载，功率消耗也得以降低。

（5）对于射频与无线应用的 SiP，其封装在本质上就是其线路的一部分；因此封装设计，以及封装材料的选择，都和射频的线路功能密切相关。

（6）对于一些完整的，可以"即插即用"的 SiP 解决方案，例如蓝牙或照相功能模块；系统整机设计人员可以轻松地将这些功能模块加进系统中去。

（7）降低整个系统的成本。一般说来经过优化的 SiP 解决方案，与采用分立器件的方案相比，都可以明显地降低整机的成本。

（8）采用 SiP 以后，系统设计人员一般都可以分别优化各个 IC 芯片的加工工艺，最充分地发挥各个芯片的性能特点。SoC 和 SiP 是互相排斥的，但是 SiP 在 IC 的功能划分方面，具有更大的灵活性，可以更好地优化性能，降低成本。

系统级封装产品的需求推动了国内封装企业和研究机构在 SiP 技术开发上的投入，国内的主要封装代工厂已经在圆片级凸点技术、应用 CMOS 图像传感器封装的 TSV 技术等方面逐渐具备和世界级封装企业竞争的实力，在系统级封装的选型、封装设计、封装模型电性参数提取、SI/PI 分析服务方面已经积累了经验。国内的大学和研究机构也在针对产业的需求，开展系统级封装和先进封装技术的基础研究和应用基础研究。包括 TSV、倒装芯片、埋置芯片、埋置无源元件、晶圆级封装等在内的关键技术已成为我国发展的主要课题，并在此基础之上研究晶圆级薄膜埋置技术与互连结构及其相关工艺生产线的开发[6]。SiP 技术结合生命科学、能源、航空航天等学科，利用异质集成、MEMS 技术，发展多学科/多专业的交叉与融合，提供更完善的系统功能，应用在各领域中。

综上，SiP 技术是一项先进的系统集成和封装技术，满足了当今电子产品更轻、更小和更薄的发展需求，在微电子领域具有广阔的应用市场和发展前景[6]。随着现代半导体产业的发展，SiP 关键技术与工艺必将会成为今后研究的重点，SiP 技术必将迎来更广阔的发展空间。

第三节 SiP 技术推动射频封装技术进程

随着人们对便携式设备的需求不断增长，厂商对射频芯片的体积和重量提出了更高的要求。厂商们通过采用新型材料、新的设计技术和制造工艺等来减小芯片的体积和重量。射频技术使芯片的体积和重量进一步减少，以满足小型化设备的需求。这意味着更加紧凑和轻便的射频元件和系统将被广泛使用。例如，在 5G 通信中，射频器件需要实现更高的频率和更高的功率密度，因此需要更小、更轻、更高效的射频器件来满足这些需求。同时，功耗是另一个重要的问题，尤其是在移动设备上。为延长电池寿命和降低设备的发热问题，厂商们在设计射频芯片时也注重降低功耗，所以也采取了一系列的措施，如优化电路结构和算法、降低供电电压等。低功耗芯片的出现将有助于减少射频模块和系统的耗电量，同时射频通信系统的能量消耗也将随着节能技术的不断发展而逐步降低。这一趋势将有助于减小射频设备的体积和重量，同时也更加环保。射频技术的可靠性也是一个重点，尤其是对于网络通信和卫星通信等需要长时间工作的环境。厂商们为了提高芯片的可靠性，采用了多种措施，如集成额外的保护电路、使用高质量的材料并严格管理制造过程。

在典型的射频设计中，大量采用各类无源元件，如电阻、电容和电感。这些无源元件占据了 60%～70%的系统面积。例如，滤波器和平衡-非平衡混频器等元器件都是无源元件。射频系统通常包含多个集成电路，如基带 ASIC 和射频 IC 收发机等。这些元器件采用不同的工艺技术制作而成。例如，基带 ASIC 采用 CMOS 技术，收发机采用 SiGe 和 BiCMOS 技术，射频开关采用 GaAs 技术。射频设计必须考虑电磁兼容性（EMC）和电磁干扰（EMI）等问题。设计人员需要选择合适的元器件和技术来保证系统的性能和可靠性。此外，射频设计还需要考虑天线的设计和匹配，以实现信号的传输和接收。

射频前端封装技术在电子设备中扮演着至关重要的角色。在这方面，SiP 技术可以为射频前端模块提供高度集成的解决方案。为了推动射频前端封装技术的进程，首先需要提高集成度。SoC 技术的优势是把所有功能整合在同一块芯片上，一些低成本应用通信系统中，将射频模拟电路和基带电路实现单片集成，但受到各种 IC 技术的限制，不能充分有效地利用多项技术优势[8]。而 SiP 技术可以权衡各种不同技术的不同电、热和机械性能要求，以获得最佳的性能。SiP 技术可以将几个不同的组件整合到一个芯片封装内，以提高集成度并降低系统成本。这可以通过使用更高级别的封装技术和混合封装技术来实现。其次需要加强设计优化，为了满足射频前端的性能要求，在系统层面上必须仔细设计，包括优化芯片、模块、封装、天线系统之间的匹配和互操作性。这可以通过使用仿真工具进行设计和优化来实现。与常规的芯片级封装（CSP）相比，SiP 还可以结合多种技术，如超声波焊接和线缆连接，以实现更高级别的封装。由于大多数 SiP 不会在电路板中占据过多的面积，因此，系统级集成封装技术成为主流方向。在无线通信领域，射频前端 SiP 技术是下一代无线产品的有力助手。通过对无线电频率进行集成，它可以实现高效率的射频信号传输，并提高设备的传输速率和范围。同时，射频前端 SiP 技术还可以完美地融合不同通信标准，如 Wi-Fi、蓝牙和 LTE 等。

射频前端 SiP 技术融合的优势包括：集成度高、功耗低、性能稳定、面积小等。这些优势的相互作用，使射频前端 SiP 技术在无线通信领域得到广泛应用。例如，射频前端 SiP 技术已经在 5G 中得到了广泛应用，推动了 5G 的发展。

射频前端 SiP 技术可将多个芯片和微电子器件集成在一个封装体内，以实现多种功能。SiP 集成了各种射频器件，使其成为射频前端模块。其分为一级封装和二级封装，其中一级封装是将各种射频器件进行封装，而二级封装是将封装好的各种无源器件和器件组装在 SiP 基板上。这些新型的集成模块可以实现更高的集成度和更小的封装体积，这对于实现更高的性能和更广泛的应用有很大的作用。此外，天线封装（AiP）技术也是一种新的射频前端封装技术，是 SiP 技术的一种延伸。AiP 技术是为了解决 5G 天线尺寸缩小、馈线连接带来的高损耗等问题而出现的。目前，5G 毫米波天线尺寸缩小到了毫米级别，高通等制造商正在积极研究基于封装的天线方案。这种方案具有集成度高、占用空间小等优点，可以帮助制造商节省设备空间，并缩短天线生产的周期。同时，高通已经推出了 5G 毫米波天线模组 AiP 标准品，每部手机采用三个该模组，可以实现更好的信号接收和传输。

SiP 技术可以将微处理器、存储器（如 EPROM 和 DRAM）、现场可编程门阵列（field programmable gate array，FPGA）、电阻器、电容器和电感器组合在多芯片的封装体中[9]。通过垂直集成 SiP 可缩短互连距离，降低信号延迟时间，减少噪声和电容效应，使信号传输速度更快，功耗更低。有时 SiP 作为进一步开发 SoC 的中间环节，最终将全部元器件合并到一个硅片上。得益于此优点，SiP 技术已被广泛应用于蓝牙器件、手机、汽车电子、成像和显示器、数码相机和电源中。SiP 符合这些应用的封装需求，与传统的 IC 封装相比，通常可节约高达 80% 的资产，并将重量降低 90%。

归纳起来，SiP 技术的应用主要集中在：①射频(radio frequency，RF)/无线电；②传感器；③网络和计算机技术；④其他高速数字产品。其中，在射频/无线电方面，SiP 技术广泛用于电子信息产业的各个领域，但目前研究和应用最具特色的是无线通信的物理层电路[9]。商用射频芯片很难用硅平面工艺实现，SoC 技术能实现的集成度相对较低，性能难以满足要求。同时由于物理层电路工作频率高，各种匹配与滤波网络含有大量的无源器件，而 SiP 的技术优势在这些方面凸显了出来。SiP 利用了更短的芯片互连线的优势，使 SiP 设计有着深远的意义：体积更小、功耗更低、速度更快、功能更多。例如，全部功能的单芯片或多芯片 SiP 将射频基带功能线路及快闪式存储器芯片都封装在一个模块内。集成的基带模块一般包括基带引擎、sRAM、闪存和一些无源器件，要求在手机前端模拟线路改变时，能迅速组成并提供相适应的引擎功能线路。

射频前端 SiP 技术的发展历程源于 SiP 技术，继承了 SiP 技术的优点，同时在集成应用的方式上进行了创新，用以解决传统射频电路在布局和连接性方面面临的问题。此外，射频前端 SiP 集成了多种功能，具有较高的性能和可靠性。射频前端 SiP 技术在解决传统射频电路问题方面具有独到之处。以往射频芯片设计过程中常常需要解决板级间（PCB）之间布局、连接生成的问题，射频前端 SiP 技术则能够使用不同工艺技术（包括 CMOS、Bi-CMOS、GaAs、GeSi 等）制作出有源器件，并将其与小间距的内部互连线进行互连，以达到器件性能的最优化。同时，射频前端 SiP 的布线密度较高，互连线长度较短，电学、机械、热学性能优异，具有多功能和高可靠性等优点。射频前端 SiP 的发展还面临一个重要挑战，即如何在射频前端 SiP 内部实现高质量的无源元件集成和微磁电集成元器件。目前，通常使用成本较低的基础工艺进行无源元件的高质量集成。此外，射频前端 SiP 还可采用高介电常数的介质和 TiN 等导体制作金属绝缘体半导体（metal insulator semiconductor，MIS）和金属绝缘体金属（metal insulator metal，MIM）沟槽，以实现更高的电容密度和更多的功能[8]。通过对 SiP 技术的延伸和拓展，实现了内部解决问题和整合应用领域横向需求和封装测试技术纵向扩展的目标，具有广泛的应用前景。随着集成技术的不断完善，3D 芯片和晶圆堆叠、具有小外形尺寸的射频前端 SiP 更具有实现可能性,成为当前射频电路领域中的一个重要发展趋势。

目前在射频前端 SiP 技术中主要采用三种方式：

（1）第一种方式是层压基板，它是一种使用多层梳状结构的基板。每层基板间隔采用层层黏合的方式制成，具有价格低廉、有成熟的制造工艺技术和较好的导热导电性能等优点。这些特性使得层压基板技术在射频电路的封装中得到了最为广泛的应用。具体而言，层压基板的导电层通常采用金属，如铜或银。然后，用高温热压的方式将多个薄片层压在一起。

（2）第二种方式是低温共烧陶瓷（low temperature co-firing ceramic，LTCC）技术，顾名思义，它是一种采用陶瓷介质基底的技术。陶瓷材料的特性使得所制成的射频电路具有极佳的高频特性和带宽，因此利于更大限度地压缩，减小系统封装体积，并且有利于提高电路的品质因素。LTCC 技术是在低温（通常为 400～600℃）下加压烧结的陶瓷介质上，在其表面镀上金属层制成导电层。这种技术有较好的高温处理能力，在高温下也有很好的稳定性。

（3）第三种方式是集成无源器件。这种技术基于传统的半导体工艺，技术成熟，并且能够提供较高容量的电容。这种技术的优点在于能够产生极小的寄生效应和电性能波动，因此在一些对电路稳定性有要求的应用领域中得到了较广泛的应用[10]。

综上，射频电路是无线通信领域的重要组成部分，是无线通信系统中的关键部件之一。相对于其他电路，射频电路的特殊性主要体现在它的射频特性和电路封装等方面。射频电路中不仅包含无源器件，如电感、电容等各种被动元件，还包括各种有源器件，如功率放大器、稳压器件、晶体管等。其中功率放大器是射频电路中最为重要的有源器件之一，它的主要作用是将接收到的微弱信号增幅到一定的程度，以便后续的处理和传输。由于射频电路中包含大量的被动和有源器件，因此对于电路封装和尺寸的要求也比较高，尤其是对于射频前端 SiP 来说，其占用空间小、集成程度高的特点，对于整个系统的性能和稳定性都具有较为重要的影响，推动了射频封装技术的发展进程[10]。

第四节　SiP 技术载体：PCB 技术与 LTCC 技术

SiP 技术主要有两种形式：聚合物基的叠层 PCB 技术，以及陶瓷基的低温共烧陶瓷（LTCC）技术。

一、聚合物基的叠层 PCB 技术

聚合物基封装基板是电子元器件的重要组成部分，其材料种类和发展方向都具有关键意义。在当前市场上，聚合物基封装基板的生产厂家越来越多，各种材料也不断推陈出新。聚合物基封装基板所用材料包括一般环氧树脂玻璃纤维布（玻纤布）基的基板材料、聚酰亚胺树脂基板材料、双马来酰亚胺三嗪（bismaleimide triazine，BT）树脂基板材料、聚苯醚（poly phenylene oxide，PPO）树脂基板材料、柔性覆铜箔聚酰亚胺薄膜基材、卷装环氧树脂玻纤布基挠性覆铜箔基板、附树脂铜箔（resin coated copper，RCC）、高性能高热传导半固化片或胶膜等。其中，环氧树脂玻纤布基的基板材料是聚合物基封装基板中应用较广泛的一种，它具有良好的韧度和耐热性。而聚酰亚胺树脂基板材料则具有较高的机械性能和良好的电学特性。BT 树脂基板材料则具有良好的机械强度和热稳定性，能够满足高密度线路板的要求。PPO 树脂基板材料在电学性能和机械性能方面都表现出色，适用于高速信号传输。柔性覆铜箔聚酰亚胺薄膜基材具有良好的机械强度和耐热性，在弯曲和折叠等方面具有优异的表现。卷装环氧树脂玻纤布基挠性覆铜箔基板则具有优异的阻燃性能和良好的机械性能。RCC 是一种高密度板材，具有优异的电学性能和热稳定性，适用于高层次的线路板设计。高性能高热传导半固化片或胶膜可以有效地提高散热能力，保证元器件的可靠性。目前全球许多覆铜板生产厂家，都把聚合物基封装基板的开发、生产工作列入企业新产品、新技术发展的重点。这种基板材料的技术发展将朝向高性能、高可靠性、高频化、薄型化、高模量、高导热、低成本和绿色化方向发展。这也是未来的发展方向，封装基板的总体要求是薄型化、高强度、高模量、平整度、高性能和刚韧性兼顾[11]。

在聚合物基封装基板中，最常用的是 PCB。PCB 是以绝缘板为基材，切成一定尺寸，其上至少附有一个导电图形，并布有孔（如元件孔、紧固孔、金属化孔等），用来代替以往装置电子元器件的底盘，并实现电子元器件之间的相互连接。由于这种板是采用电子印刷术制作的，故被称为印制电路板。按照线路板层数可分为单面板、双面板、四层板、六层板以及其他多层线路板。PCB 是一种用于支持和连接电子组件的基础材料，通常由一层或多层绝缘材料和覆盖在其上的导电铜箔构成。PCB 的主要制作材质通常包括玻璃纤维、环氧树脂和铜箔，玻璃纤维材料通常用于提供板的机械强度和稳定性，环氧树脂则用于作为绝缘层，以防止电子元件之间的短路和干扰，铜箔则用于形成电路连接，作为电子信号的传输介质。此外，PCB 的制作还可能涉及其他辅助材料，如阻焊剂、喷锡、印刷油墨等，这些材料在 PCB 的制作过程中起着重要的作用，可以帮助实现电路的连接和保护。刚性 PCB 材料包括酚醛纸质层压板、环氧纸质层压板、聚酯玻璃毡层压板、环氧玻璃布层压板等；柔性 PCB 材料则包括聚酯薄膜、聚酰亚胺薄膜、氟化乙丙烯薄膜等。

PCB 有三个重要组成部分：芯板（core）、半固化片（prepreg，PP），以及铜箔。其中，芯板是一片薄薄的固化的介质。常用的 PCB 材料有 FR-4、铝基板、陶瓷基板、纸芯板、带布纸板、酚醛树脂板等。其中，玻璃纤维和环氧基树脂交织而成的 FR-4，是最常和最广泛使用的 PCB 芯板的材料，相对成本较低。介电常数为 4.35（在 500 MHz 测试）、4.34（在 1GHz 测试），最大为 4.7。可承受的最高信号频率是 2GHz（超过这个值，损耗和串扰将会增加）。芯板的两个表面都铺有铜箔，可作为信号层、电源层、地层等导电层，芯板的上下表面之间填充的是固态材料。半固化片是一片薄薄的半固化的介质，通常也是 FR-4，当被加热或挤压时，半固化片会溶解在环氧基树脂胶里，然后变成和芯板具有相同介电常数的材料。铜箔是一片铜板，使用环氧树脂黏合在芯板的两边。PCB 的绝缘和铜箔材料成分演变如表 2.5 所示。

表 2.5　PCB 材料成分演变

材料类型	损耗等级	树脂体系	玻纤布	铜箔
有铅	标准（0.02～0.015）	FR4 树脂 DICY 固化，Br 阻燃，无填料	E-Glass	HTE
无铅	标准（0.02～0.015）	FR4 树脂 PN 固化，Br 阻燃，含填料	E-Glass 开纤布	HTE
无卤	中等（0.015～0.010）	FR4 树脂 PN 固化，无卤阻燃（如 P），含填料	E-Glass 开纤布或扁平布	THE、RTF
高速	低（0.010～0.005）	改性 FR4、PPO、CE 等 PN 固化，含卤或无卤阻燃，含填料	E-Glass 或 NE-Glass 开纤布或扁平布	RTF、LP、VLP
高频	极低（<0.005）	PPO、PTFE、陶瓷基	E-Glass 或无编织玻布	THE、RTF、HVLP

在 SiP 射频应用中，PCB 材质的选择至关重要。PCB 上的信号传输损失与基板材料性质的关系导体电路上的传输损失中的介质损失主要是受到基板材料绝缘层的介电常数（D_k 或 ε_r）、介质损失因数（D_f 或 $\tan\delta$）的影响，对传输损失的影响与 ε_r、$\tan\delta$ 的大小成正比，并与介质工作时的频率大小相关。其中：①介电常数是表征电磁场在特定材质中导通能力的参数，介电常数越大，则电磁场在该材质中导通能力越强。在应用中，一般采用相对介电常数 E_r。E_r 的定义是，材质介电常数与真空介电常数的比值。真空中 $E_r = 1$，而常用的 PCB 材质 FR-4 的 E_r 取值一般在 3.5～4.5，即电磁场在 FR-4 中导通能力比真空强，这也是高速电路工作时，电磁场仍主要集中在 PCB 内的原因。在 PCB 设计中，所选材质 E_r 的值，对信号完整性有很大影响。E_r 越高，高频信号越容易通过，即高频的损耗越大。常见的 FR-4 的 E_r 取值在 4.2～4.3，而高速板的设计中，为了减小高频损耗，往往取 FR4 的 E_r 值为 3.5～3.8；②材质正切值。材质正切值 $\tan\delta$ 也称材质损耗正切值，与 E_r 相同，它也是一个与信号完整性相关的参数。$\tan\delta$ 等于流经材质的损耗能量与流经材质的无损能量的比值，$\tan\delta$ 值越大，则信号的损耗越大。与 E_r 不同，$\tan\delta$ 的值基本不随频率而变化。在高速电路设计中，应尽量选择 E_r 和 $\tan\delta$ 小的材质，当然，E_r 和 $\tan\delta$ 越小，PCB 的成本也越高。具体来说，在面向高速高频的应用中，

如表 2.6 所示，可从如下几个方面对 PCB 材料进行改善[12]：

（1）采取极性更低、介电特性（D_k/D_f）更小的树脂体系，如进行环氧树脂的改性（聚苯醚改性环氧树脂、氰酸酯改性环氧树脂）或换用其他树脂（聚四氟乙烯、聚苯醚和改性聚苯醚、氰酸酯树脂）。

（2）采用 D_k 更低而且均匀性一致的玻璃布材料，如扁平式玻璃布等。

（3）为了减少肌肤效应，采用低粗糙度的反转铜箔（RTF）等。

其中，各种树脂体系的 PCB 常用材料的介电特性为 PTFE＞CE 基板（热固性氰酸酯树脂）＞PPO 基板（热固性聚苯醚树脂）＞BT＞PI＞改性 EP＞EP；信号传输速度为 PTFE＞CE＞PPO＞改性 EP＞BT＞PI＞EP。其中，PTFE 具有优良的电性能和良好的化学稳定性，是最适用于微波通信和高速数字处理的高频材料之一。

表 2.6　面向高速高频应用的聚合物基 PCB 材料

环氧树脂基添加成分	对性能产生的影响				成效、困难及其他
	PCB 加工性能	耐热性	机械性能	成本	
改性环氧树脂	除胶渣稍难	变好，T_g 升高	脆性增大	上升	T_g 升高，韧度增大，降低 D_k/D_f 等
聚苯醚类 PPO 或 PPE	不易加工，但较不吸水	T_g 升高，可阻燃	黏度大，含浸难，附着力差	大幅上升	难溶于溶剂，D_k/D_f 低，本身 T_g 为 215℃，极性小，不吸水
腈酸酯类	不易加工，易吸水	变好	脆性增大	大幅上升	胶片寿命很短，吸水性很强
烃类	不利	变好	不利	大幅上升	原料供应商很少
聚四氟乙烯	除胶渣困难	很好	不利	略上升	T_g 太低，属于热塑类，但对 D_k/D_f 降低非常有用
开纤布或无捻布改性玻璃纤维	有利于钻孔	不影响	不影响	略上升	可大幅改善 CAF，D_k/D_f 稳定，但供应量有限，未来会改善
磷系阻燃剂	容易吸水	变好	脆性增大	仅添加 3% 即上升 50%	只有 DOPO 应用，供应商不多
氮系阻燃剂（如环状 BZ）	良好	良好	良好	上升	属于日立化成专利，供应商有限
各种新型固化剂（如 SMA）	良好，储龄短	较好	变好	大幅上升	D_k/D_f 可降低
无机粉料	不易钻孔	变好	附着力差	持平	以 SiO₂、Al(OH)₃ 为主，导热材料以 Al₂O₃ 为主，BN、AlN 等为辅
有机粉料（增韧剂）	不变	大幅改善	不变	大幅上升	供应商有限

PCB 中的铜箔用于形成电路连接，作为电子信号的传输介质。PCB 的层数代表的是铜箔的层数，一个 8 层 PCB 包含 8 层铜箔。PCB 常用铜箔类型如下[13]。

（1）标准电解铜箔（standard electrolysis，STD）：指用电沉积制成的铜箔。

（2）高温高延伸性铜箔（high temperature elongation，HTE）：具有较好的延展性和可塑性，适用于高温环境下的电子元器件制造。HTE 铜箔表面涂有一层有机物，有良好的耐腐蚀性和氧化稳定性，可保护铜箔表面不被氧化，是一般 PCB 厂常用的铜箔。

（3）双面处理铜箔，也叫反转铜箔（reverse treat foil，RTF）：指对电解铜箔的粗糙面进行处理外，对光面也进行粗糙处理，可以提高焊接时的黏附力和防止氧化，并具有较好的屏蔽性能。用 RTF 作为多层板内层的铜箔，可不必在多层板压合前再进行粗化（黑化）处理。RTF 型铜箔广泛应用于电子通信、计算机、汽车等领域。

（4）超薄铜箔（ultra-thin foil，UTF）：指厚度在 9 μm 以下的 PCB 用铜箔。一般使用的铜箔，在多层板的外层为 12 μm 以上，多层板的内层为 18 μm 以上。9 μm 以下的铜箔使用在制造微细线路的印制电路板上。由于极薄铜箔在拿取上困难，因此一般有载体作为支撑。载体的种类有铜箔、铝箔、有机薄膜等。

（5）附树脂铜箔（RCC）：是在薄电解铜箔（厚度一般≤18 μm）的粗化面上涂覆一层或两层特殊组成的树脂胶液（树脂的主要成分通常是环氧树脂），经烘箱的加工干燥脱去溶剂、树脂成为半固化的形式。RCC 所用的厚度一般不超过 18 μm，目前常用 12 μm 为主，树脂层的厚度一般在 40～100 μm。它在积层法多层板的制作过程中，起到代替传统的半固化片与铜箔二者的作用，作为绝缘介质和导体层，可以采用与传统多层板压制成型相似的工艺与芯板一起压制成型，制造积层法多层板。一般用于高密度连接板（high density interconnect，HDI）的压合。

（6）低轮廓铜箔（low profile，LP）：一般铜箔的原箔微结晶非常粗糙，呈粗大的柱状结晶。而低轮廓铜箔的结晶很细腻（在 2 μm 以下），为等轴晶粒，表面的粗糙度低，用于高速板。

（7）超低轮廓铜箔（very low profile，VLP）：超低轮廓电解铜箔经实际测定，平均粗化度为 0.55 μm（一般铜箔为 1.40 μm）。最大粗化度为 5.04 μm（一般铜箔为 12.50 μm）。

（8）高频超低轮廓铜箔（high-frequency very low profile，HVLP），应用于高频高速类板。

PCB 在电子产品中发挥着重要的作用，是电子产品中实现各种电路功能的基础。除了 PCB 材料之外，PCB 设计也是电子产品研发中的一个重要环节。PCB 的设计主要涉及电路图设计，在设计时需要考虑电子元器件的布局和走线、通孔的布局、外部连接的布局、电磁保护等因素[14]。在 PCB 设计中，布局设计是其中的关键一步。在布局设计时需要考虑电子元器件的功能、性能和电路特性。同时还需要考虑 PCB 的物理特性，如电路板的尺寸、形状和厚度等。元器件的布局应该满足电路性能的要求，而走线的布局则要尽量简单、直接、对称，从而降低信号传输的损耗。通孔的布局也是 PCB 设计中一个重要的方面，通孔的位置和数量需要根据元器件布局和走线布局来确定。在高速信号传输中，由于高频率信号会产生较大的反射和干扰，因此排布通孔需要避免布线走到通孔附近。此外，还需要在通孔上做好防虚焊和防锡溢出的措施。外部连接的布局需要考虑产品成型后的外观和外部接口的再次设计。这通常需要配合产品外壳和机械结构的设计来完成。电磁保护是 PCB 设计中的一个重要考虑因素。在高速信号传输中，信号可能会受到较大的电磁干扰，从而导致信号失真和误码。因此，需采用各种措施来提高电路的抗干扰能力，如分布电容、电位器、屏蔽等。

随着电子产品的技术和性能的不断提高，PCB 逐渐向高密度化和高级方向发展。为了实现高密度化，需要采用各种先进的技术，如盲孔（blind via）、埋孔（buried via）等。另外，PCB 还应用了任意互连 HDI 板技术。其中，HDI 是指高密度互连（high density interconnect），通常是指 4 层、6 层和 8 层的 PCB。HDI 技术是一种将被微小化的组件和印制电路板（PCB）相互连接的技术，它是连接器和电子工具之间的桥梁。HDI 板技术是 HDI 中的一种进阶技术，可以实现更高密度的布局。这些技术的采用，实现了线密集化和微孔化，将 PCB 设计带入了更高的水平，极大地推动了电子产品智能化和小型化。

近年来，积层多层 PCB、高密度互连 PCB 的开发成功和模块基板的大量采用，为高密度多层基板开创了广阔的用武之地。在短时间内，人们就开发出二三十种不同的工艺用于积层多层板的制造。从绝缘层形成来划分，大致可分为四大类：感光树脂/光刻成孔法；热固性树脂/激光成孔法；附树脂铜箔/激光成孔法；无芯板全层导通孔法，如 ALIVH、B^2it、半固化片形成法等[11]。感光树脂/光刻成孔法是目前应用最广泛的工艺之一。该工艺的流程包括涂覆感光树脂、曝光、显影等步骤。这种工艺具有成本低、可靠性高、制造效率高等优点，被广泛应用于嵌入式系统、通信设备和消费电子等领域。热固性树脂/激光成孔法的主要优点是它可以制造非常小且高密度的孔洞，因此很适合用于微型设备和高频电路。该工艺的流程包括双面镀铜、涂覆热固性树脂、激光凿孔等步骤。附树脂铜箔/激光成孔法是一种全新的制造工艺，利用激光加工技术，实现了铜箔和树脂的无缝结合，为高速信号传输提供了保障。这种工艺的优点是制造过程中没有化学废液产生，因此环保性能更好。无芯板全层导通孔法主要应用于高密度多层板、高速信号传输和射频（无线电频率）电路。该工艺的流程简化了其他工艺过程，使得成本更低、性能更好。总之，积层多层 PCB、高密度互连 PCB 基板的开发成功和模块化基板的大量采用，为高密度多层基板的制造带来了广阔的前景。同时，各种不同种类和工艺的使用，也让电子产品设计者们在设计中具有更大的自由度。

在 SiP 技术中，PCB 的设计和制造是至关重要的环节，因为它直接影响电路的性能和稳定性。SiP 技术目前使用最多的一类基板材料是高密度多层 PCB 基板[9]。从技术成熟度和成本方面来说，这类材料具有技术优势。但由于精度问题，集成无源器件有困难，未来的发展受到限制。PCB 是由许多"层"组成的复合结构，这些层通过叠层技术精确组合在一起。叠层是 PCB 设计的重要输出，在制造过程中，叠层结构必须与工艺流程相匹配，才能达到较高的制造良率[14]。在 PCB 叠层设计过程中，首先需要考虑的是纵横交错的结构。纵向（Z轴）通过不同的孔进行导通，包括埋孔和盲孔。埋孔是用于连接芯板层内的不同线路层，而盲孔用于连接表面层的线路与下面的线路。根据埋孔所在层别确定芯板层、第一次压合层别，再根据盲孔所在层别确定后续层别的压合，以保证每个层次间的精确导通。同时，在 PCB 叠层设计中还要考虑电镀铜工艺的纵横比（孔铜和面铜的比值）。通过计算每层可以实现的铜厚，可以确定压合时需要用到的铜箔厚度。适当的纵横比可以确保每层导电性能良好，同时避免金属过于脆弱而容易断裂导致电路不稳定的问题。在横向（X、Y 轴）则是每层完成的铜厚（基铜＋电镀铜）与线宽线距的匹配关系。完成铜厚直接决定线宽线距的制作能力及需要采用的工艺流程。合适的线宽线距可以确保电路在有限的空间内精确连接，同时保持良好的导电性能和发热性能，避免因为线路过于密集导致的故障问题。

二、5G 对 PCB 的要求与挑战

在 5G 时代，随着通信产品体积小型化、容量反而增加的趋势下，严重挤压了产品前端的设计空间，为了缓解这种设计压力，通信芯片厂商只有选择研发更高速率的 IC 产品，以满足大容量、小体积的产品需求。然而，速率增加后对于信号完整性工程师的压力并未缓解反而加重，高速率产品可以使用更少的走线来实现，但速率的增加直接导致信号质量的严要求，且裕量越来越少。在 10 Gbps 信号下，信号的 UI 可以达到 100 ps 的位宽，但在 25 Gbps 信号下，信号的位宽只有 40 ps，这就意味着在通道的每一个环节都要进行优化设计来争取每一个皮秒的裕量。5G 通信应用了很多新的技术如 SiP 技术，对 PCB 的要求越来越严苛，尤其是对 PCB 基板材料、加工工艺、表面处理等方面提出了非常高的要求。

如表 2.7 所示，5G 通信产品工作频率不断攀升，对 PCB 制作工艺带来新要

求，毫米波 PCB 通常是多层结构，微带线和接地共面波导电路通常位于多层结构的最外层。毫米波在整个微波领域中属于极高频率范围，频率越高，要求的电路尺寸精度要越高[15]，具体如下。

（1）外观控制要求：关键区域微带线不允许出现凹坑划伤类缺陷，因为高频 PCB 的线路传送的不是电流，而是高频电脉冲信号，高频导线上的凹坑、缺口、针孔等缺陷会影响传输，任何这类小缺陷都是不允许的。

（2）控制微带天线拐角：为改善天线的增益、方向与驻波，避免谐振频率往高频偏，提高天线设计的裕量，需要对微带天线贴片拐角尺寸（d）进行严控，如 $d \leqslant 20\ \mu m$、$d \leqslant 30\ \mu m$ 等。

（3）对于单通道 112G 高速产品，就要求 PCB 覆铜板材料具有较低的 D_k 和 D_f，需要新型树脂、玻璃布及铜箔技术，要求 PCB 工艺背钻精度更高，厚度公差控制更加严格，孔径更小等。

（4）HDI 技术应用：5G 时代产品对于 PCB 技术要求，包含二阶 HDI 技术应用，多次层压技术，不对称设计，0.15 mm 微小孔，0.20 mm 高密孔壁间距、不同体系材料混压等。

表 2.7 5G 与 4G 对 PCB 工艺能力要求对比

项目	4G	5G
线宽公差要求	±20%	±12.7～25.4 μm
阻抗公差	±10%	±5%
单元尺寸	300 mm	700 mm
孔间距	0.80 mm	0.65 mm
孔类型	通孔、埋孔	通孔、埋孔、多阶深 V 孔、POFV、多阶 HDI
机械公差	±0.2 mm	±0.05～0.1 mm
槽孔公差	±0.1 mm	±0.05～0.075 mm
孔粗	≤50 μm	≤25 μm

在 5G 通信中，会有大量 MIMO 天线应用，在 MIMO 天线中，由于天线通道数量的增加，每个天线通道在功率放大器中所对应的通道数也会相应增加，而这一变化会使功率放大器的整体功率增加，从而需要功率放大器具备更高的功率效率，而作为提升功率效率的办法之一，如何降低承载功率放大器的 PCB 板材的损耗、提升 PCB 板材的热导率变得尤为重要。另外，MIMO 天线中辐射单元数量增加，要求 PCB 板材的硬度更高，以提供更好的支撑效果，并且电路的复杂度增

加，较传统双面 PCB 天线而言，多层板天线应用会越来越多。因此，5G 通信对 PCB 提出了更为严苛的技术要求[15]，具体如下。

（1）高速高频覆铜板技术要求：5G 通信产品要求更高频率和速率，高速高频信号关注传输线损耗、阻抗及时延一致性，最后在接收端能接收到合适的波形及眼图，眼图张开的宽度决定了接收波形可以不受串扰影响而抽样再生的时间间隔。显然，最佳抽样时刻应选在眼睛张开最大的时刻，睁开眼图的塌陷是由损耗直接引起，介质损耗因数 D_f 越小眼图高度越大，噪声容量越大。对于 PCB 基板材料来说，需要 D_k/D_f 更小，D_f 越高，滞后效应越明显，业内对 PCB 覆铜板的研究热点，主要集中于低 D_k/D_f、低 CTE、高热导率材料开发，要求铜箔、玻璃布、树脂、填料等供应链上下游与其配套。

（2）更低损耗覆铜板材料要求：万物互联 5G 通信量产，天地互联 6G 开始预研，将要求高速覆铜板技术向更低损耗 D_f，更低介电常数 D_k、更高可靠性、更低 CTE 技术方向发展。相应地，覆铜板主要组成铜箔、树脂、玻璃布、填料等也要同步往这个方向发展。

（3）更低损耗的树脂材料：要满足 5G 通信高速产品要求，传统 FR4 环氧树脂体系已不能满足要求，要求覆铜板树脂 D_k/D_f 更小，树脂体系逐渐往混合树脂或 PTFE 材料靠近。5G 通信高速高频产品 PCB 厚度越来越高，孔径越来越小，PCB 纵横比会更大，这就要求覆铜板树脂具有更低损耗，在损耗降低的同时，不能发生孔壁分离或孔壁断裂等缺陷。

（4）更高可靠性覆铜板板材：5G 通信产品集成度越来越高，PCB 设计密度已从孔间距 0.55 mm 减小到 0.35 mm，多阶 HDI 工艺单板 PCB 厚由 3.0 mm 提升到 5.0 mm，MOT 温度要求由 130℃ 提升到 150℃，要求覆铜板板材耐热性更好，耐 CAF 性能也要更高。

为了满足上述要求，PCB 存在一些技术难点。例如，5G 芯片要求 PCB 孔间距更小，最小孔壁间距达 0.20 mm，最小孔径 0.15 mm，如此高密布局对 CCL 材料和 PCB 加工工艺都带来巨大挑战，如 CAF 问题，受热孔间裂纹问题等。目前 PCB 工艺急需解决的难题之一，是 0.15 mm 微小孔径，最大纵横比超过 20：1，如何防止钻孔时断针问题，如何提升 PCB 电镀纵横比能力、防止孔壁无铜问题等。在 5G 通信中，高速发展是趋势，孔环会越来越小，为减少焊盘起翘或 PP 层开裂缺陷，需要在树脂流动性和压合工艺参数上进行工艺优化。

5G 通信对 PCB 工艺也提出了巨大的挑战，具体体现在以下几个方面[15]。

（1）对材料的要求与挑战：5G PCB 一个非常明确的方向就是高频高速材料及制板。高频材料方面，可以很明显地看到如联茂、生益、松下等传统高速领域领先的材料厂家已经开始布局高频板材，推出了一系列的新材料。这将会打破现在高频板材领域罗杰斯一家独大的局面，经过良性竞争之后，材料的性能、便利性、可获得性都将大大增强。所以说，高频材料国产化是必然趋势。在高速材料方面，400 G 产品需要使用 M7N、MW4000 等同级别材料。在背板设计中，M7N 已经是损耗最低的选择，未来更大容量的背板/光模块需要更低损耗的材料。而树脂、铜箔、玻璃布的搭配将达成电性能与成本最佳平衡点。此外，高层数和高密度也会带来可靠性的挑战。

（2）对 PCB 设计的要求与挑战：板材的选型要符合高频、高速的要求，阻抗匹配性、层叠的规划、布线间距/孔等要满足信号完整性要求，具体可以从损耗、埋置、高频相位/幅度、混压、散热、PIM 这六个方面入手。

（3）对制程工艺的要求与挑战：5G 相关应用产品功能的提升会提升高密 PCB 的需求，HDI 也会成为一个重要的技术领域。多阶 HDI 产品甚至任意阶互连的产品将会普及，埋阻和埋容等新工艺也会有越来越大的应用。PCB 的铜厚均匀性、线宽的精准度、层间对准度、层间介质厚度、背钻深度的控制精度、等离子去钻污能力都值得深入研究。

（4）对设备仪器的要求与挑战：高精度设备以及对铜面粗化少的前处理线是目前比较理想的加工设备；而测试设备就有无源互调测试仪、飞针阻抗测试仪、损耗测试设备等。精密的图形转移与真空蚀刻设备，能实时监控与反馈数据变化的线路线宽和耦合间距的检测设备，以及均匀性良好的电镀设备、高精度的层压设备等也能符合 5G PCB 的生产需求。

（5）对品质监控的要求与挑战：由于 5G 信号速率的提升，制板的偏差对信号性能的影响变大，这就要求制板的生产偏差管控更加严格，而现有主流的制板流程及设备更新不大，会成为未来技术发展的瓶颈。PCB 生产企业如何破局，至关重要。

三、陶瓷基的 LTCC 技术

在 5G 系统中，射频前端技术是非常重要的。其中，基站是射频前端技术应用的一个重要场景。滤波器是基站的核心部件，扮演着不可或缺的角色。通过对通信链路中的信号频率进行选择和控制，滤波器可以挑选出需要的频率信号，抑制不需要的频率信号，解决不同频段、不同形式通信系统之间的信号干扰问题，并提高通信质量。一个滤波器的主要参数包括插入损耗、Q 值、中心频率、通带带宽等。在 4G 时代，金属腔体滤波器因其结构牢固、性能稳定、较低的成本和较成熟的工艺成为通信基站的首选。然而，由于现代移动通信频谱资源有限，并且随着移动通信网络的快速发展，商用无线频段非常密集。这就导致了高抑制的系统兼容问题。因此，在新的 MIMO 时代，保证基站滤波器小型化、轻质化、集成化、产量化和性能稳定成为了新的挑战。

　　针对这些需求，陶瓷材料在滤波器的材料选型中具有较大的优势。滤波器是射频前端中最重要的分立器件，通过选通特定频率并过滤干扰信号以提高信号的抗干扰性及信噪比。陶瓷介质滤波器具有高介电常数、低损耗、体积小、功率大等优势，并且陶瓷各种性能对温度的变化不敏感，稳定性较高，具有耐腐蚀性好、成本低、成型工艺简单、精加工成本低等特点。因此，陶瓷介质滤波器以更高 Q 值，更小损耗和更小尺寸的优点，有望成为未来基站滤波器的主流。

　　在陶瓷介质材料中，低温共烧陶瓷（LTCC）技术是近年来兴起的一种令人瞩目的多学科交叉与整合组件技术。LTCC 技术最先由美国的休斯公司于 1982 年研制成功，是一种采用多层陶瓷压接的 3D 工艺，广泛应用于电子元器件和系统的高密度、小型化集成。采用 LTCC 工艺可以将各种无源元件，如电容、电感、电阻、微带线等，集成到多层陶瓷基板中，通过综合设计不同无源元件的版图布局、电气性能优化和设计规划等方式实现集成设计[16-18]。通过创新的版图设计和组合，不同的无源元件可以形成多种模块化的无源电路模块，如功分器、耦合器、滤波器、功率放大器等。这些无源电路模块可以与各种有源器件集成在一起，形成混合集成电路，实现高度集成和优异的电气性能。同时，由于 LTCC 基板具有优良的热传递特性，因此可以较好地解决热管理问题，提高电路的稳定性和可靠性[19]。

　　LTCC 其具体的工艺流程是以陶瓷粉末为原料，通过压制、切割、印刷、填充、压接、烧结等工艺步骤，将低温烧结陶瓷粉制成厚度精确且致密的生瓷带，在生瓷带上利用激光冲孔、微孔注浆、精密导体浆料印刷等工艺制出所需要的电路图形，并将多个无源元件（如电容、电阻、滤波器、阻抗转换器、耦合器等）埋入其中，然后叠压在一起，在 900℃左右烧结，通过多次重叠、压接、烧结等工艺步骤，形成具有多层结构的 LTCC 陶瓷基板，制成三维电路的无源集成组件，也可制成内置无源元件的三维电路基板，在其表面可以贴装 IC 和有源器件，制成无源/有源集成的功能模块[16-18]。LTCC 工艺具有制造成本低、可靠性高、尺寸精度高、介电性能优良等优点，因此在航空航天、无线通信、医疗电子、汽车电子等领域得到了广泛的应用。

　　LTCC 基板材料是一种低温共烧陶瓷材料，它具有优良的电气、热、机械和化学性能，因此在微波、无线、射频等领域得到了广泛的应用。LTCC 基板材料主要包括 LTCC 生瓷带、导体和电阻等材料，它们在制作 LTCC 器件时相互配合，共同实现了高性能、高频率、多层、三维等复杂结构的组装。LTCC 生瓷带是一种高分子复合陶瓷材料，它由粉末、添加剂和有机溶剂混合制成。这种材料具有塑性和成形性，可以通过压榨、滚压等方法制成各种薄膜状结构。这些生瓷带经过烧结过程，会在低温条件下呈现良好的陶瓷性能，包括高强度、高刚度、优良电气绝缘性和热稳定性等[17-19]。导体是 LTCC 基板材料中的重要组成部分，它负责实现电子器件的电气连接。导体材料通常以 Au、Ag、Pd、Pt 等贵金属或它们的合金（如二元合金或三元合金 PdAg、PtAg、PtAu、PtPdAu 等）为导电相。这些金属材料具有优异的导电性能、稳定的物理化学性能和成熟的加工工艺，可以在空气气氛下烧结。Cu 作为高电导率材料，具有较高的热导率和优异的焊接性能，特别适合低温烧结。然而，Cu 在空气中受热后极易氧化，因此在烧结时需要用中性气氛（如氮气）作为保护气体，以防止氧化现象的发生[21]。电阻材料主要由厚膜电阻和薄膜电阻组成。厚膜电阻通常由金属氧化物、有机载体和添加剂组成，具有良好的耐热性、稳定性、降噪性等特点。薄膜电阻采用真空沉积技术，可以实现高精度、高分辨率和低热漂移等性能。

LTCC 生瓷带在各种应用中具有广泛的潜力，特别是在高频组件和模块的开发中。在基于 LTCC 材料的封装解决方案中，微晶玻璃和玻璃＋陶瓷系生瓷带的介电性能对于整体设备性能至关重要。在微晶玻璃系生瓷带中，低温共烧陶瓷具有较好的工艺性能和良品率。微晶玻璃系生瓷带在高频应用上具有优越性，如 Ferro A6 M。由于其低介电常数，低损耗微晶相一定程度上降低了信号的传输损失，并增加了设备的可靠性和稳定性。不过，随着微波技术的不断发展，要求更高的设备性能和小巧化尺寸的趋势逐渐明显，因此，其他新型 LTCC 材料更容易获得市场认可。玻璃＋陶瓷系生瓷带由于玻璃的引入，在一定程度上克服了微晶玻璃瓷基板烧结收缩率较小的问题，如 DuPont 951。虽然其介电常数和介电损耗相对较大，但它在中低频电路基板中的应用优势明显。此外，该材料的优良热性能和力学强度，也使其在某些环境下有着更强的适应性。对于传输线路和微波器件来说，介电常数是影响器件性能的关键参数之一。低介电常数有助于信号的高速传输，信号传输延迟时间与介电常数的方根成正比，这意味着低介电常数可以提高信号传输速度。然而，更高的介电常数将导致电磁波波长缩减，从而使得微波器件尺寸减小。因此，在微波器件设计过程中，需要根据实际应用场景权衡尺寸和传输性能[20]。

5G 手机由于其高频、大带宽及高传输速率的特点，必须匹配高性能滤波器。对应毫米波频段的是毫米波 MEMS 滤波器，要求低功耗内插、小型化及 SIW 封装。对应 Sub-6 GHz 频段的是 FBAR 滤波器，要求宽带、高回波损耗和带外抑制、小型化。总体特征是高频化、宽带化、高功率化和小型化。LTCC 是以玻璃/陶瓷材料作为电路的介电层，运用 Au、Ag、Pd/Ag 等高电导率金属做内外层电极和布线。LTCC 工艺是在高频元件、模块等制造过程中开发出来的积层陶瓷基板工艺，与其他集成技术相比，LTCC 在 5G 通信领域的应用中，有着众多优点[16-18]：

（1）烧结温度低，LTCC 材料的烧结温度一般都在 900℃以下，工艺难度降低，容易实现且节约能源。

（2）LTCC 材料的介电常数可以在 2～20 000 范围内变动，能够满足不同的电路要求，增加电路设计的灵活性。

（3）陶瓷材料具有优良的高频高 Q 特性，使用频率可高达几十吉赫。

（4）使用 Ag、Cu 等电导率高的金属材料作为导体材料，有利于提高电路系统的品质因数。

（5）具有较好的温度特性，如较小的热膨胀系数、较小的介电常数温度系数等。

（6）可适应大电流及耐高温特性要求，并具备比普通 PCB 电路基板更优良的热传导性，提高电路的寿命和可靠性。

（7）可制作线宽小于 50 μm 的细线结构电路，提高布线密度，减少引线连接和凸点数目，提高线路可靠性。

（8）可以制作层数很高的底层基板，内部可埋置多种无源元件，提高封装集成度，实现模块的多功能化。

（9）耐高温、高湿，可应用于恶劣环境。

（10）非连续式的生产工艺，允许对生坯基板进行检查，提高成品率，降低成本。

在 5G 通信领域中，SiP 技术是一种有效的技术途径，可用于实现先进电子设备的小型化、多功能化和高可靠性。SiP 是一种将多个元器件和模块系统集成在一起的封装技术，它通过提供良好的工作条件（如机械支撑、环境保护等）来确保这些元器件和模块可以在紧凑的空间中正常工作。而实现 SiP 的关键是其组装和封装载体，即基板。其中，LTCC 基板是一种极具发展前景的 SiP 载板[21-24]。LTCC 技术通过采用更小的通孔直径、线宽、线间距和更多的布线层数，能够实现 SiP 中复杂系统大容量的布线，从而进一步推动 SiP 技术的发展。根据 SiP 小型化、轻量化和高性能等特性，LTCC 在 SiP 中的应用具体表现在多层基板互连、内埋置无源元件、3D SiP 以及气密性封装等方面。在多层互连基板的组装中，采用空腔结构能够提高 SiP 的散热能力，同时通过埋置无源元件的方式，可以减少 SiP 表贴元件的数量。另外，通过采用 3D-MCM 和一体化封装技术，可以有效缩小系统的面积和体积，降低互连线的长度，提高系统的整体性能和可靠性[21]。总之，采用 LTCC 可以实现高密度的多层布线和无源元件的基片集成，并能够将多种集成电路和元器件以芯片的形式集成在一个封装里，特别适合高速、射频、微波等系统的高性能集成。高频、高速、高性能、高可靠性是数字 3C 产品发展必然的趋势。基于 LTCC 技术的 SiP 在这些高集成度、大功率应用中，在材料，工艺等方面必将进入一个全新的发展阶段，在未来的应用中占据着越来越重要的地位。

此外，在 SiP 技术中，LTCC 气密性封装是一种新型的高密度封装技术，它不需要使用金属管壳，而是直接在 LTCC 多层基板表面焊接适宜高度的柯伐框架，然后通过平行缝焊盖板来形成气密封装[21-24]。多层基板不仅作为互连基板，还可作为封装外壳的底座，从而实现基板与外壳的完美结合。通过 SiP 技术和 LTCC

气密性封装技术的结合应用，可以实现更加紧凑和高效的电子产品，同时保证元器件和模块的稳定性和可靠性。LTCC 一体化封装技术可以实现多种引出端口形式，如凸点阵列（BGA）、针栅阵列（PGA）、栅格阵列（LGA）和四边引线扁平封装（QFP）等。同时，由于 SiP 技术能够实现系统的小型化和高性能，因此将 LTCC 技术应用在 SiP 产品气密性封装中，不仅能够替代金属管壳封装，提高封装的集成度，而且还可以直接将基板引出端与外部连接，避免了传统金属封装的引脚引线键合过程，从而缩短了互连线，降低了损耗和寄生效应，进一步提高了系统性能。图 2.11 为中国电子科技集团公司第四十三研究所 LTCC 一体化气密性封装 I/O 图[21]。

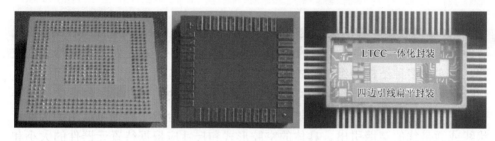

图 2.11 LTCC 一体化气密性封装 I/O 图[21]

　　SiP 通常是由多个元件和模块组成的，因此电路布线往往比较复杂，而采用 LTCC 基板可以有效解决这个问题。相比传统基板，LTCC 基板的绝缘电阻更高、介质损耗因数更小、高温稳定性更好，并且其热膨胀系数与芯片能达到良好的匹配，能够满足芯片和元器件组装使用的要求，适合芯片与元器件间的高速传输信号。LTCC 由多层生瓷带叠压烧结形成，每层生瓷带上可以冲孔和布线。通孔直径和布线导带的线宽/间距越小，则布线密度越高。现在国际上 LTCC 产品中已应用到 0.1 mm 的通孔直径和 0.1 mm/0.1 mm 线宽/线间距的布线导带。国内 LTCC 产品为了保证成品率，通孔直径和线宽/线间距一般都大于 0.1 mm，但更小通孔直径和布线导带的线宽/间距的研制样品也已生产出。如图 2.12 所示，中国电子科技集团公司第四十三研究所也已研制出通孔直径为 80 μm，布线线宽为 55 μm，布线间距为 65 μm 的 LTCC 样品[26]。LTCC 基板的多层布线是其优势之一，基板的布线层厚通常为 0.1 mm 左右，因此可以制造出 30 层以上，甚至 60 层以上的单块 LTCC 产品。相对于普通封装模块，由于 SiP 具有更复杂的电路结构和连线，因此需要更多的布线载体。因为 LTCC 具有良好的信号传输性能、巨大的布线灵活性和多层布线空间，所以为 SiP 复杂的布线提供了广泛的应用前景。

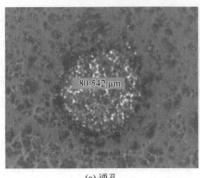

(a) 通孔　　　　　　　　　　　　　　(b) 导带线宽/间距

图 2.12　通孔和导带线宽/间距样品图[21]

　　LTCC 基板是一种广泛用途的封装载体，可用于 SiP 中芯片和 MEMS 等元器件的安装，也用于微波信号的传输。通过在 LTCC 基板上制作不同形式的空腔，可实现多种结构的组装方式。这些空腔的形式包括直通空腔、单面空腔、台阶空腔以及双面空腔。直通空腔可以将功率较大的芯片和元器件粘接或焊接在金属底板上，从而减少其热阻并提高导热性能。台阶空腔则可以用于实现带状线或微带线的穿墙引出。具体的空腔形式和尺寸应根据待置元器件的大小和键合位置进行确定。相较于 PCB 和氧化铝厚膜多层等平面基板，LTCC 基板的使用可以降低元器件组装的高度、减小系统体积及传输线长度，从而提高系统的散热能力。

　　复杂的 SiP 通常包含多个模块结构，需要组装大量元器件。如果只在二维表面进行元器件组装，则占用较大的装配面积，导致系统体积难以减小。为解决这个问题，可以将系统划分为多个模块，每个模块采用 LTCC 2D-MCM 模式，然后将这些 2D-MCM 进行垂直叠层互连组装，从而实现 LTCC 三维 SiP 结构。3D SiP 形式的电路封面不仅明显减小了系统组装面积，降低了封装外壳重量，还通过垂直互连以及周边垂直互连实现了模块间及层间连接线的显著缩短，使传输延迟得到减小，传输速度相应提高。同时，连接线长度的缩小降低了寄生电容和寄生电感，减少了能量损耗，从而有利于信号的高速传输和系统高频性能的改进。

　　裸片相比于一般模块所使用的无源元件和封装芯片较薄，但在将裸片组装成3D SiP 时，相邻叠层的 2D-MCM 必须隔开。为了实现隔开，可以采用由 LTCC 制作的隔板。这种隔板不仅可以设置互连通孔和焊盘，还可以保持与基板一致的收缩率，并按照需求调节隔板厚度。LTCC 3D SiP 结构如图 2.13 所示[21]。如果组装的元器件都是裸片，则在堆叠 2D-MCM 时只需使用互连凸点即可分开上下基板，不需要使用隔板。总之，基于 LTCC 的 SiP 相比传统的 SiP 具有显著的优势，最大优点就是具有良好的高速、微波性能，以及极高的集成度。

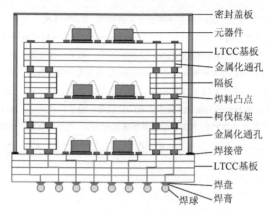

图 2.13　LTCC 3D SiP 结构图[25]

参 考 文 献

[1]　杨跃胜，傅霖煌. 关于 HIC、MCM、SIP 封装与 SOC 的区别及工艺分析[J]. 中国集成电路，2021，30（11）：65-69.

[2]　向伟玮. 微系统与 SiP、SoP 集成技术[J]. 电子工艺技术，2021，42（4）：187-191.

[3]　Scanlan C M，Karim N，王正华. SiP（系统级封装）技术的应用与发展趋势（上）[J]. 中国集成电路，2004，100（11）：59-64.

[4]　Staszewski R B，Staszewski R，Wallberg J L，et al. SoC with an integrated DSP and a 2.4-GHz RF transmitter[J]. IEEE Transactions on Very Large Scale Integration Systems，2005，23：1253-1265.

[5]　胡杨，蔡坚，曹立强，等. 系统级封装（SiP）技术研究现状与发展趋势[J]. 电子工业专用设备，2012，41（11）：1-6，31.

[6]　过方舟，徐锐敏. 系统级封装关键技术研究进展[C]//2014 年全国军事微波技术暨太赫兹技术学术会议论文集（三），上海：中国电子学会微波分会，2014：6.

[7]　张墅野，李振锋，何鹏. 微系统三维异质异构集成研究进展[J]. 电子与封装，2021，21（10）：78-88.

[8]　龙乐. 射频系统封装的发展现状和影响[J]. 电子与封装，2011，11（7）：9-13，43.

[9]　韩庆福，成立，严雪萍，等. 系统级封装（SIP）技术及其应用前景[J]. 半导体技术，2007（5）：374-377，386.

[10]　周旭东. 基于 SIP RF 技术的高效 Doherty 功率放大器的研究与设计[D]. 西安：西安工业大学，2015.

[11]　师剑英. 浅析封装基板的设计开发[C]//十九届中国覆铜板技术研讨会，江苏昆山，2018：29-44.

[12]　祝大同. 对 PCB 基板材料重大发明案例经纬和思路的浅析（5）—FR-4 覆铜板树脂组成物中填充料应用技术的创新[J]. 印制电路信息，2007，6：7-13.

[13]　祝大同. 高频高速 PCB 用铜箔技术与品种的新发展[J]. 印制电路资讯，2019（1）：68-75.

[14]　郭达文，李冬艳，孙劼. 智能移动通信终端用 PCB 叠层设计的一些思考[J]. 印制电路信息，2022，30（3）：1-4.

[15]　林金堵. 5G 通信对 PCB 基材的要求[J]. 印制电路信息，2021，29(1)：7-12.

[16]　崔学民，周济，沈建红，等. 低温共烧陶瓷（LTCC）材料的应用及研究现状[J]. 材料导报，2005，9（4）：1-4.

[17]　王睿，王悦辉，周济，等. 低温共烧陶瓷（LTCC）技术及应用[C]//中国硅酸盐学会. 《硅酸盐学报》创

刊 50 周年暨中国硅酸盐学会，2007 年学术年会论文摘要集，2007：1-6.

[18] 钟慧，张怀武. 低温共烧结陶瓷（LTCC）：特点、应用及问题[J]. 磁性材料及器件，2003（4）：33-35，42.

[19] 袁野. 基于 LTCC 工艺的微波毫米波 SIP 技术研究[D]. 成都：电子科技大学，2016.

[20] 李建辉，丁小聪. LTCC 封装技术研究现状与发展趋势[J]. 电子与封装，2022，22（3）：44-57.

[21] 李建辉，项玮. LTCC 在 SiP 中的应用与发展[J]. 电子与封装，2014，14（5）：1-5.

[22] 袁野. 基于 LTCC 工艺的微波毫米波 SIP 技术研究[D]. 成都：电子科技大学，2016.

[23] 王传声，叶天培，王正义. LTCC 技术在移动通信领域的应用[J]. 电子与封装，2002（3）：49-54.

[24] 洪求龙，吴洪江，王绍东. 基于 LTCC 技术的 SIP 研究[J]. 半导体技术，2008，33（5）：414-416.

第三章 LTCC 技术

第一节 LTCC 技术的发展历程

低温共烧陶瓷（LTCC）技术是新兴的电子封装技术，其特点是在低温下进行多层陶瓷基板和金属电极的一次性烧结，从而实现高性能电子元器件和芯片的高密度模块化封装。最初，LTCC 技术被认为是一种基于厚膜工艺的技术，这使得大多数现有厚膜工艺设备得到有效利用。因此，既有的厚膜制造厂商可以相对较低的资本投入进入共烧陶瓷领域。但是，随着 LTCC 技术复杂性的不断增加，其已逐渐脱离了最初的设想，因此，如何综合地运用各种成膜技术成为 LTCC 技术的关键问题[1]。

LTCC 技术最早由美国开发，起初应用于航空航天和军用电子设备中。20 世纪 50 年代末期，美国无线电（Radio Corporation of America，RCA）公司研发出多层陶瓷基板技术并应用到产品当中，这项技术涉及流延、过孔和多层堆叠等基本工艺，至今仍广泛使用。当时的多层陶瓷基板由经高温烧结而成的 Al_2O_3 绝缘材料和金属导体材料制成，因此，它被称为高温共烧陶瓷（high temperature co-fired ceramic，HTCC）[2]。HTCC 具有良好的高温稳定性和耐蚀性。但是，它也存在缺点，例如，对烧结温度要求高，会导致能源消耗多、生产周期长以及设备成本高；此外，金属导体具有较高的电阻率，会导致信号损耗和功耗较大；较高的陶瓷基板介电常数会导致信号延迟和阻抗匹配困难；陶瓷基板和金属导体的热膨胀系数不匹配会导致热应力大、可靠性较低。HTCC 技术也没有与低熔点金属（如铜、银）和有源器件（如半导体芯片）共烧的能力，因此需要更复杂的封装方法，集成度低。为了克服 HTCC 技术的缺点，人们开始寻找低温共烧陶瓷材料。这种材料要求具有以下特点：烧结温度要求低于 900℃，能够与低电阻的金属（如银、铜等）共烧，降低成本并提高导电性能；介电常数和介电损耗适中，以保证高频和高速信号传输和处理；热膨胀系数与半导体芯片匹配以减少热应力并提高可靠性；热导率高，便于散热和功率传输；具有较高的物理化学稳定性，粉体适合制备浆料和流延成型，并避免局部缺陷。

20 世纪 70 年代初，美国 CQ 公司（现杜邦公司）首先提出了 LTCC 技术的概念，并在 1976 年获得了相关专利。随后，LTCC 技术开始在电子封装领域得到应用。到了 80 年代，LTCC 技术迎来了快速发展的时期。随着陶瓷材料和工艺的不断改进，LTCC 的成本得到了降低，有了更广泛的应用，主要用于生产电感器、滤波器和微波元器件等。1982 年，美国休斯公司参与了美国军方的高密度组装计划，开发出一种新型的陶瓷基板技术，即在陶瓷基板上进行冲孔、过孔填充、浆料印刷，最后叠压共烧，该技术为 LTCC 技术的研发奠定了工艺基础。20 世纪 80 年代中期，日本村田公司实现了印刷铜导体与陶瓷介质材料在 1200℃ 以下的低温共烧。同期，美国 IBM 公司将多层陶瓷基板技术应用于主计算机的电路板制作中，并成功实现商业化。当时的低温共烧陶瓷是为工作频率为 300 MHz 的大型计算机电路板的实现而开发的，这些材料具有较低的介电常数，并且其热膨胀系数接近于硅的热膨胀系数。为了实现电路板更高的配线密度，需要使用更细的导线，但是，导线的细化会导致传输线电阻增大，并显著增加信号衰减。因此，导线材料应当采用低电阻材料，如铜和铝等。同时，在进行大规模集成电路与器件的互连时，基板的热膨胀系数应与芯片和器件的热膨胀系数相匹配，以避免互连线的损坏。因此，具有低热膨胀系数的陶瓷材料成为基板的优选材料。

20 世纪 90 年代初期，随着 LTCC 材料和工艺的进一步提升，LTCC 技术在无线通信和雷达系统等领域得到了广泛应用。同时，LTCC 技术开始在电子封装领域发挥更重要的作用，用于集成电路、传感器和电池等封装。许多日本和美国的电子厂商和陶瓷厂商开发了能够满足信号高速传输需求的多层基板。其中日本富士通和美国 IBM 公司用铜作为导体和低介电常数陶瓷制造的多层基板率先成功实现商业化。1944 年，日本 TDK 公司实现了以银作为导体与陶瓷介质材料在 960℃ 以下的低温共烧，使得 LTCC 技术开始被广泛应用于信息产品中。从 20 世纪 90 年代的后半期至今，应用于移动通信设备的电子器件、模块等已向高频无线方向发展。随着移动通信、卫星通信、雷达等高频应用的发展，LTCC 技术得到了广泛的推广和应用，成为无源集成的主流技术。多层基板的陶瓷材料因其具有较低的热膨胀系数而成为实现高密度封装大规模集成电路器件的最佳选择。尤其对于高频通信应用领域，陶瓷的低传输损耗和低介质损耗的特性优过其他材料。

自 2000 年以来，LTCC 技术得到快速发展，并且在无源元器件方面实现了一定的突破。此外，该技术还在有源元器件方面实现了集成，如功率放大器、混频器、振荡器等。目前，LTCC 技术已成为一种成熟的电子封装技术，具有许多优点，如体积小、重量轻、性能高、可靠性好、成本低等，在越来越多的领域中有着广泛的应用。随着 LTCC 材料和工艺的进一步改进，LTCC 技术的性能不断提升。同时，LTCC 技术的研究也不断深入，新的应用领域如光电子封装、电磁屏蔽和高温电子器件封装等也不断被探索。

从当前产业发展的角度来看，LTCC 技术在日本、美国、欧洲和中国台湾地区等的发展十分迅速。目前，LTCC 技术已经进入产业化、系列化的材料选择设计化阶段。LTCC 技术被公认为结合了厚膜技术和 HTCC 技术的优点，具有优异的性能和广泛的应用前景。与其他的封装技术相比，LTCC 技术在高频特性、密封性和散热等性能方面充分地展现出其优越性。由于 LTCC 技术具有介电常数小、介电损耗低和热稳定性高等优点，因此，在无线电通信、汽车电子和军事航天等领域，该技术成为首选的封装技术[1]。LTCC 技术不仅可以应用于电感、电容、滤波器等离散器件的封装，还可以广泛应用于高集成度模块封装。总之，LTCC 技术当前在全球范围内都得到了广泛的应用和重视，具有非常良好的发展前景。

LTCC 技术的最大特点之一是实现了利用不同层来制作 3D 结构的可能性，满足了对电子元器件和组件的性能和功能的高要求，以及产品尺寸越来越小的要求，因此在微电子领域得到了广泛的应用。LTCC 技术的发展历程是一个不断进步、不断创新的过程，其在电子封装领域的应用越来越广泛，对电子产业的发展起到了重要的推动作用。特别是在 5G/6G 时代，LTCC 技术作为无源元器件集成的关键技术，在开发高频、高性能、高集成度的电子元器件方面具有显著优势，是实现电子元器件小型化、片式化的一种理想的封装技术，对高频通信的发展有着举足轻重的作用。

第二节 LTCC 的基本构架与工艺流程

一、LTCC 基本构架

LTCC 是一种多层陶瓷互连结构，由多层陶瓷片互相叠压并烧结而成，其双面印刷技术可在每层陶瓷片表面印上导电图形，而每层之间通过互连孔连接。这种结构使得各种电子元件和模块可以集成在一起，从而提高了组装密度，实现了电子产品小型化和高集成度的目标[3]。在制造 LTCC 多层互连结构时，叠片是其中一个非常关键的工序。制作单层陶瓷片时需要冲压大量导通孔并填充导体浆料，然后通过烧结形成电路。为了实现从顶层到底层的电路布线导通，需要将印有电路的许多单层陶瓷片精确地叠合在一起，并匹配单层之间导通孔的位置。由于电子器件的集成度不断提高，基板上的布线越来越密集，线宽和导通孔径也越来越小，因此对叠片的要求也越来越高[4]。

LTCC 基板的使用可以显著扩展工作频率范围，提高集成度、可靠性指标以及新创建的数据传输设备的质量和尺寸特征。通过使用 LTCC 技术制成的典型模块是由多层陶瓷材料组成的"三明治"，并在共烧炉中烘烤以固定多层结构。LTCC 和 HTCC 之间的主要区别之一是 LTCC 在低于 1000℃的温度下完成烧结，这使得使用以低电阻率为特征的金、银和铜浆料成为可能。在 LTCC 方案中，器件不是放置在平面上，而是放置在腔体中。例如，约翰逊科技（Johanson Technology）公司致力于以三维集成结构的形式，创造各种用途的元件底座和功能器件。如图 3.1

所示，通过使用具有不同介电常数的不同类型的陶瓷材料，不仅可以将标准无源
元件集成到电路中，还可以将耦合器、加法器、信号分频器、滤波器以及阻抗变
压器等器件集成到电路中。

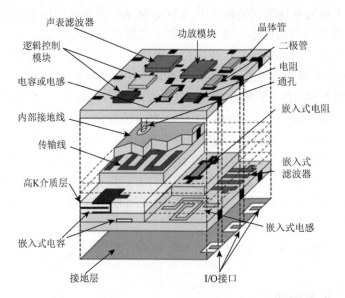

图 3.1　基于 LTCC 的三维集成模块结构示意图

　　LTCC 器件对材料性能的要求包括电性能、热机械性能和工艺性能三方面。
介电常数是 LTCC 材料最关键的参数。由于射频器件的基本单元——谐振器的长
度与材料的介电常数的平方根成反比，当器件的工作频率较低时（如数百兆赫），
如果用介电常数低的材料，器件尺寸将大得无法使用。因此，最好能使介电常数
系列化以适用于不同的工作频率。此外，介电损耗也是射频器件设计时一个重要
考虑参数，它直接与器件的损耗相关，理论上希望越小越好。介电常数的温度系
数，这是决定射频器件电性能的温度稳定性的重要参数。

　　为了保证 LTCC 器件的可靠性，在材料选择时还必须考虑许多热机械性能。
其中最关键的是热膨胀系数，应尽可能与其要焊接的电路板相匹配。此外，考虑
加工及以后的应用，LTCC 材料还应满足许多机械性能的要求，如弯曲强度、硬
度、表面平整度、弹性模量以及断裂韧性等。

　　工艺性能大体可包括如下方面：①能在 900℃以下的温度下烧结成致密、无
气孔的显微结构。②致密化温度不能太低，以免阻止银浆料和生瓷带中有机物的
排出。③加入适当有机材料后可流延成均匀、光滑、有一定强度的生瓷带。

　　根据 LTCC 的结构、性能特点和使用要求，LTCC 低介电常数微波介质陶瓷
主要分为 LTCC 基板/封装材料和 LTCC 微波元器件材料两大类。LTCC 基板/封装

材料主要用作封装的介质材料和元器件的载体，而 LTCC 微波元器件材料则是 LTCC 封装结构中有源和无源器件的基础材料。LTCC 基板材料应具有低烧结温度、低介电常数、低介电损耗，以及高的绝缘电阻和介电等特点，同时其热膨胀系数应与芯片材料匹配。LTCC 基板材料因其突出的性能优势而得到了快速发展，尤其是在 MCM、BGA、CSP 等高密度封装中的应用越来越广泛。而对于 LTCC 微波元件而言，介质材料的介电常数、品质因子、谐振频率温度系数与基板材料共烧匹配性等，是其材料选择和应用的重要指标。目前研究 LTCC 应用的低介电常数微波介质陶瓷主要有 Al_2O_3 系、硅酸盐系、$MTiO$ 系、AWO_4 系、$M_3(VO_4)_2$ 系、AMP_2O_7 系和 $MMoO_4$ 系等。

国际上有 DuPont、Ferro 和 Heraeus 三家公司提供数种介电常数小于 10 的生瓷带，国内开发 LTCC 器件的研究所也都在采用这些生瓷带。这些生瓷带存在两个问题：首先，介电常数未系列化，不利于设计不同工作频率的器件；其次，这些生瓷带开发商并无实际使用生瓷带进行设计和生产的经验，比较注重生瓷带与银浆料的匹配性和工艺性能，对于设计对生瓷带的要求的掌握并不详尽。Heraeus 公司似乎更着重于银浆和介电粉料的开发，有退出生瓷带生产之势。国内 LTCC 材料基本有两个来源：一是购买国外生瓷带，二是从头开发原料，自行研究生瓷带。这些都不利于快速、低成本地开发出 LTCC 器件。因为，第一种方式会增加生产成本，第二种方式会延缓器件的开发时间。现在亟须开发出系列化的、最好有自主知识产权的 LTCC 用陶瓷粉料，专业化的生产系列化 LTCC 用陶瓷生瓷带，为 LTCC 器件的开发奠定基础。

二、LTCC 工艺流程

LTCC 工艺流程是一种复杂的制造流程，主要包括了流延成型、切割、过孔填充、电路印刷、叠压、切边、共烧和后续制作等工序，如图 3.2 所示。其中，

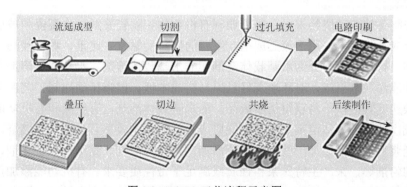

图 3.2　LTCC 工艺流程示意图

流延成型为该过程的关键步骤，其能够生产出高质量的生瓷带。流延成型工艺的关键在于对生瓷带的致密性和厚度均匀性的精准控制。为了实现流延成型的高质量生产，制造商通常采用玻璃粉、陶瓷粉和有机载体等材料，并按照一定的比例配方混合，然后在聚酯膜上经过浆化后，通过流延成型工艺形成致密、厚度均匀的生瓷带[1]。其中，玻璃粉是陶瓷粉体的致密化助烧剂，它是制备微晶玻璃粉体的核心材料。

微晶玻璃粉体一般可采用熔融法、烧结法和溶胶凝胶法等方式进行制备[5]。其中，熔融法是最传统的制备微晶玻璃的方法。熔融法是将混合均匀的原料在高温下熔化成液态后澄清均化并成型。经过退火后，在一定的温度下进行核化和晶化，最终获得具有晶粒细小且均匀的微晶玻璃。在热处理过程中，玻璃中会先析出大量的晶核，晶核会诱导玻璃析晶，最终使玻璃转变为具有亚微米甚至纳米级晶粒尺寸的微晶玻璃。通过使用熔融法制备微晶玻璃粉体可以保证其介电性能稳定，但是该方法烧结温度偏高，因此制备成本较高。

烧结法是一种利用玻璃熔体进行晶化过程的方法。首先将玻璃熔体进行水淬，得到玻璃碎片，然后将磨细后的玻璃粉末进行成型，并进行热处理，使得玻璃析晶。这一过程中，晶化和烧结被结合在一起，因此烧结法所用的玻璃熔块对均匀度的要求比正常熔制的玻璃低，因为在后续的工艺中还可以进行进一步均化。与一般的技术相比，烧结法的玻璃熔制温度较低，熔化时间较短，采用的陶瓷工艺成型方法既可干压成型，也可注浆或流延成型，这使得其适用于制备形状复杂的制品，并且其尺寸可以得到较为精确的控制。

溶胶凝胶法是另一种制备玻璃陶瓷粉末的方法。首先将原料分散在溶剂中，并加入稳定剂等辅助材料，然后将混合后的溶胶进行烘干，制得干凝胶。将干凝胶进行预烧形成玻璃体，再经过研磨制得可在较低温度下烧结的玻璃陶瓷粉末。采用溶胶凝胶法制得的玻璃粉体材料具有表面活性高、烧结温度低、收缩率较大、均匀性高等优点，其尺寸可以达到纳米级甚至分子级，但其效率较低，成本较高。

在制备玻璃助烧粉末后，需要调制有机载体和陶瓷浆料，将陶瓷和玻璃粉均匀混合成膏状浆料，用于流延成型。浆料的质量受黏度、比重、颗粒浸润性等因素影响。有机载体可分为水基载体溶剂和非水基载体溶剂。水基载体溶剂由水和有机功能添加剂组成，对环境友好且原材料成本低，但需精确控制工艺参数，并且干燥速度较慢，不易获得优质成品。非水基载体溶剂由有机液和有机功能添加剂组成，较水基载体溶剂更易获得优质成品，但成本较高且易挥发和燃烧。在制备流延浆料中，需添加一些有机功能添加剂，如分散剂、黏结剂、塑化剂、除泡剂和均匀剂等，来产生特殊浆料性质或满足干带性质要求。有机功能添加剂作为中间产品添加物，对性能有重要影响，但需在最终烧结时完全排除，因此要求添加剂用量最小[6]。将陶瓷粉体、有机功能添加剂和溶剂混合球磨后，经过过滤、真空搅拌除泡，可制得供流延使用的陶瓷浆料[1]。

　　如图 3.3 所示，流延设备主要由承载膜、流延口、浆料分注器、干燥区和生瓷带卷带装置组成。输送带将塑料膜承载的生瓷带从滚轴运送到流延头，在流延口处，陶瓷浆料被分注到载体膜上。浆料分注器将浆料定量喂入流延口以稳定地流延成生瓷带。通过干燥区将溶剂蒸发，形成干生瓷带，干燥方式可采用红外加热或热空气[6]。干燥后的生瓷带由卷带收集装置收集，厚度在 10 μm～1 mm。生瓷带由陶瓷粉体、有机载体和气孔组成，气孔和有机组分含量以及粉料颗粒度等都会影响生瓷带性能。流延后需检测生瓷带的基本性能，包括表面粗糙度、拉伸测试、气体渗透等。要求生瓷带从膜带剥离时具有良好的机械强度、可操作性和弯曲性能；三维均质，厚度宏观一致，无裂纹、刮痕，表面光滑平整；正反面显微结构相同，存储时尺寸和性能变化小；具有一定硬度和延伸率[7]。

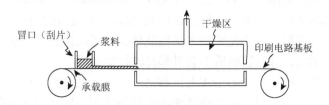

図 3.3　生瓷带流延设备示意图

　　生瓷带在成型后以卷轴形式供货，展开后可使用切割机、激光或冲床进行切割。对于采用激光切割的生瓷带来说，需要注意控制激光功率，以免引起生瓷带燃烧。一些生瓷带在切割前需要进行预处理，例如在 120℃烘烤 30 min 等。

　　在陶瓷层板上，通常需要设计四种类型的通孔：互连孔（用于低频信号连接）、散热孔（用于大功率元器件散热）、接地孔（用于两个地层互连），以及过渡孔（用于微带线与带状线之间的过渡）。在进行冲孔后，通孔填充是 LTCC 工艺制造的关键环节之一。LTCC 工艺对导体材料的要求包括：高电导率，如 Cu、Ag、Au 及其合金（如 Ag-Pd、Ag-Pt、Au-Pt 等）；金属粉体的物理性质适合于丝网漏印细线和填充通孔，与基板生料的烧结行为匹配，烧结后的导带具有高电导率；金属浆料与陶瓷介质材料的物理特性（如收缩率、热膨胀系数等）一致，且与基板生片黏合剂的有机体系兼容[6, 8]。Ag 具有优异的射频和直流损耗特性，但 Ag 的迁移可能会引起漏电和电介质击穿。Cu 以高电导率、低成本和良好的抗电迁移性而著称，但在烧结过程中，如何最大限度地排除有机物，同时又抑制 Cu 的氧化是技术难点。可以采用湿 H_2 或 H_2/N_2 分阶段烧结的方法，在一定温度下，H_2 中的水蒸气会发挥氧化作用，氧化部分有机物及残余 C，同时 H_2 起还原气氛作用，能抑制 Cu 的氧化[8]。

　　金属浆料通孔填充有三种主要方法：丝网印刷、掩模印刷和通孔注浆。其中，通孔注浆法的效果最佳，但由于需要专用设备，成本较高，因此难以应用。相比之下，丝网印刷是最简单的方法，但印刷质量较差；而掩模印刷则是目前使用最广泛的方法，成品率比较高。通孔填充材料的性能会受到其固有应力、热应力、收缩率、热膨胀等因素的影响。考虑陶瓷材料的收缩率是已知的，一般会通过控制金属粉末的粒径大小以匹配通孔材料的收缩率，并通过在通孔金属浆料中添加低 CTE 的玻璃或氧化物降低其 CTE，达到与生瓷带 CTE 相匹配的效果，从而减小通孔填充材料的热应力。

　　电路印刷是 LTCC 工艺中的重要步骤之一。印刷电路的方法有多种，其中包括厚膜丝网印刷、计算机直接描绘法和厚膜网印后刻蚀法。为了保证电路板的可靠性，导体浆料与生瓷带材料需要具有很好的附着力和兼容性。如果使用传统的厚膜丝网印刷和计算机直接描绘法，线宽会相对较大。如果需要更小的线宽，则可以采用薄膜沉积或薄膜光刻工艺。在完成电路印刷后，需要将印制好的导体和形成互连通孔的生瓷片按照设计的方法依次叠放。该步骤需要在一定的温度和压力下进行黏结，以形成一个完整的多基板胚体。为了确保叠层的质量，材料需要具有弹性和热塑性，并且黏结质不会引起材料扭曲变形。

　　共烧工艺是 LTCC 最核心的工艺流程之一。该工艺将经过切割的生瓷带放入高温炉中，并按照预先设定好的烧结曲线进行热烧制，以完成金属和陶瓷的共同致密化过程。通常，该过程包括脱胶、预烧和烧结三个步骤。为了满足电路的高度集成化和小型化的需求，LTCC 材料不仅需要具备陶瓷材料的特性，还必须具备能够与内置导电材料（如 Cu、Ag、Au 等）共同烧结的特性，而且要求在低于内置导电材料的熔点温度下达到共同烧结的效果。目前，实现这一要求的主要方法包括采用小颗粒度的原材料以提高烧结活性，采用化学烧结方法降低陶瓷的烧结温度，以及添加低熔点玻璃或氧化物等。

　　共烧的关键是控制烧结收缩率和基板的总体变化，控制两种材料的烧结收缩性能以免产生微观和宏观的缺陷，以及实现导体材料的抗氧化作用和在烧结过程中去除黏结剂[6]。在脱胶和致密化烧结过程中，将产生较大的体积收缩，例如，DuPont 951 LTCC 生瓷带在（X，Y，Z）方向产生 14%±1% 的收缩。这会导致基板的最终尺寸较难控制，并且金属和陶瓷等异质材料很难同步收缩，导致翘曲和脱层等问题。另外，在共烧工艺中，不同的界面之间会发生反应和扩散，并且其中的不同介质材料在玻璃化转变温度、致密化速度和热膨胀系数等方面都存在差异。这些潜在的因素可能导致模块出现层裂，也可能使微观结构发生改变，降低产品的可靠性[1]。因此，要严格控制 LTCC 材料体系异质/多元材料的化学稳定性和兼容性。例如，金属导体（如 Ag）与基板陶瓷相之间的互扩散，以及跨界面间的互渗透；液相烧结过程中，玻璃液体与金属导体，以及与陶瓷之间的界面化学反应和互渗透；嵌入元件（电阻、电容、电感等）与玻璃相、金属导体和基板陶瓷之间的异质材料化学相容性等。

普通 LTCC 基板的烧结收缩主要通过调整粉体颗粒度、改变流延黏合剂比例、控制热压叠片压力和优化烧结曲线等手段来实现。然而，在一般的 LTCC 共烧体系中，沿 X-Y 方向的收缩率仍处于 12%～16% 的水平。通过运用"零收缩"匹配和调控技术，可以在排胶和烧结过程中严格控制各种材料的收缩，使其仅沿基板 Z 方向发生，而沿基板 X，Y 方向的收缩率将控制在 0%～0.2%，容差度小于 ±0.03%。实现零收缩的工艺有以下几种方式。

（1）自约束烧结法：在自由共烧过程中，基板展示出自身抑制平面方向收缩的特性。这种方法无须增加新设备，但材料系统唯一，无法很好地满足制造不同性能产品的需求。

（2）压力辅助烧结法：即通过在 Z 轴方向施加压力来抑制 X-Y 平面上的收缩。

（3）无压力辅助烧结法：即在叠层体材料之间加入夹层（如在 LTCC 烧结温度下不烧结的氧化铝），以约束 X 和 Y 轴方向的移动，烧成后研磨掉用于上下面夹持的氧化铝层。

（4）复合板共同压烧法：即将生坯黏附在一块金属板（如具有高机械强度的钼或钨等）上进行烧结，通过金属片的束缚作用降低生坯片 X-Y 方向的收缩。

（5）陶瓷薄板与生坯片堆栈共同烧结法：将陶瓷薄板作为基板的一部分，烧成后不必去除，并且不存在易制残留的隐患。

对烧结完成后的 LTCC 元件还须进行多方面的检测，以保证其性能的可靠性，这些检测包括外观、尺寸、强度、电性能等方面。

第三节 LTCC 技术优势与应用局限

一、LTCC 技术优势

LTCC 技术是一种将陶瓷基板与电路、器件合为一体的先进电子封装技术，该技术在结构、性能以及工艺等方面具有明显的核心优势。

在结构方面，LTCC 技术可以充分利用三维空间，开发制作层数较多的电路基板，具有高密度集成的优势。集成的元件种类多且范围广泛，不仅可以包含电感、电容和电阻等基本元件，还能够集成敏感元件、电路保护元件、抗电磁干扰的抑制元件等。通过将无源组件埋入多层基板中，结合表面贴装有源芯片技术，实现有源器件与无源器件的集成以及模块的多功能化，极大地提高电路的组装密度[9]。同时，LTCC 与其他多层布线技术兼容性好，可进行混合多芯片组件技术的开发。

在性能方面，LTCC 模块表现出优异的高频特性。LTCC 使用的陶瓷基板材料具有较高的品质因子和较小的介电常数，当信号频率在微波和毫米波频段时，LTCC 电路板的传输性能明显优于传统介质材料的电路板，信号衰减和失真显著降低，提高了高频信号传输的质量。同时，可通过改变原料配方和配比来调整 LTCC 材料的介电常数，增加了电路设计的灵活性。相较于传统 PCB，LTCC 基板在高温、大电流的条件下表现得更为稳定，具有较小的热膨胀系数和共振频率温度系数，有助于提高集成系统的可靠性及耐高温和承受大电流的能力。此外，LTCC 电路布线采用高电导率的金属材料，如 Ag、Au、Cu 等，可以提高电路系统的品质因子和高频性能，以适应高频通信组件快速响应的需求。

在工艺方面，LTCC 技术采用非连续性生产工艺，制作工艺只需一次烧结，使得制作过程更易于质量检查，且印制的精度高。在制作多层基板的过程中，生瓷带的逐步检查则可以降低成本、提高生产效率和成品率，并避免因多次高温烧结及制造过程中的错误而导致产品性能下降和废品率上升。此外，基板间多层互连的结构可以提高模块的可靠性，减小封装体积，并提高生产效率，非常适合批量生产[10]。

与 HTCC 技术相比，LTCC 技术在一些方面有着明显的优势。LTCC 的导体金属与陶瓷材料之间具有更好的热匹配性。这意味着，在制作多层布线时，导线与陶瓷基片之间的热膨胀系数更接近，有助于增强电路板的稳定性。在 LTCC 的共烧工艺中，生瓷片的烧结温度一般在 $800\sim900$℃，每层材料主要由 Al_2O_3 和玻璃相组成，在导线材料方面可以使用高电导率的金属，比如银、金和铜等。由于这些导体材料也含有玻璃相，因此在陶瓷基板上印刷完电子浆料之后，烧结温度也与生瓷片近似，即在 $800\sim900$℃就可以实现共烧工艺。而 HTCC 的生瓷片则主要由 Al_2O_3 构成，没有加入玻璃相，因此在烧结时需要较高的温度，一般为 $1600\sim1800$℃。同时，HTCC 只能使用一些耐高温的金属材料，比如 Mo、Mn、Ni 和 Au 等，其烧结热匹配性较差，工艺也比较复杂，不易于封装焊接[10]。表 3.1 列出了 LTCC 与 HTCC 主要导体材料性能[11]。

表 3.1　LTCC 与 HTCC 主要导体材料性能

类别	材料	熔点/℃	电阻率/(10^{-8} Ω·m)	烧结气氛	烧结温度/℃
LTCC	Ag	960	1.59	空气	$800\sim900$
	Au	1063	2.35		
	Pd-Ag	$960\sim1552$	与 Pd、Ag 配比有关		
	Pt-Ag	$960\sim1769$	与 Pd、Ag 配比有关		
	Cu	1083	1.67	氮气	

续表

类别	材料	熔点/℃	电阻率/(10^{-8} Ω·m)	烧结气氛	烧结温度/℃
HTCC	Mo	2620	5.00	N_2 或 N_2+H_2	1600~1800
	W	3380	5.65		
	Mo-Mn	1250~2620	42.00~48.00		

LTCC 技术是无源集成的主流技术，与其他集成技术相比，LTCC 技术有着众多优点[12]：

（1）陶瓷材料具有优良的高频、高速传输以及宽通带的特性。根据配料的不同，LTCC 材料的介电常数可以在很大范围内变动，配合使用高电导率的金属材料作为导体材料，有利于提高电路系统的品质因数，增加电路设计的灵活性。

（2）可以适应大电流及耐高温特性要求，并具备比普通 PCB 电路基板更优良的热传导性，极大地优化了电子设备的散热设计，可靠性高，可应用于恶劣环境，延长了其使用寿命。

（3）可以制作层数很高的电路基板，并可将多个无源元件埋入其中，免除了封装组件的成本，在层数很高的三维电路基板上，实现无源和有源的集成，有利于提高电路的组装密度，进一步减小体积和重量。

（4）与其他多层布线技术具有良好的兼容性，例如，将 LTCC 技术与薄膜布线技术结合可实现更高组装密度和更好性能的混合多层基板和混合型多芯片组件。

（5）非连续式的生产工艺，便于成品制成前对每一层布线和互连通孔进行质量检查，有利于提高多层基板的成品率和质量，缩短生产周期，降低成本。

（6）节能、节材、绿色、环保已经成为元件行业发展势不可挡的潮流，LTCC 技术也正是迎合了这一发展需求，最大程度上降低了原料、废料和生产过程中带来的环境污染。

利用 LTCC 制备片式无源集成器件和模块具有许多优点：第一，陶瓷材料具有优良的高频、高 Q 特性；第二，使用电导率高的金属材料作为导体材料，有利于提高电路系统的品质因子；第三，可适应大电流及耐高温特性要求，并具备比普通 PCB 电路基板优良的热传导性；第四，可将无源组件埋入多层电路基板中，有利于提高电路的组装密度；第五，具有较好的温度特性，如较小的热膨胀系数、较小的介电常数温度系数，可以制作层数极高的电路基板，可以制作线宽小于 50 μm 的细线结构。另外，非连续式的生产工艺允许对生坯基板进行检查，从而提高成品率，降低生产成本。

在应用方面，LTCC 技术由于自身具有的独特优点，用于制作新一代移动通信中的表面组装型元器件，将显现出巨大的优越性，也具有众多优势：

（1）易于实现更多布线层数，提高组装密度。

（2）易于内埋置元器件，提高组装密度，实现多功能。

（3）便于基板烧成前对每一层布线和互连通孔进行质量检查，有利于提高多层基板的成品率和质量，缩短生产周期，降低成本。

（4）具有良好的高频特性和高速传输特性。

（5）易于形成多种结构的空腔，从而可实现性能优良的多功能微波 MCM。

（6）与薄膜多层布线技术具有良好的兼容性，二者结合可实现更高组装密度、更好性能的混合多层基板和混合型多芯片组件（MCM-C/D）。

（7）易于实现多层布线与封装一体化结构，进一步减小体积和重量，提高可靠性。

二、LTCC 技术应用局限

LTCC 技术也有一定的应用局限性。在设计高性能系统时，应充分考虑基板的收缩情况。基板材料的收缩率较难控制，可能会导致电路变形从而无法正常工作。此外，对于层数较多的基板，散热也是必须考虑的实际问题。如果散热性能较差，就有可能导致电路失效，无法完成预定的功能[13]。

收缩率控制问题十分关键。在高性能系统中，当使用 LTCC 基板时，金属布线之间的距离较短，微小形变会对系统性能产生严重影响。此外，基板的收缩也可能影响信号孔和散热孔的对准。因此，严格控制 LTCC 共烧体的收缩非常必要。Nishikawa 等[14]研究表明，在 LTCC 共烧层的顶部和底部放置干压生片可以作为收缩控制层，限制多层之间在二维方向上的收缩趋势，从而控制多层之间的黏结作用和收缩率。该方法能够将 LTCC 基板二维方向上的尺寸收缩控制在 1%左右。但是，要实现完全零收缩率还需要进一步的研究[15]。

随着 SiP 产品向微波、毫米波以及更高频段的发展，对于 LTCC 基板的加工精度的要求变得更高。印制导线的线宽、线间距、通孔直径、多层对位精度、收缩率精度等因素的变化，将直接影响高频产品的性能表现。影响基板制造精度的因素除了基板布线状态、工艺技术、设备条件和规范管理以外，也包括了 LTCC 原材料。目前，主要的 LTCC 生瓷带在烧结时存在 10%～20%的收缩率，其收缩率容差为±0.3%。虽然±0.3%的容差对于边长为 50 mm 的基板产生的误差最大只有 0.3 mm，但该误差对于系统的组装和高频信号传输都有着极大的影响。因此，生产出更稳定、容差更小的生瓷带已成为 LTCC 制造厂商的迫切需求。目前已有收缩率为±0.05%的零收缩生瓷带产品，但其品种过于单一，使用受限。若能生产出适用于更多高频场合的零收缩 LTCC 生瓷带，将显著扩大 SiP 的应用范围[16]。

　　无源元件的集成化和小型化是实现 SiP 小型化和高可靠性的重要因素。为了实现无源元件的小型化，可以采用低温共烧异质电介质材料和磁介质材料。这些材料可以实现较大量值电容和电感的小型化，从而提高集成度。

　　基板的散热问题始终是电子封装中需要重视的问题之一。尽管 LTCC 基板比传统的 PCB 在散热方面有了许多改进，但随着集成度的提高，层数的增多以及器件工作功率密度的提高，LTCC 基板的散热问题仍旧是一个需要解决的核心问题，热量聚集容易影响系统的稳定性。解决 LTCC 基板散热问题的常用方法是采用热通孔技术。通过在 LTCC 基板上冲孔并注入高热导率材料，如 Ag、Cu、Au 等金属材料，可以有效改善基板在叠层方向的散热性能。但是，针对基板层面散热问题，目前仍然没有完美的解决方案。常用的方法是在基板背面覆盖一层性能优异的导热金属薄片，增加二维方向上的散热能力。对于比较复杂的情况，也可以通过引入高热导率材料，制备成复合基板材料进行处理。但是，由于高热导率材料的引入会提高 LTCC 材料的烧结温度，因此该方法目前并没有被广泛应用[15]。

　　随着 SiP 复杂度的增加和互连封装密度的提高，SiP 的功率密度也在不断提高。这对 LTCC 基板的散热性能提出了更高的要求。LTCC 基板主要采用以下散热方式：一种是在功率元器件下方的基板中制作高热导率的金属化通孔阵列，将其连接到基板背面的金属化层或散热底板上，从而通过通孔阵列提高基板的散热能力；另一种是在基板上制备直通的空腔，将功率器件直接组装在散热板上以实现散热。但是，在一些系统中，考虑气密性、整体结构和电气绝缘等要求，基板不适合制备直通的空腔和安装散热板。为了提高系统的散热效果，可以采用微流道散热和高热导率的生瓷带材料。

　　LTCC 微流道技术作为一种高效的散热方法，通过在功率元器件下方的基板内创建蛇形或网状微流道，并利用微泵驱动冷却液在流道中流动，从而实现与元器件的热交换，带走产生的热量。然而，这种技术需要增加液体驱动系统，导致系统的复杂性和体积增加，因此在散热和复杂性方面需综合权衡。美国、波兰等国家已经采用 LTCC 微流道技术制造了 SiP 产品[16]。随着 LTCC 微流道技术的成熟和散热器的小型化，其将在大功率 SiP 电子器件中得到广泛应用。

　　材料的热导率对基板散热性能有重要影响。HTCC 中 Al_2O_3 的热导率为 15～30 $W \cdot (m \cdot K)^{-1}$，AlN 的热导率为 140～270 $W \cdot (m \cdot K)^{-1}$。而常用的 LTCC 热导率在 2.0～4.0 $W \cdot (m \cdot K)^{-1}$ 范围内，虽然优于有机多层树脂基板，但远低于 HTCC。因此，使用热导率更高的 LTCC 生瓷带将使 LTCC 在 SiP 中发挥更大作用。中国科学院上海硅酸盐研究所已经开发出具有较高热导率的低温共烧陶瓷材料，热导率达到了 18.8 $W \cdot (m \cdot K)^{-1}$[17]。然而，从实验室到工业生产的转变仍具有较多技术难点。截至 2024 年，全球范围内，热导率超过 15 $W \cdot (m \cdot K)^{-1}$ 的 LTCC 生瓷带仍无法实现量产。

在未来的发展过程中若能解决如收缩率控制和基板散热等 LTCC 技术的应用局限问题，可促使微电子封装技术向着更小、更轻、更高效的方向发展。

第四节　LTCC 技术的应用现状与发展前景

一、LTCC 技术的应用现状

随着科技的不断进步，射频系统的小型化已成为发展的趋势。然而，传统的基于分立器件集成的 PCB 级射频系统已经难以满足这一需求，因为该类系统的集成度低、体积大、质量重。为此，MCM 集成技术应运而生。相比之下，MCM 射频微系统的优势更为明显。该技术采用 LTCC 技术将多层表面或腔室内嵌有芯片与无源器件的陶瓷基板烧结构建高密度微系统，能够更好地适应大电流工作状态，并具有更高的集成度、气密性、抗冲击性及热稳定性[18]。目前，在手机射频市场中主要采用声学滤波技术，这种技术通常是基于 LTCC 材料制成的。LTCC 已被应用于高频天线模块，如 WiGig，或称为 60 GHz Wi-Fi。LTCC 拥有大量的金属层和较小的介质损耗因数，因其具备较低的热膨胀系数和高热导率而对温度变化具有较高的可靠性和鲁棒性。在移动通信领域，Singh 等[19]采用 LTCC 技术将射频集成电路与 MMIC 在腔室中以 3D POP 形式集成构建了 5G 射频微系统，关键路径在 1 GHz 带宽（27.5～28.5 GHz）范围内的回波损耗为–10 dB±2 dB，表明 3D PoP 集成方式可以提高通信射频微系统传输效率。Zhu 等[20]利用 LTCC 技术将腔室嵌入滤波器与表面集成发射器、PA、LNA 等有源器件的陶瓷基板集成构建的射频前端微系统器件数量达 8 个，体积缩减至 6.7 mm×5.5 mm×1.8 mm，工作频率为 2.45 GHz 时的噪声系数小于 1.7 dB。Nafe 等[21]设计的相控阵天线微系统集成槽型相控天线阵列与可控波导，天线工作频率为 13.2 GHz 时，增益为 4.9 dBi，波数扫描角达±28°。Zhang 等[22]采用 LTCC 技术将 AiP 与收发芯片集成构建的射频收发系统工作频率为 5.6 GHz 时，峰值增益与辐射效率分别为 4.7 dBi 与 80%。

LTCC 促进了毫米波分布式组件的初步发展，并且能够将复杂的三维多层导体图案与通孔和盲孔集成在一起。Kiburm 等[23]报道了一种在 LTCC 上的四极双模谐振滤波器，中心频率为 30 GHz，使用两个传输零点时，FBW 为 4.67%，插入损耗为 2.95 dB。类似地，在五层 LTCC 上实现了具有嵌入式平面谐振器的双极、两级 SIW 单腔滤波器，其中心频率为 28.12 GHz，FBW 为 15%，插入损耗为 0.53 dB[24]。Showail 等[25]在九层 LTCC 上设计了一个四极、四腔 SIW 滤波器，其中心频率为 27.45 GHz，插入损耗为 2.66 dB，FBW 为 3.6%。学术界也十分关注使用 LTCC 叠层的 60 GHz 频段滤波器[26]。LTCC 技术在推动手机体积和功能上的变化中都起到了巨大的作用，可使射频走向器件小型化、高频化，是实现 5G 甚至 6G 手机发展目标的有力手段。

LTCC 产品的应用领域很广泛，如各种制式的手机、蓝牙模块、GPS、PDA、数码相机、WLAN、汽车电子、光驱等[15]。其中，手机的用量占据主要部分，约达 80%以上，其次是蓝牙模块和 WLAN。由于 LTCC 产品的可靠性高，汽车电子中的应用也日益上升。手机中使用的 LTCC 产品包括 LC 滤波器、双工器、功能模块、收发开关功能模块、平衡-不平衡转换器、耦合器、功分器、共模扼流圈等。

在 SMD 中采用 LTCC 技术的目的旨在提高组装密度，缩小体积，减轻重量，增加功能，提高可靠性和性能，缩短组装周期。压控振荡器（voltage controlled oscillator，VCO）是移动通信设备的关键器件，可通过 LTCC 技术制作 VCO，使其满足移动通信对小型、轻量、低功耗、低相位噪声（高 C/N 比）的要求。国际上已应用 LTCC 技术制成高性能的表面组装型 VCO，并形成了系列化商品，通过采用 LTCC 技术使 VCO 体积大大缩小。1996～2000 年，VCO 的体积减小了 90%以上。这种表面组装型 VCO 的体积仅为原米带引线 VCO 体积的 1/5～1/20。采用 LTCC 技术制作的新型 VCO 具有体积小、功耗低、高频特性好、相位噪声小、适合表面贴装等优点，在移动通信领域广泛应用。这种小型化 VCO 在 GSM、DCS、CDMA、PDC 等数字通信系统终端以及全球定位系统（GPS）等卫星通信相关的终端大量使用。

移动通信的迅速发展也进一步促进了 DC/DC 变换器的小型化，为 SMD 型 DC/DC 变换器提供了广阔的应用市场。国外不少电源制造厂商都在采用 LTCC 技术积极开发标准的 SMD 型 DC/DC 变换器，其额定功率为 5～30 W，具有各种通用的输入、输出电压。一些新的 DC/DC 变换器设计还可提供较短的启动时间。此外，采用 LTCC 技术还制作了移动通信用的片式多层天线、蓝牙组件、射频放大压控衰减器、功率放大器、移相器等表面安装型器件。

总之，电子封装和微波射频应用的增加，以及对高频率和微波性能要求的提高，LTCC 技术作为一种先进的电子封装技术，已经在许多领域得到了广泛应用，如通信领域、航空航天领域、医疗器械领域以及汽车电子领域等[27]。在通信领域，LTCC 技术被用于制造天线、滤波器、耦合器等器件；在汽车电子领域，LTCC 技术被用于制造车载通信、雷达、传感器等器件；在航空航天和医疗器械领域，LTCC 技术被用于制造高频率和微波射频器件。

对于通信领域，随着 5G 的普及和迅速发展，LTCC 技术在通信领域的应用越来越广泛。由于 5G 和 6 G 的发展带来了广阔的通信终端市场，更多的频段资源被投入使用，射频前端集成化成为必然趋势。然而，集成度的提高会带来电路间相互干扰的问题。LTCC 滤波器因其具有高性能、小尺寸、低成本等特点，能够通过频率选择功能来保障信号在不同频率下互不干扰地传输，因此在军工、航空、航天、船舶、电子通信等微波通信领域得到广泛应用，实现滤波及选频功能。LTCC 技术还适用于高频通信用组件的制造。在 5G 和 6 G 高频通信时代，电子产品向微小型化和多功能化方向发展，对电子元器件的集成和封装提出了更高的要求。LTCC 技术作为无源元器件集成的关键技术，具有显著优势。为了获得更大的带宽和更快的传输速率，无线通信系统的工作频率越来越高，LTCC 组件正不断向模块化、小型化及高频化等方向发展。

LTCC 技术可以用于制作高性能的滤波器、天线、耦合器等射频和微波器件，以满足高频、宽带、高速率等通信需求。此外，LTCC 技术还可以实现对多层微波器件的三维集成，提高系统的空间利用率和稳定性。LTCC 产品在无线通信领域的应用主要以手机移动通信为主，约达 90%以上，例如，美国 Alpha 公司利用 LTCC 技术开发了适用于手机的天线开关滤波器模块和前端模块，还有应用于手机的其他 LTCC 电路模块包括功率放大器、低噪放、混频器、压控振荡器、频率合成器等。另外，LTCC 产品还应用于蓝牙、WLAN、GPS 定位系统、笔记本电脑等电子产品[27]。5G 领域电子封装的技术与材料的应用日益增多。与传统通信技术相比，5G 接入工作器件时，需满足全频谱接入、高频段乃至毫米波传输和超高宽带传输三个基本要求。因此，在封装过程中，需要进一步研制低介电常数、高导热、高绝缘、大规模集成化、高频化和高频谱效率的电子封装材料来满足当前信息技术领域的发展需求[28]。

在汽车电子领域，随着汽车电子化、智能化的发展，LTCC 技术在汽车电子领域的应用也越来越广泛。随着汽车电子技术的发展，现代汽车的控制已开始迈入电子化和信息时代。LTCC 技术可以制造能够耐受高温、高湿工作环境且具有高工作可靠性的电路板，满足汽车控制系统对电路板的严格要求。尤其是在先进驾驶辅助系统（ADAS）和自动驾驶技术中，LTCC 的高性能、高集成度和高稳定性特点得到了充分体现。例如，LTCC 技术可被用于雷达传感器、车载通信器件等关键部件的制造。虽然汽车控制正向智能化和电子化的方向飞速发展，但是用户对汽车的工作可靠性和安全性等性能的要求也不断提高，而 LTCC 以其耐高温、抗振动性和密封性能优异等优势，在汽车电子电路领域具有重要的地位。发动机控制模块（ECU）和制动防抱死模块（ABS）已经应用了 LTCC 技术和材料来满足对汽车高可靠性和高性能的要求[28]。无源元件和传感元件在 LTCC 材料上的有效集成，同时兼具耐高温、耐腐蚀、抗振动性好等优点，可应用于汽车的各种传感器、发动机控制系统和制动控制系统等。这些 LTCC 材料保证了汽车在恶劣环境下使用的可靠性[27]。

在航空航天领域，LTCC 技术主要应用于导航、通信、雷达等系统的微波器件制造。以便携式卫星通信终端为例，LTCC 技术可以大大减小通信设备的体积和重量，提高系统集成度和性能，并降低生产成本。LTCC 材料最早是在军工和航空航天的电子设备上使用。美国罗拉公司的太空系统部门为满足通信卫星上控制电路 250 μm 线宽，每层 150 个以上通孔的 MCM-C 组件的电路要求，利用 LTCC 技术已成功研制出了卫星、导弹、宇航等控制电路的 LTCC 组件。另外，还有美国雷神（Raytheon）公司、西屋（Westinghouse）公司和霍尼韦尔（Honeywell）公司等研制出了多种可用于军事领域的 LTCC 组件和系统模块，如机载和地面的相控阵雷达 R/T 模块[27]。目前，随着航空航天技术飞速发展，对航天器上的电子设备的性能要求也越来越高，对于新材料以及新工艺的研究也越来越迫切。LTCC 材料由于其优异的介电、热学、力学性能和高可靠性、易于集成、设计多样等综合性能，已成为多芯片模组微组装工艺的首选材料。LTCC 不仅可以减小航天器载荷的体积与质量，还可以适应太空中恶劣多变、极冷极热的苛刻环境[28]。此外，LTCC 技术还可以用于高频雷达系统中的散热器、电源模块等关键部件制造，提高整体系统性能。

在医疗器械领域，LTCC 技术的应用主要体现在生物传感器、微型泵体、植入式器件等方面。例如，在获取生物信号的生物传感器中，LTCC 技术可以实现微量体积的高信噪比电极，提高传感器灵敏度。由于 LTCC 材料具有体积小、可靠性高、对人体无副作用等特点，能完全满足诸如心脏起搏器等需要植入人体的医疗器械的性能要求。因此，LTCC 广泛应用于医疗检测和监护设备等器械，在性能和成本方面具有极大的优势[28]。医疗器械领域对材料的可靠性具有极高的要求，材料需具有优异的气密性，体积小且对人体无副作用，LTCC 材料正好满足使用条件，可应用于除颤器、助听器和医学监护仪器[27]。此外，利用 LTCC 技术的微流控技术，可以制作出高精度、迷你化的医疗器械产品，如心电起搏器、药物透皮递送系统等。

目前，LTCC 器件按其所包含的元件数量和在电路中的作用，大体可分为 LTCC 功能器件、LTCC 片式天线 LTCC 模块基板等[9]。

1. LTCC 功能器件

早期通信产品内的滤波器和双工器多为体积很大的介质滤波器和双工器。GSM 和 CDMA 手机上的滤波器已被声表面滤波器取代或埋入模块基板中，而 PHS 手机和无绳电话上的滤波器则大多为体积小、价格低、由 LTCC 制成的 LC 滤波器，蓝牙和无线网卡则从一开始就选用 LC 滤波器。由 LTCC 制成的滤波器包括带通、高通和低通滤波器三种，频率则从数 10 MHz 到 5.8 GHz。LC 滤波器在体积、价格和温度稳定性等方面有其无可比拟的优势。由 LTCC 制作的上述射频器件在国外和我国台湾地区已有数年的历史，日本的村田、东光、TDK、双信电机，韩国的三星，以及我国的南玻电子、华信科技、ACX 等公司都在批量生产和销售。

2. LTCC 片式天线

WLAN 和蓝牙设备通信距离短，收发功率小，对天线的功率和收发特性要求不高，但对天线所占 PCB 的面积及成本要求很严。由 LTCC 制备的片式天线具有体积小、便于表面贴装、可靠性高、成本低等显著优点，已广泛用于 WLAN 和蓝牙。

3. LTCC 模块基板

电子元件的模块化已成为业界不争的事实，其中尤其以 LTCC 为首选方式。可供选择的模块基板有 LTCC、HTCC、传统的 PCB 如 FR4 和高性能聚四氟乙烯（PTFE）等。HTCC 的烧结温度在 1500℃以上，与之匹配的难熔金属如 W、Mo、Mn 等导电性能较差，烧结收缩不如 LTCC 易于控制。LTCC 的介电损耗比 FR4 低一个数量级。PTFE 的损耗较低，但绝缘性都较差。LTCC 比大多数有机基板材料可更好地控制精度。没有任何有机材料可与 LTCC 基板的高频性能、尺寸和成本进行综合比较。

国外和我国台湾地区对 LTCC 模块基板的研究可谓如火如荼，已经有多种 LTCC 模块商业化生产和应用。仅生产手机天线开关模块（ASM）的就有村田、三菱电工、京瓷、TDK、爱普科斯、日立、AVX 等十多家公司。此外还有 NEC、村田和爱立信等公司的蓝牙模块，日立等公司的功率放大器模块等，都是由 LTCC 工艺制成的。LTCC 模块因其结构紧凑、耐机械冲击和热冲击性强，在军工和航天设备上广泛应用。国产化成为 LTCC 器件发展契机。国内 LTCC 器件的开发比国外至少落后 5 年。这主要是由于电子终端产品发展滞后造成的。LTCC 功能器件和模块主要用于 GSM、CDMA 和 PHS 手机、无绳电话、WLAN 和蓝牙等通信产品，除 40 多兆的无绳电话外，这几类产品在国内是 2010 年左右才发展起来的。国内的终端产品为了尽快抢占市场，最初的设计方案大都是从国外买来的，甚至方案与元器件打包采购，其所购方案都选用了国外元器件。

二、LTCC 技术的发展前景

LTCC 技术最早由美国发展并应用到军事领域，后来由欧洲将其引入到车用市场，然后日本将其应用到通信产品中。除了在手机中的应用，LTCC 以其优异的电子、机械、热力特性已成为现在电子元件集成化、模组化的首选方式，在军事、航空航天、汽车、计算机和医疗等领域，LTCC 都可获得更广泛的应用。目前 LTCC 关键技术被国外少数几个大公司掌握，日本和美国等发达国家已进入 LTCC 材料产业化、系列化阶段，可根据要求进行材料设计。美国是全球 LTCC 强国，拥有多家 LTCC 全球知名企业。在全球 LTCC 市场前九大厂商之中，日本厂商有村田（Murata）、京瓷（Kyocera）、TDK 和太阳诱电（TaiyoYuden）；美国厂商有西迪斯（CTS Corp），欧洲厂商有博世（Bosch）、西麦克微电子技术（C-MAC MicroTechnology）和 Sorep-Erulec 等。国外厂商由于投入已久，在产品质量、专利技术、材料掌控及规格主导权等均占有领先优势。

目前，由于 LTCC 市场驱动因素：①无线通信和物联网的快速发展，对高频率和微波性能要求的增加；②汽车电子的智能化和电动化趋势，对高频率和微波射频器件的需求增加；③医疗设备和航空航天领域对高性能和可靠性的要求等，LTCC 的市场竞争变得更为激烈。LTCC 材料系统市场存在多家供应商，包括国际大型化工公司、材料制造商和电子封装厂。这些供应商在产品质量、技术创新、市场渗透等方面展开竞争。同时，市场上也存在一些专注于 LTCC 材料系统的中小型企业，它们通过专业化和定制化服务来满足特定市场需求。未来的市场趋势朝以下几个方面发展：①高频率和微波射频应用的增加，对 LTCC 技术的需求增加；②LTCC 材料系统的性能提升，包括更低的介电损耗、更高的热导率等；③LTCC 的多功能化，包括集成天线、滤波器、耦合器等功能；④LTCC 技术的应用拓展，包括 5G、物联网、人工智能等。

2009 年国务院发布《电子信息产业调整和振兴规划纲要》就明确提出将确保电子元器件等骨干产业稳定增长，是电子信息产业调整和振兴的主要任务。电子元器件的封装需求加快了封装技术的发展，LTCC 现已成为电子元器件封装的关键材料，LTCC 技术也已成为电子元器件封装的关键技术。国内厂商已开始安装先进的 LTCC 设备，并采用自主研发出的新型原料，加快成品的制造生产，且已经开发出一系列具有国际先进水平的 LTCC 相关产品。LTCC 技术已为中国的电子元器件产业带来改革性的影响。

近年来国内也在 LTCC 技术上取得了显著进步，只是目前掌握 LTCC 技术并形成批量供应能力的企业较少，仍需要进一步提升自身的工艺水平和技术能力，在高端产品的开发及制造技术的改进优化方面加大投入，提高自身产品的竞争力。目前，LTCC 器件的市场需求量远远大于现在所能达到的生产量，政府在国产化进程中进行了大力扶持，这也为我国 LTCC 技术的发展提供了契机。绿色化、集成化、多功能化是我国 LTCC 行业发展的趋势。未来几年 LTCC 还将越来越热，市场前景广阔。

参 考 文 献

[1]　侯旎璐，汪洋，刘清超. LTCC 技术简介及其发展现状[J]. 电子产品可靠性与环境试验，2017，35（1）：50-55.

[2]　王正伟. 基于 LTCC 技术的微波毫米波收发组件研究[D]. 成都：电子科技大学，2012.

[3]　蒋高阳. 水基流延法制备 MAS 系玻璃陶瓷基板及性能研究[D]. 哈尔滨：哈尔滨工业大学，2014.

[4]　陈潜. Ferro 材料 LTCC 基板叠片工艺研究[C]//2014 年电子机械与微波结构工艺学术会议论文集，2014，2014：3.

[5]　郑琼娜，王双喜，欧阳雪琼. 低温共烧陶瓷材料及其制备工艺[J]. 中国陶瓷，2010，46（10）：7-11.

[6]　Imanaka Y. Multilayered low temperature cofired ceramics（LTCC）technology[M]. Midtown Manhattan：Springer Science & Business Media，2005.

[7]　赵宏生，高廿子. 氮化铝/硼硅酸盐玻璃低温共烧陶瓷基板材料及其制备方法：200710118465.7[P].2008-01-09.

[8]　王悦辉，周济，崔学民，等. 低温烧结陶瓷（LTCC）技术在材料学上的进展[J]. 无机材料学报，2006（2）：267-276.

[9]　杨斌，王荣，张晗，等. LTCC 材料及其器件——产业发展与思考[J]. 电子元件与材料，2021，40（3）：205-210.

[10]　秦舒. 基于 LTCC 技术的无源器件设计方法[J]. 电子与封装，2013，13（10）：10-13.

[11]　李建辉，丁小聪. LTCC 封装技术研究现状与发展趋势[J]. 电子与封装，2022，22（3）：44-57.

[12]　侯旎璐，汪洋，刘清超. LTCC 技术简介及其发展现状[J]. 电子产品可靠性与环境试验，2017，35（1）：50-55.

[13]　金泽. 谐振频率温度系数近零的 5ZnO·2B₂O₃ 陶瓷基板材料研究[D]. 武汉：华中科技大学，2017.

[14]　Nishikawa H，Tasaki M，Nakatani S，et al. Development of zero X-y shrinkage sintered ceramic substrate[C]// Proceedings of Japan International Electronic Manufacturing Technology Symposium，1993：238-241.

[15]　钟慧，张怀武. 低温共烧结陶瓷（LTCC）：特点、应用及问题[J]. 磁性材料及器件，2003，4：33-35，42.

[16]　李建辉，项玮. LTCC 在 SiP 中的应用与发展[J]. 电子与封装，2014，14（5）：1-5.

[17]　李永祥，马名生，刘志甫，等. 高热导率的低温共烧陶瓷材料及其制备方法：201210000721.3[P]. 2012-01-04.

[18]　单光宝，郑彦文，章圣长. 射频微系统集成技术[J]. 固体电子学研究与进展，2021，41（6）：405-412.

[19]　Singh S，Kukal T. LTCC PoP technology-based novel approach for mm-wave 5G system for next generation communication system[C]//2020 IEEE 70th Electronic Components and Technology Conference（ECTC），Institute of Electrical and Electronics Engineers，2020：1973-1978.

[20]　Zhu L Z，Wei X B，Wang P，et al. Compact LTCC module for WLAN RF front-end[C]//2011 International Conference on Computational Problem-Solving（ICCP），Institute of Electrical and Electronics Engineers，2011：387-389.

[21]　Nafe A，Ghaffar F A，Farooqui M F，et al. A Ferrite LTCC-based monolithic SIW phased antenna array[J]. IEEE Transactions on Antennas and Propagation，2017，65（1）：196-205.

[22]　Zhang Y P，Sun M，Lin W. Novel antenna-in-package design in LTCC for single-chip RF transceivers[J]. IIEEE Transactions on Antennas and Propagation，2008，56（7）：2079-2088.

[23]　Kiburm A，Inbok Y. A Ka-band multilayer LTCC 4-pole bandpass filter using dual-mode cavity resonators[C]//2008 IEEE MTT-S International Microwave Symposium Digest，Institute of Electrical and Electronics Engineers，2008：1235-1238.

[24]　Showail J，Lahti M，Kari K，et al. SIW cavity filters with embedded planar resonators in LTCC package for 5G applications[C]//2018 48th European Microwave Conference，2018：57-760.

[25]　Showail J. System on package（SoP）millimeter wave filters for 5G applications[D]. Thuwal：King Abdullah University of Science and Technology，2018.

[26]　Guo Q Y，Zhang X Y，Gao L，et al. Microwave and millimeter-wave LTCC filters using discriminating coupling for mode suppression[J]. IEEE Transactions on Components，Packaging and Manufacturing Technology，2016，6（2）：272-281.

[27]　梁琦. 铝硼硅酸盐玻璃/AIN 复合材料的低温烧结与性能研究[D]. 重庆：重庆理工大学，2018.

[28]　张光磊，郝宁，杨治刚，等. 电子封装陶瓷的研究进展[J]. 陶瓷学报，2021，42（5）：732-740.

第四章　5G 应用环境对介电材料的关键技术挑战

第一节　微波传输性能与材料关联机理

5G 的产生主要是为了满足未来移动宽带通信的需求，承载该需求的为波长约在 1 mm～1 m（频率约为 300 MHz～300 GHz）的电磁波[1]。这段电磁频谱包括分米波、厘米波和毫米波波段（图 4.1），在雷达和常规微波技术中，常用拉丁字母代号表示更细的波段划分，具有易于集聚成束、高度定向性以及直线传播的特性，可用来在无阻挡的视线自由空间传输高频信号。微波频率比一般的无线电波频率高，通常也称为超高频电磁波。微波作为一种电磁波也具有波粒二象性，其基本性质通常呈现为穿透、反射、吸收三个特性。玻璃、塑料和瓷器中的微波几乎是穿越而不被吸收，水和食物等会吸收微波而使自身发热，而金属类物体则会反射微波。

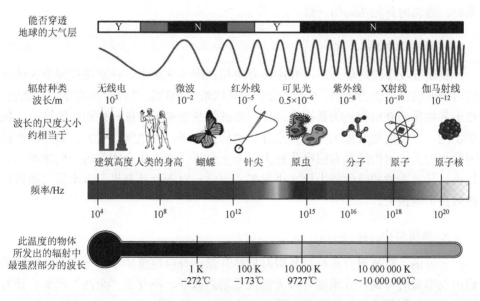

图 4.1　电磁波频谱及波长特征

微波的定义并非一蹴而就，而是在发展过程中经过迭代更新而逐渐确定的波长/频率范围。根据国际电工委员会（IEC）的定义，微波是指"波长足够短，以致在发射和接收中能实际应用波导和谐振腔技术的电磁波"。从现代微波技术的发展来看，一般认为波长小于 3 mm 的电磁波（即 100 GHz 以上的毫米波）属于微波范围。

微波成为一门技术科学，开始于 20 世纪 30 年代。微波技术的形成以波导管的实际应用为标志，若干形式的微波电子管（速调管、磁控管、行波管等）的发明则是另一标志。微波频率比一般的无线电波频率高，通常也称为"超高频无线电波"。微波作为一种电磁波也具有波粒二象性。微波的能量为 $1.99×10^{-25}$ ～ $1.99×10^{-21}$ J。

从电子学和物理学观点来看，微波这段电磁频谱具有不同于其他波段的如下重要特点[2]。

1. 穿透性

微波比其他用于辐射加热的电磁波如红外线、远红外线等波长更长，因此具有更好的穿透性。微波透入介质时，由于微波能与介质发生一定的相互作用，以微波频率 2450 MHz 使介质的分子每秒产生 24.5 亿次的振动，介质的分子间互相产生摩擦，使介质材料内部、外部几乎同时加热升温，形成体热源状态，大大缩短了常规加热中的热传导时间，且在条件为介质损耗因数与介质温度呈负相关关系时，物料内外加热均匀一致。

2. 选择性加热

物质吸收微波的能力，主要由其介质损耗因数来决定。介质损耗因数大的物质对微波的吸收能力就强，相反，介质损耗因数小的物质吸收微波的能力也就弱。由于各物质的介质损耗因数存在差异，微波加热就表现出选择性加热的特点。物质不同，产生的热效果也不同。水分子属极性分子，介电常数较大，其介质损耗因数也很大，对微波具有强吸收能力。而蛋白质、碳水化合物等的介电常数相对较小，其对微波的吸收能力比水小得多。因此，对于食品来说，含水量对微波加热效果影响很大。

3. 热惯性小

一方面，微波对介质材料是瞬时加热升温，升温速度快。另一方面，微波的输出功率随时可调，介质温升可无惰性地随之改变，不存在"余热"现象，极有利于自动控制和连续化生产的需要。

4. 似光性

微波波长很短，比地球上的一般物体（如飞机、舰船、汽车建筑物等）尺寸相对要小得多或在同一量级上，使其特点与几何光学相似，即所谓的似光性。因此使用微波工作，能使电路元件尺寸减小，使系统更加紧凑，可以制成体积小，波束窄方向性很强，增益很高的天线系统，接收来自地面或空间各种物体反射回来的微弱信号，从而确定物体方位和距离，分析目标特征。

由于微波波长与物体（实验室中无线设备）的尺寸有相同的量级，使得微波的特点又与较长的波相似，即所谓的似长波形。例如，微波波导类似于无线电中的接收器；喇叭天线和缝隙天线类似于无线电中的发射器；微波谐振腔类似于无线电共振腔。

5. 非电离性

微波的能量还不够大，不足以改变物质分子的内部结构或破坏分子之间的键（部分物质除外，如微波可对废弃橡胶进行再生，就是通过微波改变废弃橡胶的分子键）。从物理微观运动的层次而言，分子原子核在外加电磁场的周期力作用下所呈现的许多共振现象都发生在微波范围，因而微波为探索物质的内部结构和基本特性提供了有效的研究手段。另外，利用这一特性，还可以制作许多微波器件。

6. 信息性

由于微波频率很高，所以在不大的相对带宽下，其可用的频带很宽，可达数百兆甚至上千兆赫兹。这是低频无线电波无法比拟的。这意味着微波的信息容量大，所以现代多路通信系统，包括卫星通信系统在地球的外层空间存在电离层，对于短波几乎全部反射，这就是短波的天波通信方式。而在微波波段，则有若干个通过电离层的"宇宙窗口"，因此微波是独特的宇宙通信手段，从宇航通信、卫星通信到射电天文研究，几乎无例外都是工作在微波波段。另外，微波信号还可以提供相位信息、极化信息、多普勒频率信息，这在目标检测，遥感目标特征分析等应用中十分重要。

微波通常可由直流电或 50 Hz 交流电通过一特殊的器件转变后获得。可以产生微波的器件有许多种，但主要分为两大类：半导体器件和电真空器件。电真空器件是利用电子在真空中运动来完成能量变换的器件，或称之为电子管。在电真空器件中能产生大功率微波能量的有磁控管、速调管、微波三极管、微波四极管、行波管等。在微波加热领域特别是工业应用中使用的主要是磁控管及速调管。

由于微波的特性，其在空气中传播损耗很大，传输距离短，但机动性好，工作频宽大，除了应用于 5G 的毫米波技术之外，微波传输多在金属波导和介质波导中。

一、吸波材料

当电磁波接触常规金属材料表面时，会产生反射，通过接收反射信号，从而判断目标，这就是雷达微波探测的基本原理，微波工程上的吸波材料就是用来吸收或者大幅减弱其表面接收到的电磁波能量，从而减少电磁辐射或干扰的材料。图 4.2 直观展示吸波材料的工作特点：

（1）入射电磁波最大限度地进入材料内部，而不是在其表面就被反射，即要满足材料的阻抗匹配。

（2）进入材料内部的电磁波几乎全部被衰减掉，即衰减匹配。衰减匹配可以是电阻性损耗，将电磁能转化为热能；也可以是电介质损耗，通过介质极化将电磁能转化为热能；还可以是磁损耗，转化为磁滞损耗、阻尼损耗等。

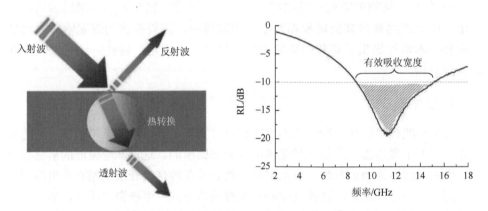

图 4.2　吸波材料的反射特性与有效吸收宽度

因此，好的吸波材料几乎不反射电磁波，而是将它们吸收到内部并全部衰减掉。要注意的是吸波材料特性具有频率特性，不同材质的吸波材料有不同的吸收特性，典型的定义是有效吸收宽度。吸波材料学科跨度很大，包括很多物理化学知识，总体是由基体材料（用于透波，减小电磁波反射）加吸收剂（电阻型、介质型、磁损型）结合构成。

下面介绍几类常见的吸波材料。

1. 泡沫类吸波材料

这类材料多用于各种微波暗室，基体材料多用聚氨酯（PU）做成锥形，用来吸收不同角度的电磁波，重量轻、柔性好，比较容易剪裁。

有些用途中使用碳纳米管制成蜂窝结构，可以有效提高材料强度。

2. 橡胶类吸波材料

这类材料大多是以橡胶垫的形式出现（类似导热胶垫，当然也有导热吸波材料，兼顾两者的优点），在微波工程中可以用来加强屏蔽或吸收电路中的强反射，不同的厚度吸收不同频率的电磁波，例如，在笔记本电脑等消费电子产品中，防止电磁泄漏和干扰。微波电路的工程师们也会用到，特别是中高频时，放置在微波腔的侧壁或上方，可以改善腔体效应，消除腔体反射造成的电路自激。

3. 塑料类吸波材料

这类吸波材料看起来就像我们常见的塑料，制造机理跟泡沫类吸波材料相似，使用 ABS、PP、PVC、PE 等基材，最大的特点是可以通过注塑成形的方式做成各种形状。

4. 涂料类吸波材料

这类吸波材料采用的基体是黏合剂（包括环氧、橡胶等材料），具有黏合效应，可以像普通涂料一样涂覆在物体表面，如隐形飞机上就应用了涂料类吸波材料。

涂料类吸波材料的实际应用情况是非常复杂的，需要考虑固化时间、黏合性、环境适应性等多种复杂工艺问题。

5. 铁氧体吸波材料[3]

铁氧体吸波材料一般分为两种，一种是类似涂料类吸波材料与黏合剂或基体组合成复合吸波材料，另一种则是烧结铁氧体，本书中提到的铁氧体特指烧结铁氧体。该材料可以获得较高的磁导率，缺点是材料比较脆易碎，耐高温性能差，该材料既是具有磁吸收的磁介质又是具有电吸收的电介质，是性能极佳的一类吸波材料。微波工程中常用的隔离器、环形器内部就是使用的铁氧体材料；在微波电路工程师手中，也可以用来进行改善腔体效应的调试工作。

二、微波介质陶瓷

1939 年，美国学者里克特迈耶（Richtmyer）从理论上证明了电介质在微波电路中的应用潜力后，美国便率先开始了微波介质陶瓷材料的研制。接着，日本、法国、德国等相继开始这方面研究。随着日本对介质陶瓷进行大规模实用化生产，微波介质陶瓷材料得到了蓬勃发展和广泛应用，松下、村田等公司都研发出了各具特色的微波介质材料体系[4]。目前微波介质陶瓷材料和器件的生产水平以日本村田公司、德国爱普科斯公司、美国 Trans-Tech 公司、Narda Microwave-West 公司、英国 Morgan Thermal Ceramics 等公司为最高。

相较而言，我国微波介质陶瓷的研究起步较晚，始于 20 世纪 80 年代。90 年代，国家对微波介质陶瓷的研究愈发重视，同时国内在设备仪器和合成工艺等方面有了极大的改善，我国研究人员陆续研发出了钛酸盐、钼酸盐和磷酸盐等一系列新型陶瓷材料[5]。2009 年 9 月，国务院发布《电子信息产业调整和振兴计划》，微波介质陶瓷元器件被列入改造投资方向，标志着微波介质陶瓷进入优化发展时期。2015 年 5 月，国务院发布《中国制造 2025》，明确将微波介质陶瓷列为关键性战略材料。2017 年 4 月，科技部发布《"十三五"材料领域科技创新专项规划》，侧重引导突破微波介质陶瓷制备关键技术，争取实现微波介质陶瓷供给侧改革。能够自主研发满足移动通信技术要求的新型微波介质陶瓷材料对国家的安全具有重要意义，目前国内研究微波介质陶瓷的主要单位有：中国科学院微电子研究所、中国电子科技集团公司第十三研究所，以及清华大学、浙江大学、西安交通大学、华中科技大学和电子科技大学等[6]。

尽管我国在微波介质陶瓷材料及元器件的研究与生产上仍与国外存在一定差距，许多关键性材料都依赖进口。但是，在产学研模式运用逐渐成熟、下游行业需求旺盛、定制化与一体化生产模式紧密结合等因素的驱动下，国内微波介质陶瓷行业的技术水平不断升级，高频化、多频化、集成化、小型化和模块化将成为行业技术的发展趋势。

目前关于微波介质陶瓷的研究通常围绕以下几个方面开展：

（1）提高微波介质陶瓷的介电性能。利用离子置换、复合等多种方式对现有微波介质陶瓷材料体系的性能进行改善。如采用离子置换等手段提高微波介质陶瓷的介质品质因数，通过与高介电常数的材料复合提高微波介质陶瓷的介电常数，通过两相复合调节 τ_f 值近零从而改善和微波介质陶瓷的温度稳定性等。

（2）降低微波介质陶瓷的烧结温度，满足低温陶瓷共烧技术的要求。LTCC 技术可以使器件高度集成。由于器件需要与银（961℃）等低熔点电极共烧，要求所用陶瓷粉料具有低的烧结温度。降低烧结温度也可抑制某些基板成分高温下挥发或发生化学反应，还可以减少能源的消耗。目前，降低烧结温度的主要途径是添加助烧剂（如低熔点的玻璃）。

（3）改进工艺，开发新的材料合成技术，以获得性能更为优异的微波介质陶瓷材料，并降低生产成本。提高微波介质陶瓷的介电性能，除了改变成分，还可以通过改进制备工艺来实现。一般而言，大幅度改进微波介质陶瓷材料的合成工艺能够使陶瓷材料的性能有着明显的提高。利用热压烧结、微波快速闪烧等方法，可提高陶瓷的致密性，使基体的气孔减少、晶粒尺寸分布更均匀，从而提高微波介质陶瓷的品质因数。

（4）探索新的微波介质陶瓷材料体系。根据元素周期表中各元素本征特性关系，探索具有良好介电性能的新型微波介质陶瓷材料新体系，以便满足 5G 及 6 G 的发展要求。

（5）材料机理研究。研究微波介质陶瓷材料的极化机理与材料损耗之间的关系，研究缺陷与介电性能的关系，分析材料气孔、物相结构等对微波介电性能的影响，从理论基础上了解改善陶瓷材料微波介电性能的依据，并可利用理论指导微波介质陶瓷材料的研发。

第二节　高频高速环境对介电性能的要求

随着信息技术的发展，数字电路逐渐步入信息处理高速化、信号传输高频化阶段，这时基板的电性能将严重影响数字电路的特性，因此对 PCB 基板的性能提出了更新的要求。所应用的 PCB 上的信号必须采用高频，以减少在 PCB 上的传输损失和信号延时成为高频线路的难题。

日立公司开发出了适用于高频段的环境友好的低传输损失多层板材料 MCL-LZ-71G，该板材用新树脂加工，板材具有好的介电性能，以及与 PTFE 相似的 D_f，同时具备环境友好、高 T_g、低吸水、高耐热，适合无铅焊接加工等特点[7]。

在传统的电子产品应用中，应用频率大多数集中在 1 GHz 以下，传统 FR-4 材料的 D_k、D_f 足以满足其要求。随着电子产品信息处理的高速化和多功能化应用频率不断提高，2 GHz 及 3～6 GHz 成为主流，此时，基板材料不仅仅是扮演传统意义下的机械支撑角色，而是与电子组件一起成为 PCB 和终端厂商设计者提升产品性能的一个重要途径。

由以上分析可知 D_k 与 D_f 对传输损失的影响，为减少 5 dB·m^{-1}（在 5 GHz）损失要求 D_f 大约减少 0.006，或者 D_k 减少 1.5～2.0。实现低传输损失的主要方法为减少 α_d（介电损耗），需采用低 D_k 与 D_f 的树脂技术（低且在频率、温度、湿度条件下稳定的 D_k 与 D_f）。为减少 α_c（导体损耗）同时需采用无轮廓铜箔。

在 10 GHz 频段：MCL-LZ-71G 的 D_k 和 D_f 低且稳定。同时，可以看出各参数如频率、温度、湿度等对介电性能的影响。信号传输损失就是信号在传输过程中，部分信号转化为热能并损失到介电层中去，如果信号传输损失大，说明传输的信号变弱，会影响信号传输之完整性，导致话音不清晰或图像失真等现象。在影响传输损失的各因素中，降低基板材料的介电常数和介电损耗角正切（tanδ）是降低传输损失的重要方法。在 3 GHz 时 MCL-LZ-71G 的传输损失为 –18.9 dB·m^{-1}，接近于 MCL-LX-67Y 的传输损失 –18.2 dB·m^{-1}，小于 FR-4 的传输损失 –26.7 dB·m^{-1}，也就是说，MCL-LZ-71G 的传输损失与 MCL-LX-67Y 相同，与 FR4 相比，MCL-LZ-71G 的传输损失低，尤其在高频。

　　计算机、移动通信、网络等已逐渐渗透到社会和人们生活中的每一个角落，人类生活正稳步朝着高度信息化的方向发展，信息处理与信息通信构成高度信息化科学技术领域发展中的两大技术支柱。以高水平的电子计算机为主体的信息处理技术追求信息处理的高速化、记忆容量的增大化和体积的小型化；以手机、卫星通信及蓝牙技术等为代表的信息通信技术追求多通道数、高性能化和多功能化，使得使用频率进入高频甚至超高频领域。它们的发展促进了优异高频线路板覆铜板的更新及其相应材料（如树脂基体）的发展。

　　5G 和前四代移动通信的不同之处在于前四代都是单一的技术，而 5G 则是前四代技术的总和，这样就使得 5G 的峰值速率更高，而且更加安全，覆盖范围更加广泛。因此，可以说 5G 弥补了 4G 中所存在的漏洞，其技术更加先进，而且能够满足当前人们对于网络的需求，是现在很长一段时间内发展的主流趋势。

　　5G 的全频谱接入、高频段乃至毫米波传输、高频谱效率三大基础性能对器件原材料也提出更高的性能和升级的需求：①5G 的传输速率快，要求传播介质材料的介电常数和介电损耗要小；②5G 的电磁波覆盖能力较差，要求材料的电磁屏蔽能力要强；③5G 的传输信号强度较差，要求传播材料的介电常数要小，材料的电磁屏蔽能力要强；④5G 元器件的厚度薄、密封性好，要求散热快，材料导热性能要好。综合起来，5G 需要低介电常数、高热导率和高电磁屏蔽的高分子材料[8]。

　　5G 采用毫米波波段，其最大优点为传播速率快，随之带来的最大缺点就是穿透力差、衰减大。正因如此，5G 要求传播介质材料的介电常数和介电损耗要小，并且在较宽频率范围内保持稳定。5G 对低介电常数材料的介电常数要求在 2.8～3.2，远远小于 4G 对介电常数要求在 3.4～3.7 的标准。低介电常数材料目前主要用于天线材料和柔性线路板材料。对于不同的应用场合，介电常数的要求也不同，5G 设备要求介电常数小于 3，而 5G 基站要求介电常数小于 4 即可。图 4.3 为各种材料的相对介电常数。

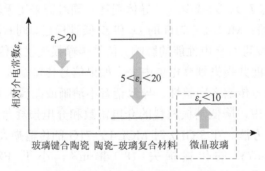

图 4.3　各种材料的相对介电常数

一、低介电常数、低介电损耗的需求机理

通信信号传输损耗（transmission loss，TL）主要包括：导体损耗（conductor loss，TLC）和介电损耗（dielectric loss，TLD），其关系如下。

$$TL = TLC + TLD$$

$$TLD = K \times \frac{f}{c} + \sqrt{D_k} \times D_f$$

式中，k 代表系数，f 代表频率，c 代表光速，D_k 为介电常数，D_f 为介电损耗因子。

通信信号传输延迟（transmission delay，TD）与介质材料的介电常数 D_k 关系为

$$TD = kD_k^{0.5}$$

为获得低介电常数，必须选用非极性分子材料。对于非极性分子，克劳修斯-莫索提方程（Clausius-Mossotti equation）将介电常数 ε 与极化率 α 联系起来：

$$\frac{\varepsilon - 1}{\varepsilon + 2} = \frac{N\alpha}{3\varepsilon_0}$$

式中，N 为单位体积内的极化分子数，α 为分子极化率，是电子和离子极化率之和，ε_0 为真空电容率（或称为真空介电常数）。由上式可知降低材料介电常数的途径有：①降低分子极化率 α，即选择或研发具有低极化能力的材料；②减小单位体积内极化分子数 N，这可以通过降低材料密度实现。

目前，各场景中较为常见的低介电常数材料如下。

1. 高频 PCB 材料：聚四氟乙烯

高频 PCB 对材料性能要求包括：介电常数必须小且稳定，与铜箔的热膨胀系数尽量一致，吸水性低，耐热性、抗化学性、冲击强度、剥离强度等机械性能必须良好。热塑性材料聚四氟乙烯（PTFE）具有耐高温特点，使用工作温度达 250℃。在较宽频率范围内的介电常数和介电损耗都很低，而且击穿电压、体积电阻率和耐电弧性都较高，是理想的 PCB 材料。

2. 手机天线：LCP 液晶聚合物[9]

目前，手机天线软板基材主要是聚酰亚胺（PI），但 PI 基材介电常数和损耗因子较大，且吸潮性较大、高频传输损耗严重及结构特性较差，令其未能很好地满足 5G 对材料性能的需求。随着 5G 时代的到来，工业化液晶聚合物（LCP）成

为一种理想天线材料。它是一种新型高性能特种工程塑料，在熔融态时一般呈现液晶性。

LCP 具有超卓的电绝缘性能，其介电强度高过一般工程塑料，耐电弧性良好。即使连续使用温度 200～300℃，也不会影响其电性能。间断使用温度更高达 316℃ 左右。LCP 材料介质损耗因数与导体损耗更小，且更具灵活性和密封性，因而在制造高频器件应用方面前景可观。

3. 改性聚酰亚胺[10]

5G 手机天线材料后起之秀改性聚酰亚胺（modified PI，MPI）是配方经过改进的聚酰亚胺天线。MPI 作为非结晶性材料，具有操作温度宽、在低温压合铜箔下容易操作的特性，且表面能够容易与铜相接，未来 MPI 材料在 5G 设备中具有很大的应用前景。

4. 天线罩：树脂

天线罩要能经受外部恶劣环境的侵蚀如暴风雨、冰雪、沙尘以及太阳辐射等，同时还需要具备有良好的电磁波穿透特性，机械性能要好。因此，在材料方面，要求有足够的机械强度，在工作频率下的介电常数和 tanδ 要低。充气天线罩常用涂有海帕龙橡胶或氯丁橡胶的聚酯纤维薄膜；刚性天线罩用玻璃纤维增强塑料；夹层结构中的夹心多用蜂窝状芯子或泡沫塑料。

5. 手机后盖：PC/PMMA 复合板材

由于 5G 采用的是对金属敏感的毫米波，使用金属外壳将会屏蔽信号。以手机材料为例，5G 条件下去金属化已然成为一种趋势。当中，最热门的要数 PC/PMMA 复合板材。这种材料是将 PMMA 和 PC 通过共挤（非合金材料）制得，包括 PMMA 层和 PC 层。PMMA 层加硬后能达到 4H 以上的铅笔硬度，保证了产品的耐刮擦性能，而 PC 层能确保其具有足够的韧性，保证了整体的冲击强度。

6. 5G 设备导热散热材料：石墨烯

高频率高功率电子产品要着力解决其产生的电磁辐射和热。为此，电子产品在设计时将会加入越来越多的电磁屏蔽及导热器件，5G 手机有望在更多关键零部件部位采用定制化导热石墨烯方案。

材料的介电常数和介电损耗由材料的电极化行为决定，在合成过程中需要把握几个原则：①尽量避免引入羟基（—OH）、羧基（—COOH）、酰胺键（—CONH—）等基团。一方面这些基团本身具有较高的 P/V 值，另一方面这些极性基团易于吸潮，而水的介电常数通常为 80 左右，因此会进一步增加高分子材料的介电常数。②引入含氟基团（—F）、亚甲基（—CH$_2$—）、脂环基团（如环己基等）等可有效降低高分子材料的介电常数。③引入具有高 V 值的官能团，如苯基、萘基、芴基等也可有效降低高分子材料的介电常数。

二、高频高速 PCB

一般而言，高频高速 PCB 是指频率在 1 GHz 以上的印制电路板，这个定义在业界可能不尽相同。其各项物理性能、精度、技术参数要求非常高，常用于通信系统、汽车 ADAS 系统、卫星通信系统、无线电系统等领域。表 4.1 总结了近年来 PCB 带宽与传输速度的发展。随着带宽需求的不断增长，截至 2024 年，已形成 100、200、400 Gbit/s 光模块占据主要市场，800 Gbit/s 光模块日益增长的商业环境。

表 4.1　带宽与传输速度的发展

年份	1992	1993	1999	2002	2002	2006	2010	2017	2019
带宽	133 Mbps（32 bit simplex）	533 Mbps（64 bit simplex）	1.06 Gpbs（64 bit simplex）	2.13 Gpbs（64 bit simplex）	8 Gpbs（X16 duplex）	16 Gpbs（X16 duplex）	32 Gpbs（X16 duplex）	64 Gpbs（X16 duplex）	128 Gpbs（X16 duplex）
频率速度	33 MHz（PCI）	66 MHz（PCI 2.0）	133 MHz（PCI-x 1.0）	266 MHz（PCI-x 2.0）	2.5 GHz（PCIe 1.x）	5.0 GHz（PCIe 2.x）	8.0 GHz（PCIe 3.x）	16.0 GHz（PCIe 4.0）	32.0 GHz（PCIe 4.0）

高频高速 PCB 与普通 PCB 的生产工艺基本相同，实现高频高速的关键点在于原材料的属性，即原材料的特性参数。高频高速 PCB 的主要材料是高频高速覆铜板，其核心要求是要有低的介电常数（D_k）和低的介电损耗因数（D_f）。除了保证较低的 D_k 和 D_f，D_k 参数的一致性也是衡量 PCB 质量好坏的重要因素之一。另外，还有一个重要参数就是 PCB 的阻抗特性以及其他的一些物理特性[11]。

高频高速 PCB 基材介电常数（D_k）一定得小且稳定，一般来说是越小越好，信号的传输速率与材料介电常数的平方根成反比，高介电常数容易造成信号传输延误。高频高速 PCB 基板材料介质损耗因数（D_f）必须小，这主要影响信号传输的品质，介质损耗因数越小使信号损耗也越小。

高频高速 PCB 的阻抗——其实是指电阻和对电抗的参数，阻抗控制是做高速设计最基本的原则，因为 PCB 线路要考虑接插安装电子元件，接插后考虑导电性能和信号传输性能等问题，所以必然要求阻抗越低越好，一般各大板厂在 PCB 加工时都会保证一定程度内的阻抗误差。

　　高频高速 PCB 基材吸水性要低，吸水性高就会在受潮时造成介电常数与介质损耗因数的恶化。高频高速 PCB 的生产工艺与普通的 PCB 的生产工艺基本相同，它的特性参数主要取决于 PCB 材料的特性参数。因此要生产出符合要求的 PCB，除了采用相应的工艺外，更重要的是一定要使用合适的 PCB 的合成材料。因此作为 PCB 的制造商，研发设计人员首先要对 PCB 的材料进行测试，确认特性参数；在制作样板之前，通过设计仿真软件对 PCB 进行建模，对特性参数进行拟合，从而生成 PCB 的样板，然后对样板进行验证测试，并不断地迭代，达到要求后，才进行量产。在量产的过程中，根据需要采用抽检或全检的方式对 PCB 进行测试。

第三节　高功率/高集成环境对热膨胀、热传导性能的挑战

　　高功率密度电力电子器件是电动汽车、风力发电机、高铁、电网等应用的核心部件。当前大功率电力电子器件正朝着高功率水平、高集成度的方向发展，因此散热问题不可避免地受到关注。大功率半导体器件工作时所产生的热量会引起芯片温度的升高，若没有合适的散热措施，会导致芯片的工作温度超过所允许的最高温度，进而引发器件性能的恶化甚至损坏。已有研究表明，半导体芯片的温度每升高 10 ℃，芯片的可靠性就会降低一半，器件的工作温度越高，器件的生命周期越短，因此降低器件温度是延长其生命周期的有效方法。

一、温度对电力电子器件和设备的影响

（一）温度对电力电子器件寿命的影响[12]

　　温度对电力电子器件寿命的影响主要体现在两方面：一是芯片的热失效；二是应力损坏。一方面，常见的硅芯片的安全工作温度一般为−40～50℃，在安全工作温度范围内器件可正常工作，当结温超过安全工作温度时，会引起芯片的热失效，硅芯片的最高允许结温一般为 175℃。另一方面，由于器件内各材料热膨胀系数的差异，过高的结温会引起芯片内热应力增大，进而引起芯片内焊料弯曲、键合丝脱落等机械损伤。陶鑫等[13]在研究中指出对于引线框架上倒装芯片，因封装中铜引线框架和硅芯片的热膨胀系数差异大，使热载荷作用下的热应力引起与凸点相连的芯片表面结构发生破坏；同时，半导体器件封装时采用的传统回流焊互连技术产生的残余应力会在高温下进一步加剧，最终导致芯片和基板焊料层的脆性断裂。此外，过高的结温还会导致芯片的热击穿，甚至是芯片的热熔化。这些失效都是不可恢复性失效，高温对器件的损害是致命的。

（二）温度对电力电子器件参数的影响

电力电子器件本身的各项参数对温度变化非常敏感。其通态电阻、正向压降、阈值电压、导通电流等参数均会随温度的变化而变化。如功率 MOSFET 的通态电阻随结温的升高近似线性增大，因此器件的同态损耗也将增大，导致器件产生更多的热量，使结温进一步升高，造成恶性循环。对于 IGBT 而言，已有相关研究表明其关断延迟时间会随器件工作结温的升高而增加。对热敏参数的合理利用，可以作为器件结温的表征参数；而热敏参数的失控则会对器件造成严重损坏，并且这些由热敏参数造成的损坏往往会随温度的升高进一步恶化。

（三）温度对设备体积、重量的影响

电力电子设备的热设计主要依靠工程人员的经验，缺乏系统的热设计理论。而这种粗略的散热设计会使整个设备散热性能过于冗余，在未经优化改进前，往往会造成设备整体重量及体积过大、散热效率低下等。此外，设备散热系统的进一步优化由于缺乏系统的理论及方法支持，主要依靠反复的散热实验，不仅效率低下，而且浪费资源。由于工程人员对设备散热设计的重视程度远远低于电气设计，不合理的散热系统不仅会对设备整体的体积、重量有影响，也会制约设备其他器件的布局和安装空间等。相反，合理的散热设计则能显著提高设备的热可靠性，并且能够合理利用设备空间及布局，便于设备的轻型化。

二、电力电子设备热设计特点

（一）发热集中、散热面积有限

电力电子器件作为电力电子设备的核心组件，其工作时会不可避免地产生各种损耗，包括导通损耗和开关损耗等，引起器件发热，如不及时将器件产生的热量散发到周围环境中，过高的运行温度会对器件正常工作和设备的可靠运行造成严重影响。随着电力电子技术的进步，电力电子器件的功率等级不断提高，同时设备向着小型化、紧凑化的方向发展，使得电力电子器件热量集中、散热面积小的特点日益突出，造成了器件的面热流密度不断增大，在大功率应用场合往往需要借助加装额外散热器来实现设备的可靠运行。此外，随着 SiC 等新材料在电力电子器件中的应用，虽然 SiC 芯片损耗有所降低，但由于芯片尺寸减小，局部热流密度更高，对散热的要求反而更高。

（二）应用场景多、环境复杂多变

电力电子器件的飞速发展使其应用场景在不断扩展：电动汽车、风力发电机、高铁、电网、航空航天等，使用环境复杂多变。设备往往要面临高温、高湿、高盐、振动甚至真空等各式各样的外在环境，使设备及其内部的元器件经受各类考验的同时也对设备的散热系统提出了较高的要求，因此需要考虑不同环境参数对器件热设计的影响。部分特殊领域，例如，在航空航天等领域，极限高温和低温环境是电力电子器件不可避免要面临的，因此在极端环境下器件的性能研究至关重要；在矿山领域，考虑煤矿环境高温高湿的特点，人们分析了矿用电机功率变换器在潮湿环境下的温升特性，通过仿真和实验研究发现在相同环境温度下，随着环境相对湿度的增加，功率变换器的最高温升有所下降，对潮湿环境下的发热规律有了初步认识。Pedroza 等[14]研究了太空真空环境对激光二极管机械和热性能的影响，通过针对性的封装优化，使其达到高功率水平的应用。

由于应用环境的复杂性，在电力电子设备的设计中，不仅要考虑环境对内部元器件的影响，也要考虑设备热设计的特殊性。针对不同的环境特点，优化散热方式，同时考虑环境对散热系统的影响，提高散热系统的散热效率和可靠性。

（三）涉及多物理场耦合研究

电力电子设备的热设计不仅仅只涉及传热学领域，如图 4.4 所示在采用热电模拟法对典型电力电子器件传热路径分析中，为达到良好的散热效果且兼顾设备的可靠性、轻量化及小型化要求，需要综合考虑温度场、应力场和流场的耦合问题。例如，在集成电路中，需考虑金属键合线在电磁脉冲下的电热特性与机械特性，以及不同电磁脉冲波形对金属键合线的热-机械响应的影响；在 LED 的散热优化中，也需要从多场耦合传热角度以设计散热结构。

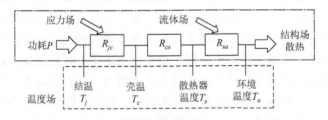

图 4.4　电力电子器件传热路径的多场耦合分析框图

由上述分析可知，电力电子设备的热设计是一个涉及机械、电子、传热学和流体力学等多个学科门类的研究，因此需要考虑电力电子设备的机-电-热一体化设计，并且着重研究电力电子器件的电-热-力多物理场的耦合作用问题。

三、常规散热技术

电力电子器件热量传输的过程中包含了热传导、热对流和热辐射三种方式，其中从芯片到散热器的热传导以及从散热器到周围环境的热对流为主要的热量传输方式。因此电力电子设备的散热设计主要从这两方面入手，常见的散热方式按其从散热器带走热量的方式不同可分为主动散热、被动散热等。其中，被动散热主要包括常见的自然对流散热，间接接触的气液、固液/气液相变散热，以及直接接触的浸没式液体散热和相变散热等；主动散热则主要包括常见的强迫风冷散热、强迫液冷散热以及新兴的热电转换散热等方式[15]。电力电子设备散热技术在研发新的散热技术的同时对已有的散热方式也在不断地优化和改进，以充分发挥已有散热方式的散热能力。图 4.5 为常见散热方式所对应的热流密度范围示意图。

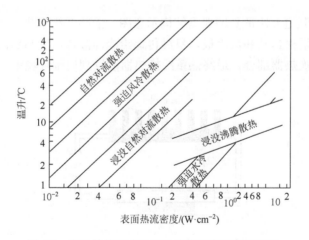

图 4.5　常见散热方式对应的热流密度范围示意图

（一）自然对流散热

自然对流散热以空气为传热介质，利用空气本身热胀冷缩产生的浮生力，使散热器翅片周围空气流动，实现热空气和冷空气之间的交换。相比于其他散热方式，自然对流散热不需要额外提供能量，结构简单，运行可靠，基本不需要维护，因此在热流密度不大的场合应用十分广泛。由于散热结构简单，因此针对自然对流散热的研究主要以优化散热器结构及安装方向为主，近年来以场协同原理为理论支撑的散热研究开展较多。

（二）强迫风冷散热

与自然对流散热相比，强迫风冷散热空气的运动是依靠风扇来提供动力，由于空气的运动速度大大提高，因此，其散热能力更强，热流密度明显高于自然对流散热，约为自然风冷的 5～10 倍。强迫风冷散热结构的设计研究主要包括热沉结构参数设计、散热风扇的选型及流体风道设计等方面，以上三方面设计要使散热面积、空气流量和空气压得到平衡，才能使强迫风冷散热发挥最佳效果。由于强迫风冷散热效果明显好于自然对流，虽然散热效果不如强迫液冷，但其复杂程度、体积、重量和后期维护方面明显优于强迫液冷，因此能够在大功率电力电子器件的热设计中得到广泛的应用和快速的发展。

（三）强迫液冷散热

图 4.6 为强迫液冷散热的典型结构示意图。散热结构中热源产生的热量通过导热的方式经器件封装和液冷板，最终传递给冷却液体，受热后的液体在泵的作用下被输送到换热器部分，最终热量经换热器散发到周围环境中。

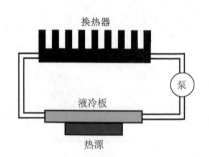

图 4.6　强迫液冷散热典型结构示意图

强迫液冷通过冷却液体将热源处的热量转移到换热器部分，与热源直接接触的是液体，由于液体的导热性明显高于空气，因此其散热效果明显优于强迫风冷散热，其散热能力约为强迫风冷的 6～10 倍。在强迫液冷散热中采用导热性更佳的介质能够显著提高散热效果，研究人员还提出了将液态金属作为冷却工质应用于电力电子器件散热系统中，并通过仿真加实验的方法验证了液态金属应用于大功率电力电子器件液冷散热的可能性。由于系统中液体的存在，需要考虑液体的更换和防止液体泄漏对器件的损坏等问题，强迫液冷对液体可靠性和管路系统要求较高，并且系统结构复杂、零部件较多，体积、重量明显大于强迫风冷散热，因此对其应用环境有一定限制。

（四）相变散热

利用材料相变吸热原理，将热源发出的热量转化为相变潜热，最终经再次相变释放到环境中去。按相变介质与器件是否直接接触可分为直接相变散热和间接相变散热，其中直接相变散热中电子元器件直接浸没在散热介质中，器件产生的热量直接传导给相变介质，介质通过对流和相变将热量向外界环境传播，因此在相变介质的选取中需要充分考虑材料的导电性、沸点、流动性等方面因素。间接相变散热中因相变介质不与器件直接接触，热源产生的热量经热界面材料、外壳传导给相变介质，因此对介质的导电性无要求，但整体传热效果受热界面材料和壳体热导率影响较大。

（五）热电转换散热

热电转换散热是利用半导体材料的佩尔捷效应（peltier effect），即电流流经两种不同材料界面时，将从外界吸收或放出热量，近年来随着半导体材料制造技术的发展，热电转化散热方式发展迅速。图 4.7 为热电转化散热的典型结构示意图，虽然热电转化散热的制冷端能够显著降低热源的温度，但其总的散热能力受限于热端的散热能力，因此，系统整体的散热效果与热端散热方式密切相关[16]。由于热电转化散热中热端仍需采取一定的散热措施，造成整体散热系统较为复杂且笨重，对其应用限制较大。

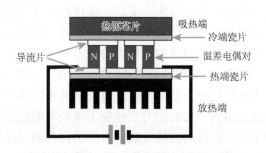

图 4.7　热电转化散热典型结构示意图

（六）热管散热

热管散热同样是一种利用液体相变传热原理：热管内部饱和液体从高温侧吸收热量而汽化，饱和蒸汽流动到低温侧放热并冷凝成液体，经重力或毛细力作用下回流到高温侧继续参与吸、放热循环。图 4.8 为重力热管的典型结构示意图。热管散热虽为被动式散热，但其具有其他金属难以比拟的优秀导热能力，因而具有广阔的应用前景，近年来各种形式的热管散热技术发展迅速。人们研究了针对超算集群 CPU 的重力热管散热系统，能够使服务器在满负荷运行条件下保持 CPU 核心温度在 74℃以下，并且能够显著降低数据中心的 PUE 值，实现机房的节能减排；在针对大功率半导体激光器的热设计研究中发现，使用 U 形热管进行散热，功率密度可达 367 W·cm^{-2}，冷却效果可进一步得到提升。

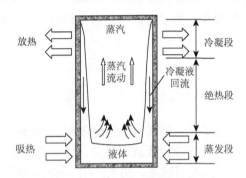

图 4.8　重力热管典型结构示意图

（七）微通道散热

关于微通道的定义主要有两种：一种指水力直径为 0.01～0.2 mm 的通道；另一种根据浮升力与表面张力的比值来定义。不论何种定义方式，微通道散热技术凭借其尺寸小、传热温差小和单位面积换热效率高等突出优点，日益受到研究人员的关注。近年来随着微通道理论的不断完善以及加工技术的飞速发展，该技术已成为学者们的研究热点。针对微通道散热技术的研究主要集中于通道尺寸优化、通道介质的流动和传热特性等方面。上海交通大学洪芳军等[17]提出了一种树型微通道网络结构，并通过仿真和实验的方式验证了该新型微通道结构与传统平行微通道相比，在流动压降、温度均匀性及热阻方面的均有明显优势；此外，两相工质在微通道中的应用研究也在逐渐增多，台湾虎尾科技大学[18]针对两相流体 R410A 在微通道中的沸腾换热展开研究，发现通过工质的相变吸热能够显著提高微通道散热的热流密度。

四、散热系统优化研究

有效的散热设计在充分发挥电力电子器件功率特点的同时，能够显著降低器件工作结温，延长器件和设备的可靠运行寿命；还能够改善设备整体的体积、重量，减少结构冗余，利于设备的轻便和小型化发展。现阶段针对电力电子器件和设备的散热设计和优化内容主要有：散热器几何参数优化、散热器结构优化、散热系统风道优化，以及散热优化算法和理论等方面。

（一）散热器几何参数优化

板翅式散热器由于结构规则、简单、生产加工方便等优点，实际应用较为广泛；其几何参数主要有：基板厚度、翅片高度、翅片厚度、翅片数量等，明显少于其他异形散热器，且各结构参数相对独立，互不干扰，因此针对其结构参数的优化研究明显较多。

台湾大学[19]针对板翅式散热器提出了一种可预测水力和热力性能的渐进模型，运用该模型对散热器翅片的间距和厚度，基板的长度、宽度和厚度等几何参数进行了优化分析；天津工业大学的张建新[20]采用正交试验法和遗传算法两种优化方法，以肋片间距、厚度和高度为优化变量，对芯片结温和肋片重量实施了双目标优化，结果表明两种方法均有较好的优化效果，且通过遗传算法能够得到更加多样的优化结构；广东工业大学的龚美[21]在对大功率 LED 路灯散热器的优化研究中，通过仿真软件分别研究了基板厚度，翅片厚度、间距和高度对 LED 散热性能的影响，并由此确定了该路灯模型散热器的最优几何尺寸。虽然目前针对散热器几何参数的优化已有较多研究，但上述优化研究中对散热效果的评价缺乏统一指标，并且对散热器几何参数的选取未形成一定规律。

（二）散热器结构优化

散热器结构的优化主要集中于在散热器结构基础之上提出不同的改进方法，提高其散热效果。相关研究者针对斩波设备散热结构提出了对散热器基板进行开缝处理的优化措施，研究发现，在自然对流条件下，该结构能够提高散热器中间部位空气流动的连续性以及场协同性，使热源温度明显降低，优化效果显著；南京工业大学的王林习等[22]针对散热器底部存在空气滞留区，减弱对流换热效果的问题，提出了对散热器翅片进行开缝的优化研究，通过仿真计算，发现开缝结构能够增加流动空气扰动，使翅片间空气流速提高了 18%，温度降低了 5%；西安交通大学的王文奇等[23]提出了一种新型树叶形翅片的散热器，并对翅片倾角、翅片间距等参数进行了优化研究，最后从场协同性和传热性能两方面将新型翅片与竖直平板翅片、开缝翅片和烟囱翅片等 3 种典型翅片进行对比，发现优化后的树叶形翅片协同角最小，换热性能最好，验证了该新型结构对强化散热的有效性。

（三）散热系统风道优化

散热系统风道优化是指在不改变散热器结构的条件下，通过调整器件布局、风机位置、加装导风板等方式改变空气流动方向及气流分布，使在有限的空间条件下散热效果得到增强。中国人民解放军海军工程大学[24]通过调整散热器放置方向并加装导风板优化风道，使原本集中的冷却空气在导风板作用下均匀分布在散热器翅片间，提高了散热效果：优化后温度下降达 21℃；中国矿业大学（徐州）[25]研究了自然对流条件下电机变换器不同放置形式：肋片朝下、垂直和朝上时，对器件最高温升的影响，结果表明，肋片朝上放置时功率变换器的最高温升和温升梯度最小，散热效果最佳；台湾华梵大学[26]提出了在横流冷却下散热器中加装挡板的优化措施，在小雷诺数情况下，通过挡板的阻挡作用，能够使更多的流体通过叶片间流道，使从散热器传出的热量明显增大，提高整体结构的散热效果。

（四）散热优化算法和理论

针对散热系统的优化研究需要以某一理论或算法为基础，虽然近年来散热优化方面已有较多研究，但尚未形成关于散热系统优化方面统一的优化理论或目标。哈尔滨工业大学的张健[27]在对多芯片模块散热系统的热传递-结构优化研究中分别以散热器到环境的热阻、散热系统压降和散热器重量为目标函数进行多目标优化，并在此基础之上利用熵产最小原理结合遗传算法对散热器肋片参数进行了优化设计，优化后散热器表面温度显著降低；华南理工大学的区嘉洁[28]在对燃气客车发动机舱多场耦合强化散热的研究中，利用场协同原理，针对发动机舱不同部位的结构以及流场特点，以温度梯度"核心流最小-热边界最大"强化散热原则对发动机舱结构进行了优化研究，优化后发动机舱散热效果提高显著。

五、功率器件散热问题小结

解决大功率电力电子器件的散热问题时，首先要以热力学理论为基础，从热力学基本定律出发；重视新材料的研发与生产，不论是散热材料还是热界面材料，新材料均有着无可比拟的优势，研发热性能优越的新材料，并降低生产应用成本，使其能够广泛普及，才能够充分发挥出现有散热技术的散热潜力，提高散热效果。对于新的散热技术的研究也要继续深入，现有散热技术从被动到主动，从自然对流到强迫风冷再到强迫液冷，以及从单相散热到多相散热的发展过程中，热流密度已大幅增加，新型散热方式虽然会不可避免地伴随着整体结构的改变，但其热流密度的提高是显著的，对提高设备整体的散热效果具有重要意义。

随着 5G 的迅猛发展，5G 芯片集成电路密度不断增加，器件性能不断提高，散热问题成了迫切解决的问题和行业热点，对散热新材料也提出了更高性能的要求。于是，超高热导率材料的随之爆发，引起学术、产业研究热潮。众多材料中，陶瓷材料因其高热导率、高强度、介电性能及热膨胀系数可调等优势吸引了研究人员的注意[29]，有望解决未来高性能电子器件的封装难题。此外，由于陶瓷材料在结构强度、耐高温耐腐蚀等方面的优异性能，未来或可大规模应用于功率电子、微波通信、轨道交通和航空航天等领域。

当前，电子封装领域的主流导热材料主要包括 Al_2O_3、W/Cu、Mo/Cu、Invar 合金、Kovar 合金和 AlN 等，这些材料部分存在热导率低或热膨胀系数高等问题，导致其正常工作效率和使用寿命偏低。部分材料则是受限于加工制造成本导致性价比低，从而限制其大规模的应用。未来，随着高功率高性能器件的增加，例如，以绝缘栅双极型晶体管（IGBT）、微波、电磁、光电等器件为典型应用的高科技技术领域，以有源相控阵雷达、高能固体激光器等为典型应用的国防技术领域，均对高散热提出了迫切的应用需求。表 4.2 列举了常用电子封装材料的密度及热学性能，图 4.9 展示了常用热管理材料热导率–热膨胀系数分布。

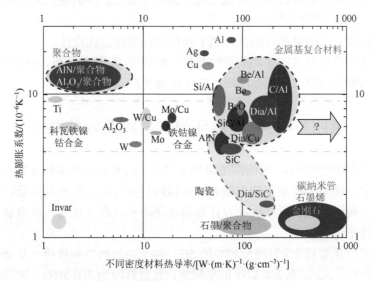

图 4.9　常用热管理材料热导率–热膨胀系数分布[29]

表 4.2　常用电子封装材料的热物理性能[29]

材料	密度/(g·cm⁻³)	热导率/[W·(m·k)⁻¹]	热膨胀系数/(10⁻⁶K⁻¹)
Si	2.3	150	4.1
GaAs	5.3	39	5.8
Al₂O₃（96%）	3.7	21	7.3
BeO	2.9	250	6.7～8
AlN	3.26	70～260	3.5
SiC	3.18	65～200	3.5
Kovar	8.1	17	5.2
Inovar	8.04	11	0.4
W/Cu	15.7	200	7
Mo/Cu	10	398	17.8

电子封装对热管理材料性能的总体要求如下。

（1）热膨胀系数（CTE）与半导体材料（硅、砷化镓、氮化镓）匹配或接近：减小与半导体之间的热应力，避免热应力失效。

（2）高热导率：能将半导体产生的热量及时均匀化并散出到环境中。

（3）足够的强度、刚度和韧性：对半导体和器件起到良好的支撑和保护作用。

（4）高气密性：抵御外部高温、高湿、腐蚀或交变条件等有害环境，构筑高可靠性工作空间。

（5）成型性与表面控制：易加工成型或近净成形，并满足表面质量控制要求（镀金、粗糙度、平整度等）。

（6）轻质化：密度尽可能低，利于器件的结构轻量化设计。

（7）其他特殊要求：如功能特性要求（电磁/射频/辐射屏蔽、导电/绝缘等），成本控制与竞争性要求（成品率高、适于批量生产、价格低等）。

第四节　5G 应用环境对电磁兼容的要求

移动通信发展至 5G，通信网络呈现大规模、高复杂度及多样化特征，电磁环境日趋复杂，移动通信面临的电磁兼容问题也日益突出。电磁兼容设计从模糊向量化、基于问题解决积累经验的设计向仿真预防正向设计转变，从黑盒测试向白盒化解析转变。

移动通信从最初 2G 发展至如今的 5G，整个通信网络的规模、复杂度及多样化也与日俱增。2G 仅有 200 kHz 的窄带宽，典型频段为 800 MHz，采用大平面蜂窝组网的形式，单站覆盖半径可达 5 km，站点密度比较低，基站设备本身的形态也较为单一。当时整个社会的电子信息化程度比较低，通信基站周遭的电磁环境也不复杂，这些特征都决定了当时的移动通信电磁环境是较为单一、相对可量化的简单模型。随着用户需求的增长和移动通信技术的演进，3G/4G 时代表现出明显不同的特点[30]，首先是移动通信频率、制式及频段的变化，典型频段有 1.8 GHz、2.1 GHz 等，多制式混模，频谱带宽 5～20 MHz，网络特征为大小蜂窝共存的平面组网方式。此时的设备形态有了多样化的趋势，如补盲补热、室内增强等。单站覆盖半径在 1～2 km 左右，密度明显大于 2G 时代。移动通信电磁环境也随之多样化和复杂化，因为仍然以解决"人"的通信需求为主，所以虽然自身网络形态相对复杂，但仍然有相对固定的模式，且可以和外部非通信网络电磁环境互相解耦。到了 5G 时代则大不相同，应用场景爆发下的 5G 网络表现出几个最典型的特征：大带宽（达到 100 MHz）；MIMO 架构的天线阵列；几十个频段共存（如 2.6 GHz、3.5 GHz、4.8 GHz、28 GHz 等）；各类通信制式混模；满足高速率用户需求的单站覆盖半径在 0.5 km 左右，密度也明显增加；组网模式丰富多样，呈现出大小蜂窝共存的立体组网模式，移动通信的服务对象已经不仅限于"以人为主"，各领域融合下的人—人、人—物、物—物通信更是复杂多变、规模庞杂。这些特征表明 5G 时代的移动通信网络已经与整个社会的电磁大环境融为一体，电磁环境的分析和解耦变得异常困难。

　　移动通信电磁兼容的发展伴随着电磁环境的复杂化进程，移动通信面临的电磁兼容问题也日益突出。2G 时代，设备在较大的体积下实现较单一的功能，芯片的制程及电路的集成化程度还不是很高，加之整个网络组成相对简单，所以移动通信电磁环境整体呈现的是"弱耦合特征"。电磁兼容所面临的问题也主要集中在两个方面：一是设备内部的模块级或者板级 EMC 问题，二是设备与外部环境之间的 EMC 问题。总之，EMC 主要关注点仅限于单设备的表现，处理 EMC 问题时，主要集中在基于实测表现的评价、基于问题排查与解决的设计改进及相对黑盒的处理方法[31]。3G/4G 时代，设备内部的集成化及设备外部网络的多元化更加明显，较小的体积实现更多的功能，要求内部 EMC 设计更加高效化、精确化；组网密度增大，移动通信和其他各类网络、设备共存，电磁环境整体呈现"较强耦合特征"。此时的移动通信电磁兼容，则从关注单设备表现过渡到注重多设备交互，面临模块级、设备级、电路级、网络级四大类问题。设备内部的模块、电路逐渐摒弃模糊设计，EMC 指标量化；从传统基于经验的设计规则和问题解决模式升级为基于仿真的正向风险评估[32]；设备内部的 EMC 特性白盒化[33]成为电磁兼容工作的重点。同时，频谱优化、共站干扰等网络级 EMC 问题也迫在眉睫。5G 时代，通信设备在极小的空间内实现上百倍的通信容量，要求系统具备高度集成的基带处理芯片及中射频芯片、数十千兆比特每秒处理速率的高速数字电路[34]，EMI、EMS 问题变得不可忽略且矛盾突出；一体化的天线设计使设备内部的电磁场强跨度非常大，从负几十微伏米到上百伏米，更高和更宽的频谱占用，使得设备的频率跨度从几千赫到几十千兆赫；立体组网模式下，个人、商业、工业、交通、能源等多领域应用，各类电磁环境互相融合、干扰和互扰的模式更加突出[35]。在这些背景下，5G 所面临的电磁兼容问题，具备集器件级、电路级、模块级、设备级、网络级、场景融合级六大类问题于一体的"强耦合特征"，这一复杂特性要求我们必须进行全新的电磁兼容架构设计，即从器件到场景的自下而上设计，以及从网络到芯片自顶向下的顶层规划与分解[36, 37]。

随着数字经济发展，5G 网络及设备部署到千行百业，行业内的电磁环境更加复杂化；复杂的电磁环境对 5G 设备的电磁兼容设计提出了更高的挑战，同时复杂的电磁环境和多样性的设备形态引发诸多电磁兼容问题，导致设备的性能下降，需要研制标准对环境和设计进行规范和统一。电磁环境、5G 设备及标准都面临一些亟待解决的新问题。

近年来，国家积极推动 5G 规模化应用于 ToB（面向企业用户）垂直行业，如工业、能源、交通、医疗等领域，从大蜂窝平面组网到大小蜂窝共存的立体组网，覆盖了陆地、海洋、高山、高空等空天地更广泛的物理区域。这种在时域、频域、能量域和空域上，分布密集、数量繁多、样式复杂、动态随机的多种电磁信号交叠而成的复杂电磁环境，其干扰源十分复杂，既有雷电、太空高能粒子、静电之类自然电磁干扰源，又有雷达、通信、广播、电子对抗等射频源和定向脉冲弹之类的人为电磁干扰源，它们都可以通过电磁耦合直接作用于通信设备，导致设备工作异常或硬件失效。因此，5G 网络面临史无前例的复杂电磁环境影响。5G 应用于工业互联网的现场、车间、厂房等场景，电磁环境较为复杂，无线网络的干扰源较多，各种大型器械、金属管道等对无线信号反射、散射造成的多径效应严重，点火系统、马达、器械运转时产生的电磁噪声也会对移动通信产生干扰。因此，智能制造工业现场环境对移动通信提出了很大的挑战，工业环境各有不同，可能对移动通信造成特殊障碍。在移动通信设备、网络组网及实际部署时，要考虑电磁干扰对设备及无线传输性能的影响。在智能制造等工业互联网领域，如铝厂电解槽车间，低压大电流的电解臂是电磁主要干扰源，通过实测其电解车间的磁场强度，变动范围极大（最大 8200μT），严重影响周围终端传感器、通信设备、计算机及手机等日常电子设备的工作，甚至发生死机或重启等故障。在汽车制造焊装车间，除了运营商通信系统和 Wi-Fi 通信系统的无线信号及杂散干扰外，还存在电焊机、变频器、稳压器、电子开关、伺服驱动器等干扰源，整体呈现大带宽高强度的电磁干扰特性。工业互联网产业联盟（AII）以及中国通信标准化协会（CCSA）对此类电磁干扰影响十分重视，由业界主流通信厂商、企事业单位联合研究，提出有色金属行业、汽车制造行业等 5G + 工业互联网典型场景电磁环境白皮书和相关电磁环境行业标准。在能源行业，如核电厂的厂内移动通信设计和改进，当传统有线或 Wi-Fi 通信受限时，5G 将会覆盖核岛、常规岛等整个厂区。核反应堆附近或核泄漏现场都存在高放射性的特点，其放射性物质会产生大量的 α、β、γ 和中子射线。在此环境下，5G 设备需要具有较强的耐辐照能力，才能满足长期可靠工作的要求，器件级选型、电路级设计及系统级屏蔽的耐辐照技术都需要考虑进来。业内主要通信厂商及科研单位，已在 CCSA 指导下，针对电力行业、核电站行业进行电磁环境调研、行业标准制定等工作。在交通行业，牵引变电所将电网的几十千伏单相工频交流电（高达数百甚至数千安培的电流），直接施加到轨道车辆接触网及钢轨回流路径上，是轨交环境最大的潜在干扰源。同时弓网电弧电磁干扰也会产生更加复杂的宽频电磁干扰[38]，这些都会直接影响处于轨道旁、机车上及与轨交电路互联的各种 5G 系统设备及终端设备。除了生活及工作环境中大量电子电气设备产生的非有意复杂电磁干扰外，移动通信技术发展到今天，众多无线技术及移动通信设备都应运而生，如 Wi-Fi、ZigBee、RFID、2G/3G/4G 蜂窝通信技术等，空间中存在着不同形式的电磁波，5G 基站系统可能会与其他无线设备产生同频、邻频等电磁干扰。因此，需要做好电磁环境分析研究，了解干扰源的噪声特性，并根据行业领域及电磁环境特点，提出更加适合的电磁兼容设计要求。

5G 无线网络面临复杂的电磁环境，对 5G 设备的电磁兼容设计提出了更高要求。5G 基站是无线网络的核心设备，相比 4G 而言，5G 基站主要特性变化体现在架构形态、工作频率、空口技术三个方面。5G 基站目前主要采用基带处理单元（BBU）＋射频拉远单元（RRU）/有源天线单元（AAU）的两层架构[39]，尤其是AAU，采用了新空口技术[40]，融合了 MIMO 技术、全双工技术、DC-C 等多项新技术[41]。从系统架构上看，AAU 将电源、控制、基带、中频、射频、双工器及天线进行了高度集成化设计，结构布局十分紧凑，设备内部各模块间的电磁干扰问题相比 4GRRU 表现尤为突出，电磁兼容设计面临挑战。AAU 内部射频与高速信号电路应用较多，电磁兼容问题主要是天线与其他有源电路之间的相互干扰问题，由于电磁干扰频率较高，耦合途径以空间耦合为主，因此，主要干扰抑制手段是屏蔽技术。AAU PCB 通常采用双面布局，正、反面均须采用金属屏蔽壳（盖）实施屏蔽，但由于屏蔽壳与 PCB 依靠锁紧螺钉进行搭接，其屏蔽效果受螺钉间距、腔体谐振、是否点胶等多个因素影响，实际应用中经常会发生因屏蔽盖与 PCB 接触不良而产生的电磁干扰问题，比如，腔内电路产生的电磁干扰泄漏至天线，从而恶化接收灵敏度；天线辐射近场耦合至电路腔体内，进而干扰一些敏感的功能电路，造成业务中断等。

5G 基站电磁兼容设计主要需解决设备内部模块间的屏蔽与隔离设计问题。金属屏蔽腔是抑制基站内部高频电磁泄漏，提高电路间隔离度的主要技术手段。实际应用中，影响金属屏蔽腔体屏蔽效能与隔离度的主要因素有两个方面：①腔体谐振仿真技术，腔体谐振的理论和分析方法尽管比较成熟[42]，但由于 AAU 内电路腔体中存在芯片封装、散热凝胶等介质因素，这使得腔体谐振的准确评估变得更加复杂和困难，如果不考虑介质影响，极易造成对谐振特性的评估偏差，致使腔内发生谐振而恶化隔离度，造成电磁泄漏，从而引发干扰问题。因此，针对实际产品中复杂的电路腔体，谐振仿真精确建模技术显得尤为重要，通过仿真手段来量化屏蔽腔的谐振特性，识别出关键谐振频率，如果这些谐振频率靠近腔体内电路的工作频率、带外谐波或者敏感频段，则需要进一步对腔体进行仿真与优化，避免因谐振而引起的干扰风险。②搭接缝隙控制技术，屏蔽盖与 PCB 之间的搭接缝隙对屏蔽效果的影响颇为明显[43]，虽然缩小螺钉间距可以有效改善屏蔽效果与隔离度，但会带来重量、成本及 PCB 布局难度等问题。如何在设计中权衡这些因素，避免过设计和高成本，屏蔽与隔离度的量化设计尤为关键。屏蔽盖与 PCB 之间硬搭接，因结构加工共面度、螺钉应力等因素会产生一定的搭接缝隙，当腔体内有较强的电磁干扰时，会在腔体内表面形成分布电流，电流方向与磁场正交[44]，若腔体缝隙恰好与表面电流方向相互垂直，则可等效为缝隙天线，具有最强的电磁辐射。通常，屏蔽盖屏蔽会受到螺钉间距、螺钉扭矩、隔墙搭接宽度以及腔体谐振特性等多个因素的影响。以往经验表明，缩小螺钉间距、增大螺钉扭矩、增加搭接宽度等均能够不同程度地改善屏蔽性能，但由于目前缺少这些影响因素对屏蔽效果影响的量化规律，产品在设计上只有尽可能地去加严，从而制约了产品成本和市场竞争力。因此，研究硬搭接腔体的屏蔽影响规律，建立各影响因素的量化数据，对于指导产品的屏蔽设计非常有意义。目前，在 5G 基站产品设计开发中，主流通信设备制造商已广泛应用了腔体谐振仿真技术和搭接缝隙控制技术[45]。

　　5G 的优势显而易见，但复杂的电磁环境，颠覆性的设备形态架构也引发了诸多电磁兼容问题，导致设备的性能下降，让设备无法达到预期的运行性能。5G 通信产品电磁兼容性能的一致性确认，离不开相关电磁兼容标准的制订[46]。在标准制订方面，从 2G 时代，国内电磁兼容标准组织刚刚起步，未参与任何的国际标准制订工作，到 3G/4G 时代的标准工作迎头追赶与演进，国内通信设备商、运营商及研究院、高校经过了二十多年的不懈努力，到 5G 时代，已经实现在 3GPP、ITU 等标准组织中的引领地位，对 5G 产品架构更迭涉及的关键电磁兼容试验技术进行了长期深入的研究，尤其是在辐射杂散研究、辐射抗扰研究、测试中的 EMF 研究、链路搭建与性能判据研究等方面，形成了相应的技术成果和试验方法，为国际标准的制定和推进奠定了基础[47]。对于辐射杂散，分析计算需求与模型，根据射频理论，计算特定场强下应进入射频链路的功率，确定不同产品的实际滤波器抑制要求，并根据滤波器设计给出具体的免测频段带宽，最终完成系统辐射杂散试验验证。对于辐射抗扰，从三个问题入手：①辐射抗扰测试在天线的波束正面可否免测？

②欧盟标准 690~6000 MHz、10 V·m^{-1} 的要求,设备能否满足?③辐射抗扰的接收免测频段是否需要扩大?通过研究和试验,给出最终的辐射抗扰分析和试验方法要求。对于测试当中的电磁场,从降功率配置、吸波材料设置及试验环境约束等角度,给出确定的防止电磁场效应的测试方法。目前,国际各主流标准组织都在制定与 5G 产品标准相对应的电磁兼容标准,如第三代合作伙伴计划(3GPP)、欧洲电信标准化协会(ETSI)、中国通信标准化协会(CCSA)等。3GPP 在 2017 年 12 月冻结了首版 5G NR 标准,R15 对 5G 电磁兼容技术进行了规范,并完成了 5G 电磁兼容协议框架及其指标的定义;R16 对 5G 电磁兼容协议框架进一步增强且支持 NB-IoT、IAB(integrated access and backhaul)等场景;R17 重点关注 NR 中继器场景支撑和能力增强;R18 则重点针对 5G 电磁兼容测试方面的优化。电磁兼容标准与射频标准相对应,按各种通信产品进行分类,包括基站(base station)TS 38.113、终端(user equipment)TS 38.124、中继器(repeater)TS 38.114、IAB TS 38.175 等,另外,涉及 5G 的电磁兼容标准还有 AAS(active antenna system)基站 TS 37.114 和 MSR(multi-standard radio)基站 TS 37.113 等。该标准在业界主流通信设备商的牵头或者参与下,多数已经完成并发布。

ETSI 的标准化领域主要是电信业,并涉及与其他组织合作的信息及广播技术领域。其制定的推荐性标准,常被欧盟作为欧洲法规的技术基础而采用并被要求执行。在通信设备电磁兼容标准方面,ETSI 把 2G/3G/4G/5G 设备的电磁兼容要求综合在一起考虑,标准按照产品种类分为基站类 ETSI EN 301 489-50 和终端类 ETSI EN 301 489-52,其中基站类包含中继器和相关辅助设备。

CCSA 是国内企、事业单位自愿联合组织起来,经业务主管部门批准,国家社团登记管理机关登记,开展通信技术领域标准化活动的非营利性法人社会团体。其下设技术工作委员会 TC9 负责电磁环境与安全防护方面的研究,目前 5G 电磁兼容标准按照产品种类分为基站类 YD/T 2583.17 和终端类 YD/T 2583.18。

国内外标准组织在制定 5G 移动通信产品标准时,都同步制定了相应的电磁兼容标准。通信产品电磁兼容标准的制定,在产品配置方面需要参考相应的无线传输和接收的标准,电磁兼容标准中被测设备的工作状态、性能判据都要以通信指标为依据。因此,在通信产品无线传输和接收标准制定完成之前,电磁兼容标准部分内容也在同步更新中[48]。基于当前已有的多方面技术积累和国际主流标准组织的持续参与,我国在未来 6G 通信领域 EMC 研究上,也将会继续迎接挑战并保持领先地位。

下一代移动通信新方案、多领域融合与极致化挑战未来随着万物互联的发展,机载、星载、空天地一体化等新场景的出现,以及太赫兹(THz)通信新技术的研究、全社会"双碳"目标的牵引,都对下一代移动通信技术及新材料提出新的挑战。未来电磁兼容的发展需要探索新的思路与方案。

　　新场景及新领域的复杂电磁环境也对未来移动通信中的电磁兼容提出了新的挑战，如 6G 将提供太比特级的传输速率、亚毫秒级的延迟、厘米级的定位精度、万亿级的设备连接能力、千倍的网络容量以及进一步降低整体网络能耗，还将建立一个普遍互联的智能网络，实现"万物智联，数字孪生"的社会愿景。考虑 6G 的服务，一些新的具有沉浸式、智能化和泛在性特点的应用场景将出现。这些愿景多数依赖于更高频率、更高设备密度和更广泛的场景应用，因此给 EMC 带来全新的挑战。

　　（1）移动通信的机载电磁兼容性挑战——RTCA DO-160G 要求的符合性设计RTCA DO-160G：2011 是美国航空无线电技术委员会（RTCA）135 特别委员会制定的航空设备环境条件和测试步骤的标准。相对于移动通信设备的传统可靠性标准和测试规范，RTCA DO-160G 要求的测试条目更全面和复杂、测试要求更严苛，例如，阻尼振荡波干扰、电压尖峰、近 500 $V \cdot m^{-1}$ 的辐射抗扰要求、磁影响等，这对移动通信设备的设计提出了更高的挑战。

　　（2）移动通信的星载电磁兼容性挑战——GJB 系列更加严格的要求和设计使星载通信设备的结构通常都非常紧凑，在有限的通信舱内多总线（BUS）处理设备、遥测/遥控设备以及数据处理设备等紧密安装在一起，导致设备之间的电磁耦合非常复杂，产生相互间的干扰。相对于地面设备而言，航天器一旦进入太空，基本上不可维修，且航天器通常投资巨大，使得航天器的 EMC 性能和测试要求更为严格和苛刻。目前，星载移动通信设备必须满足 GJB 151B—2013 的要求。

　　（3）空天地三维大系统中的电磁兼容挑战——空间频谱优化无线电频谱资源是国家稀缺的重要战略性资源，电磁频谱空间已跻身为继陆、海、空、天、网络之后的第六维作战空间。随着无线电频谱资源需求日益增大，无线电频谱资源的供需矛盾日益突出。为了合理评估、规划频谱资源，当前无线电频谱研究领域的重点是空间频谱优化和杂散抑制、提高用频效率[49]。

　　（4）太赫兹通信的 EMC 挑战，在太赫兹通信中，要求通信端太赫兹核心芯片具备集成度高、体积小等特点。这些都对太赫兹通信的 EMC 设计和测试带来了新的挑战。比如，传统的电磁干扰隔离技术已不适用于太赫兹设备，需要特殊的屏蔽材料抑制太赫兹的 EMI。再比如，太赫兹测试与测量仪器设备因技术难度大，发展相对缓慢，造成了太赫兹通信 EMC 的测试技术相对滞后；超大带宽无线电技术被广泛用于太赫兹通信，相关设备需要具有较强的抗干扰能力等[50]。

　　（5）移动通信与人、自然和谐共生，面向国家"碳达峰"与"碳中和"的"双碳"目标，移动通信网络需要在满足不断增长的业务需求前提下，大幅度降低全网能耗。以绿色运营为中心，打造高效、低耗、少排、无污、可回收的绿色通信产业链，最终实现通信与人和自然的和谐相处，带动全社会可持续发展。开发绿色通信产品是开展绿色通信的重要途径，其中极低功耗和极低成本的绿色产品设计，需要极简的 EMC 设计方案和轻量化/低成本/易维护的 EMC 新材料，这都对 EMC 的设计提出了更高和更新的挑战。

未来移动通信面临的新挑战，导致通信系统的 EMC 设计异常困难，必须攻克与之对应的关键 EMC 技术，并进行相应的研究部署。根据预判，多场景下的移动通信电磁兼容优化设计、极其密集托管场景中的 EMC 分析方法将是未来重要的技术研究方向。

（1）多场景下的移动通信电磁兼容工程最优化设计如前文所述，空、天、地、海多场景一体化应用下，移动通信设备电磁屏蔽材料、电磁吸波材料、电磁防护元件等面临的不再是当下相对较窄的环境工况，而是具有更大跨度的温度变化、湿度变化、气压变化、发射或外界辐射波段（千赫兹至太赫兹）、辐照强度的复杂、恶劣环境。在未来更"宽"的环境规格下，如何在常规电磁材料的电气特性和机械结构特性下保证通信长期可靠，并保证性能的降级在可接受范围之内，是重点研究的方向。另外，这些材料的制备工艺、理论模型、仿真建模等也是研究的重点，尤其是多物理场影响下的电性能劣化特性。基于单一计算电磁学理论的仿真方法不再适用，诸多因素如何在时间维度上影响电磁材料的电导率、介电常数等关键参数，如何衡量关键参数的变化，只有相对准确的量化，才能推演出产品的电磁材料可用寿命，从而给出最合适的降额要求。其次，在"移动通信与自然、人和谐共生"的双碳背景下，电磁兼容方案的低成本、轻量化与高性能成为矛盾，不能一味追求屏蔽材料的高屏效、吸波材料的高吸收、滤波电路的高插损或者脉冲防护元件的高耐压/通流，而导致成本、重量等的过多牺牲，这无疑会造成更多的碳排放。因此，以最优碳排放为最终衡量指标，进行电磁材料的电性能、结构性能、体积、材料、成本、重量、长期可用性等多个维度的最合理设计，这实际上是一个工程最优化问题[51]。

（2）极其密集的托管场景中分析 EMC 的新方法。当通信需求的爆发与"双碳"目标矛盾时，亟待开发出一种在极其密集的托管场景中分析 EMC 的新方法，而且新的分析方法需要在动态协同共治场景中实现。一种新兴范式——对电磁环境进行编程，摆脱将电磁环境视为不可控因素的假设，在一定范围内建立可以控制或者定制的无线电磁环境。近年来，作为 6G 无线网络时代的智能无线电环境的推动者，可重构智能表面（RIS）[52]在可编程电磁波传播方面的潜力广泛激发了学术界和工业界的兴趣。RIS 技术通常是指具有几乎无源电子电路（即没有任何功率放大）的人工平面结构，被设想与传统的无线收发器共同优化，以便在覆盖范围、频谱和能源效率、可靠性和安全性方面显著提高移动通信性能，同时满足规范的 EMC 要求。通过在环境中部署 RIS，并对 RIS 应用的功能进行控制和编程，系统对反射和透射的无线电波的转换概率建模，从而实现无线环境的定制化和智能化。因此，系统模型本身成为一个优化变量，可以与发射端和接收端联合优化，实现无线信道与 EMC 联合设计。通过可编程无线环境（电磁空间），实现无线信道与 EMC 联合设计是 6G 一个有前景的研究方向，但是根据 RIS 硬件架构及其各自的能力，支持 RIS 的智能无线环境仍有许多新挑战，如 RIS 的影响区域和影响带宽、如何有效部署和规划等。

移动通信发展至今，电磁环境日益复杂，所面临的电磁兼容挑战也变得前所未有，不仅需要对全新架构下设备的电磁兼容设计进行全面的评估，也要对各类行业、大场景融合应用下的电磁环境如何解析进行深入研究，同时保持移动通信电磁兼容在标准层面的持续演进开发。面对未来移动通信，空天地三维通信、RIS、太赫兹等多种可能性，给电磁环境带来了更大的不确定性、广度和复杂度，从逆向的电磁辐射优化到正向的智能反射控制和管理，从不断追求功率和容量到碳排放背景下的辐射管理与极致化设计，从被动的电磁环境评估到基于人类健康的主动式智能控制，未来 6G 的服务和愿景都将导致在设备之间实现 EMC 的挑战比5G 更大，因此必须开发在极其密集的托管和动态协同共置场景中分析 EMC 的新方法。一种可能的范式是在一定范围内完成无线电磁波的控制和定制，实现可编程电磁环境，以及无线信道和 EMC 共设计，从而满足下一代移动通信系统的电磁兼容需求。

第五节　多元器件异质集成能力要求

异质集成技术开发与整合的关键在于融合实现多尺度、多维度的芯片互连，通过三维互连技术配合，将不同功能的芯粒异质集成到一个封装体中，从而提高带宽和电源效率并减小延迟，为高性能计算、人工智能和智慧终端等提供小尺寸、高性能的芯片。本章节通过综述硅通孔（TSV）、玻璃瞳孔（TGV）、重布线层（RDL）技术及相应的 2.5D、3D 异质集成方案，阐述当前研究现状，并探讨存在的技术难点及未来发展趋势。

芯片是推动信息社会蓬勃发展的基石，掌握高端芯片的制造技术关乎国家未来在人工智能、高性能计算、5G/6G 通信和万物互联等关键领域的全球竞争力。由于集成电路的纳米制程工艺逐渐逼近物理极限，通过芯片三维异质集成来延续和拓展摩尔定律的重要性日趋凸显。异质集成以需求为导向，将分立的处理器、存储器和传感器等不同尺寸、功能和类型的芯片，在三维方向上实现灵活的模块化整合与系统集成。此时，如何实现互连芯片之间高带宽、低延迟和低损耗的信号传输，成为突破高端芯片内存墙、速度墙和功耗墙等瓶颈的关键。台积电测算，若芯片堆叠的垂直互连间距从 36 μm 降至 0.9 μm，互连密度至少可增加 3 个数量级，实现 10 倍以上的通信速度、20 倍的能源效率和近 2 万倍的带宽密度提升。以芯片封装互连密度来表述的摩尔定律也获得了广泛共识。由此可见，高密度三维互连技术将成为未来推动芯片持续向高性能和小型化发展的关键引擎。

随着芯片模块化思想及芯粒（chiplet，一类在独立裸片上设计、采用不同工艺制程制作并可复用集成的芯片）技术的提出和发展，芯片设计、工艺制程和封装测试由单片一体化向多模块灵活整合发展，因此封装技术需进行相应的深度开发和模块化整合。21 世纪以来，美国国防部高级研究计划局（DARPA）、欧洲微电子研究中心（IMEC）、德国弗劳恩霍夫协会（Fraunhofer-Gesellschaft）、法国 Leti、新加坡 IME、美国麻省理工学院、佐治亚理工学院等单位均陆续投入大量资源，深入开展三维异质集成研发工作。这些顶尖研究机构借助系统集成方面的基础优势，针对多芯片三维异质集成技术的开发一直走在世界前列。值得注意的是，2022 年初，英特尔、台积电、三星、高通、谷歌等行业领先企业成立了通用芯片高密度互连（Universal Chiplet Interconnect Express，UCIe）联盟，旨在整合推广三维芯片互连及异质集成的技术标准并构建完善生态，这也标志着异质集成技术进入了发展及产业应用的关键阶段。

事实上，异质集成技术开发与整合的关键在于融合实现多尺度、多维度的芯片互连，从而提高带宽和电源效率并减小延迟，为高性能计算、人工智能和智慧终端等提供更小尺寸和更高性能的芯片。芯片的垂直方向互连依赖硅通孔（TSV）或玻璃通孔（TGV）等技术，水平方向互连采用重布线层（RDL）技术。下面简述 TSV、TGV、RDL 等芯片三维互连技术，分析基于这些互连技术的三维异质集成方案及应用，阐述当前研究现状，并探讨存在的技术难点及未来发展趋势。

一、芯片三维互连技术

通过垂直方向上的 TSV/TGV 技术与水平方向上的 RDL 技术的配合，对芯片进行三维互连，可将不同尺寸、材料、制程和功能的芯粒异质集成到 1 个封装体中，形成的三维异质集成及互连结构如图 4.10 所示。

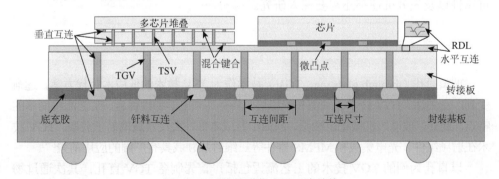

图 4.10　三维异质集成及互连结构

（一）硅通孔技术[53]

硅通孔（through silicon via，TSV）技术主要用于实现垂直方向上的信号连接，其中 Cu-TSV 技术的应用最为广泛。典型的 Cu-TSV 制造工艺包括以下关键步骤：深孔刻蚀、形成绝缘层/黏附阻挡层/种子层、电镀 Cu 填充、去除多余 Cu 及背面的 TSV-Cu（结构）外露。目前用于三维异质集成的 TSV 直径约为 10 μm，深宽比约为 10∶1。与半导体领域的其他技术发展方向类似，TSV 的直径、间距和深度等关键尺寸亟须缩小。TSV 直径的减小，不但能够减小其占用面积、提高互连密度，还可以显著减小 Cu-TSV 附近的应力，避免影响器件性能。根据 TSV 的直径及深宽比的路线图，未来先进 TSV 工艺的直径有望减小到 1 μm，深宽比达到 20∶1。国际上重要的半导体科研机构和领先企业已经开始研究亚微米直径的 TSV 技术。

细小直径、高深宽比的 TSV 加工的主要难点包括：如何形成连续均匀的绝缘层/黏附阻挡层/种子层和无缺陷的超共形电镀 Cu 填充等。由于物理气相沉积（PVD）、化学气相沉积（CVD）在微米尺度深孔内覆盖率低，通过 PVD、CVD 沉积绝缘层、黏附阻挡层和种子层不利于 TSV 尺寸的进一步缩小。原子层沉积（ALD）可制备小直径、高深宽比的共形薄层，成为突破 PVD 工艺瓶颈的关键技术。ALD 具有的优势包括：较低的工艺温度，比现有 CVD 及 PVD 工艺更好的深孔覆盖能力，介质沉积前无须表面处理，更薄的介质层减少了 TSV 的抛光处理时间。2015 年，IMEC 报道了直径为 3 μm、深度为 50 μm 的 TSV 制造工艺，采用 ALD 沉积氧化绝缘层、WN 扩散阻挡层，利用化学镀 NiB 作为电镀种子层，快速深孔电镀工艺实现 TSV 填充。日本学者研究了直径为 2 μm、深度为 30 μm 的 TSV 结构，在 ALD-Ru、ALD-W 上化学镀沉积铜，然后完成 TSV 电镀铜填充，化学镀铜和 ALD-Ru 之间的结合强度大于 100 MPa。然而，当前工艺探索和研究还缺乏系统性，深孔电镀/化学镀填充、ALD 沉积形成多界面材料和结构的电学特性、可靠性以及失效机理都还需要深入研究。

（二）玻璃通孔技术

玻璃通孔（through glass via，TGV）技术作为 TSV 技术的低成本替代方案，逐渐受到广泛关注。TGV 技术无须沉积绝缘层，具有高频电学特性优良、工艺流程简单的特点。此外，玻璃的机械稳定性强、翘曲小且成本低，大尺寸玻璃易于获取。TGV 技术在射频组件、光电集成和 MEMS 器件等三维封装领域具有广阔的应用前景[54]。

以盲孔为例的 TGV 技术的工艺流程包括：首先制备 TGV 盲孔；其次通过物理气相沉积的方法在 TGV 盲孔内部沉积 Ti/Cu 种子层（工艺温度为 250～400℃）；

最后利用 TGV 深孔电镀,自底而上进行孔内填充,实现 TGV 无孔洞填充并退火。近年来,关于 TGV 技术的成孔方法被广泛研究报道,如喷砂法、光敏玻璃法、等离子刻蚀法、激光烧蚀法和激光诱导湿法刻蚀法等。其中,激光诱导湿法刻蚀法具有快速高效成孔、工艺简单、侧壁光滑、高精度成孔等显著优点,被广泛应用于各种玻璃材料的三维微流道加工。2014 年,德国 LPKF 公司的 OSTHOLT 等人利用激光诱导湿法刻蚀法率先制备出应用于玻璃三维集成的 TGV。结果显示,对于厚度为 50~200 μm 的玻璃,通过改变氢氟酸(HF)蚀刻参数可以得到直径为 10~50 μm、间距不小于 50 μm 的 TGV。然而,其侧壁垂直度较差,锥度均大于 5°,对电学性能及可靠性都有负面影响。另外,TGV 的深宽比往往可决定芯片的集成度,该方法制备的 TGV 深宽比一般不大于 6:1,远小于先进 TSV 工艺所能达到的 20:1。人们采用皮秒激光对硼硅酸盐玻璃进行改性时,发现在激光束传播路径的影响区出现的一系列纳米孔洞增强了玻璃样品在 HF 溶液中的选择性蚀刻能力。通过调节激光脉冲和 HF 溶液浓度等,可针对特定成分的玻璃改善 TGV 侧壁垂直度。刻蚀液选择性蚀刻的原因及蚀刻速率随激光脉冲能量改变的机理仍有待阐明;超/兆声振动、温度和蚀刻液浓度等因素及多场耦合对蚀刻速率和选择比的影响等重要问题仍未得到研究。

目前,垂直 TGV 的通孔电镀填充方式一般为蝶形填充,其与 TSV 硅基半导体工艺自下而上的盲孔电镀填充具有本质差别。与盲孔填充相比,通孔填充在流体力学与质量传输方面均存在明显差异。盲孔填充时,镀液在孔内很难流动;而在通孔内部,镀液可以流动从而加强内部的传质,并且通孔与盲孔的几何形状不同,没有盲孔底部,不会产生自下而上的填充方式。TGV 通孔与盲孔在几何形状、流场、质量传输等方面的差异,导致用于盲孔填充的电镀配方及工艺无法直接用于 TGV 通孔。另外,由于 TGV 的直径、深宽比、表面粗糙度及垂直度等均与 PCB 通孔有显著差异,现有通孔填充理论应用于 TGV 电镀填充具有很大的局限性,需综合考虑电流密度、添加剂、流场和传质等多因素耦合,但目前仍缺乏相关研究。

除 TGV 技术、TSV 技术以外,通模通孔(TMV)、封装通孔(TPV)等技术也是满足微电子封装高密度和多功能要求的潜在解决方案。TMV 技术是一种在封装尺度上的工艺,通过垂直通孔与 RDL 技术,可有效地为叠层封装(PoP)与多芯片嵌入式堆叠封装中的不同封装提供垂直互连。目前用于垂直互连的 TMV 孔径一般为 25~150 μm,深度为 100~1000 μm。此外,获得高质量的 TMV 仍需解决制备 TMV 过程中管壁平整度、通孔中的残渣和散热导致的芯片与模具分层等问题。具有细间距 TPV 的薄玻璃中介层因其具有绝缘性能、大面板可用性和与硅匹配的热膨胀系数,能够作为 3D 集成的低成本和高 I/O 基板。在玻璃上实现 TPV 的一般方法有激光烧蚀法、深反应离子刻蚀法及光化学刻蚀法。作为 TSV 的替代方案,实现更小尺寸的 TPV 直径与金属化仍需深入研究。

（三）重布线层技术

重布线层（redistribution layer，RDL）技术是实现芯片水平方向互连的关键技术，可将芯片上原来设计的 I/O 焊盘位置通过晶圆级金属布线工艺变换位置和排列，形成新的互连结构。借鉴 PCB 铜布线工艺，RDL 可通过加成法、半加成法等方法加工。典型的 RDL 半加成工艺包括：①形成钝化绝缘层并开口；②沉积黏附层和种子层；③光刻显影形成线路图案并电镀填充；④去除光刻胶并刻蚀黏附层和种子层；⑤重复上述步骤进行下一层的 RDL 布线。高密度的 RDL 布线可借鉴半导体铜互连的大马士革工艺进行加工，引入化学机械抛光进行平坦化，并去除多余的铜及黏附层/种子层。

目前，高密度互连有机 RDL 线宽/线间距（L/S）约为 6 μm，微孔直径为 20 μm，间距为 50 μm，可实现每平方毫米每层约 40 个 I/O 的密度。然而，为了进一步提高 I/O 密度，需要具有 1 μm 线宽/线间距以及 1～2 μm 直径微孔的 RDL。RDL技术的进步对于实现高密度、高带宽（每平方毫米每层超过 500 个 I/O、带宽大于 500 Gbit·s^{-1}）的芯片互连具有极为重要的意义。高密度 RDL 有 4 个关键问题：①细线条光刻 L/S 为 1 μm；②微孔加工是限制 RDL 实现高 I/O 密度和精细 I/O 间距的最主要的障碍；③低介电常数和低耗损因子的介电材料；④半加成法是实现高密度 RDL 的普遍工艺。

二、基于 TSV 技术及 RDL 技术的异质集成方案

经过多年发展，TSV 技术的发展经历了从 TSV 简单互连、2.5D TSV 转接板、微凸点 3D 集成到目前最为关注的无凸点 3D 集成。从应用的角度看，已进入量产的基于 TSV 的技术主要集中在高端可编程器件、图像处理器、存储芯片以及传感器芯片等领域。

（一）基于 TSV 技术及 RDL 技术互连的晶圆级封装

用 TSV 技术简单互连代替引线键合，实现硅背面与正面有源区或金属布线之间的电气导通，是 TSV 技术在批量生产中的首次使用。其典型应用包括图像、指纹、滤波器、加速度计在内的传感器的封装，基于 TSV 技术的 MEMS 传感器封装结构如图 4.11 所示。使用 TSV 技术可减小传感器模块的封装尺寸，利于进行晶圆级封装，提高生产效率并降低成本。近年来发展出的基于后通孔的埋入硅基三维异质集成技术，为封装集成领域提供了一种低成本、高性能的异质集成方案。

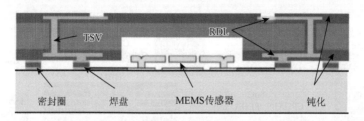

图 4.11 基于 TSV 技术的 MEMS 传感器封装结构

2016 年，华天科技有限公司开发出硅基埋入扇出（eSiFO）技术[55]，使用硅片作为载体，将芯片置于在 12 英寸硅晶圆上制作的高精度凹槽内，重构出 1 个晶圆；然后采用可光刻聚合物材料填充芯片和晶圆之间的间隙，在芯片和硅片表面形成扇出的钝化平面；再通过光刻打开钝化层开口，并采用晶圆级工艺进行布线和互连封装。硅基埋入封装具有超小的封装尺寸、工艺简单、易于进行系统封装和高密度三维集成等优点。同时，可通过制备背面 RDL 和 via-last TSV，实现异质集成多芯片的三维堆叠封装。其基本工艺流程包括：将测试正常的芯片嵌入单个 eSiFO 封装体，然后分别在 eSiFO 封装体的正面和背面形成 RDL，再通过微凸点和 via-last TSV 实现多个独立的 eSiFO 封装体与嵌入式芯片之间的电信号互连。eSiFO 技术可以将不同设计公司、晶圆厂设计制造的各种晶圆尺寸和特征尺寸的不同系统或不同功能的芯片集成到一个芯片中，从而实现真正的不同封装体之间的三维异质集成封装。

（二）2.5D TSV 转接板异质集成

2.5D TSV 转接板技术是为解决有机基板布线密度不足、信号延迟大、带宽限制等问题而开发的带有 TSV 垂直互连通孔和高密度金属布线的新型基板技术。通过带有 TSV 垂直互连通孔的无源或有源载板，实现多个芯片间的高密度连接，再与有机基板互连以提高系统集成密度，解决芯片管脚密度与有机基板引出结构无法兼容的问题。典型 2.5D TSV 转接板异质集成结构如图 4.12 所示[56]，采用 TSV 及微凸点（包括可控塌陷 C4 凸点和铜柱 C2 凸点）实现垂直互连，通过高密度 RDL 实现水平互连，实现中央处理器（CPU）、图形处理器（GPU）、高带宽内存（HBM）等 Chiplet 的异质集成。

IMEC、Fraunhofer、Leti、IME、台积电、联电等半导体顶尖研究机构和企业均陆续推出各自的 2.5D TSV 转接板异质集成方案。其中，台积电于 2011 年推出的 2.5D 封装衬底上晶圆级芯片封装（CoWoS）技术最具代表性[57]，并成功实现大规模量产。该技术通过芯片到晶圆工艺将芯片连接至硅转接板上，再把堆叠芯片与基板连接，实现芯片-转接板-基板的三维封装结构。该技术采用前道工艺在转接板上制作高密度的互连线，通过转接板完成多个芯片的互连，可以大幅提高

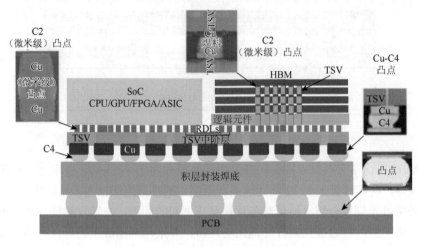

图 4.12　2.5D TSV 转接板异质集成结构

系统集成密度，降低封装厚度。基于台积电的 CoWoS 技术，赛灵思（Xilinx）公司推出"Virtex-7 2000T"产品，该产品 4 个采用 28 nm 工艺的现场可编程门阵列（FPGA）芯片通过 TSV 转接板互连，实现了在单个 FPGA 模组里集成数个 FPGA 的功能，超越了摩尔定律的限制。此后推出的基于 CoWoS 技术的产品包括华为海思 Hi616、英伟达 TESLA 显卡和 Fujistu A64FX 超级计算芯片等。针对高性能计算应用，台积电于 2020 年进一步开发了集成深沟槽电容（DTC）的 CoWoS 技术，其电容密度高达 300 nF·mm^{-2}，漏电流小于 1 fA·μm^{-2}，该 CoWoS 具有更低的功耗和更好的数据传输性能。到 2021 年，CoWoS 技术已经发展至第五代[58]，转接板面积可达 2500 mm^2，单个转接板可集成 8 个 HBM 和超过 3 个芯片级系统（SoC）/芯粒模块；同时集成 DTC 以增强电源完整性，并发展出相应的 5 层亚微米尺度的铜 RDL 互连技术。近年来，人工智能、高性能计算等对超强算力的需求迅猛增长，大力推动了 2.5D TSV 转接板封装技术的应用。通过异质集成 CPU、GPU 和 HBM 获得更高的带宽密度，成为提高算力的关键途径。根据对 TOP500 超级计算机系统的分析，2020 年基于 CoWoS 技术的总计算能力占所有 TOP500 系统总计算能力的 50% 以上[59]。

（三）基于 TSV 和微凸点的三维异质集成

3D 集成将芯片在垂直方向通过 TSV 和微凸点进行堆叠，可以实现高性能、低功耗、高宽带、小形状因子等目的，充分发挥晶圆级堆叠和 TSV 技术互连线长度短的优势。该技术早期主要应用于动态随机存取存储器（DRAM）、高带宽内存等。典型产品如 2014 年三星基于 TSV 和微凸点互连量产的 64 GB DRAM，互连

TSV 尺寸为 7 μm×50 μm；与采用引线键合的内存相比，信号传送速率提升一倍，而功耗减少一半[60]。

近年来，基于 TSV 和微凸点的三维集成技术不断拓展到逻辑芯片的三维堆叠集成。2019 年，英特尔推出基于 TSV 和微凸点的新型 Foveros 3D 封装技术，该技术能够实现逻辑芯片的面对面堆叠，首次将芯片堆叠从传统的无源中介层和内存等扩展到高性能逻辑芯片，如 CPU、GPU 和 AI 处理器等。10 nm 节点工艺的计算芯片与 22 nm 节点工艺的有源芯片 Foveros 3D 封装技术堆叠集成结构如图 4.13 所示。采用 Foveros 3D 封装技术的英特尔 Lakefield 处理器于 2020 年投入市场。三星也于 2020 年发布了 X-Cube 三维集成技术，利用 TSV 和微凸点技术将 HBM 芯片与逻辑芯片进行堆叠，在速度、功率、效率方面实现显著飞跃[61]。

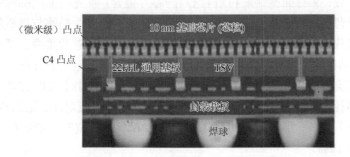

图 4.13　10 nm 节点工艺的计算芯片与 22 nm 节点工艺的有源芯片 Foveros 3D 封装技术堆叠集成结构

（四）基于无凸点混合键合的三维异质集成

一直以来，3D 集成广泛采用 Sn 基钎料微凸点和 TSV 实现高效的垂直互连。然而，当间距减小到 20 μm 以内，热压键合过程中的细微倾斜将使钎料变形挤出而发生桥连短路。同时，液-固反应形成的金属间化合物（IMC）将占据凸点的大部分体积，使之转变为脆性连接，并且表面扩散及柯肯达尔孔洞等问题的影响急剧增加，难以进一步缩减互连间距，微凸点的小型化遭遇前所未有的瓶颈。基于 Cu/绝缘层混合键合的无凸点 3D 集成可实现：①刚性互连，避免出现桥连问题；②与集成电路后道工序及 TSV 铜互连相兼容，无须底部填充胶；③芯片堆叠中多次热压工艺无影响（铜的熔点为 1083℃）；④无脆性相 IMC 形成；⑤优异的电、热、机械和抗电迁移性能。因此，无凸点 Cu/绝缘层混合键合在超细间距（小于 10 μm）芯片垂直互连中的应用具有无可比拟的优势。

对于 Cu-Cu 直接键合及 Cu/绝缘层混合键合的研究已持续了几十年，然而由于当时的市场需求有限且工艺难度过大，其一直未引起过多关注。直到 2015 年，索尼获得 Ziptronix 公司的混合键合技术授权，首次推出了基于无凸点混合键合的高性能图像传感器产品[62]。半导体业界逐渐意识到混合键合将成为突破微凸点小型化瓶颈的有效途径。此后英特尔、台积电、华为、长江存储、IMEC、IME、Leti 等领先机构和企业陆续对混合键合技术进行了深入研发[63]。英特尔推出了基于无凸点混合键合的 Foveros 3D 封装技术，但未披露过多细节。台积电则较为详细地公布了其基于无凸点混合键合的三维异质集成技术——集成片上系统（SoIC）[64]，其混合键合工艺温度与无铅焊料回流工艺温度相当。SoIC 集成采用超薄芯片，以实现大深宽比和高密度的 TSV 互连。为此，台积电提出并优化 2 条工艺路线：①芯片-晶圆键合后再背面露铜，首先将芯片面对面混合键合，随后对芯片背面减薄，背面露铜后沉积绝缘层和 Cu 盘，再次与另一芯片 Cu-Cu 键合并重复以上工艺，实现芯片堆叠；②背面露铜后再进行芯片-芯片键合，首先将晶圆临时键合于玻璃载板并进行背面减薄，背面露铜后沉积绝缘层和 Cu 盘，晶圆与载板解键合后切割成单颗芯片，单颗芯片再分别进行 Cu-Cu 键合以实现芯片堆叠。基于混合键合的 SoIC 及其改进版本 SoIC + 可以获得超细间距和超高密度的互连。它比倒装芯片技术具有更好的电气性能，插入损耗几乎为零，远远小于 2D 并排倒装芯片技术的插入损耗。与台积电采用的传统微凸点 3D TSV 集成对比，无凸点 SoIC 集成的 12 层存储器在垂直方向上的尺寸下降高达 64%，带宽密度则增加 28%，而能源消耗下降 19%。

由此可见，无凸点 3D 集成技术可实现超高密度的芯片垂直互连，继续推动芯片向高性能、小型化和低功耗方向发展。同时，以台积电无凸点 3D 集成 SoIC 技术为例，SoIC 可与 CoWoS、集成扇出型封装等技术实现深度异质集成整合，三维异质集成方案如图 4.14 所示[65]。原来需要放到 1 个片上系统 SoC 芯片上实现的方案，现在可以转换成多个芯粒来做。这些分解开的芯粒再通过集成 SoIC 实现灵活整合，其芯片产品具有设计成本低、速度快、带宽足和低功耗的优势。

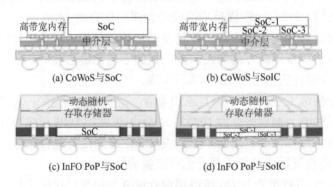

图 4.14　台积电三维异质集成方案

因此，基于无凸点混合键合的三维异质集成技术若真正实现量产，无疑是集成电路行业划时代的革新技术。然而，当前该技术在设计规则、平整度、清洁度、材料选择和对准等方面仍面临诸多挑战。

三、基于玻璃基板的异质集成方案

玻璃基板具有较多优势：玻璃的低损耗使其传输性能优良，高平整度的表面可以进行细间距的布线，以及可调的热膨胀系数使得异质集成的应力问题减少。TGV 的加工比 TSV 更为简单高效，机械、激光或刻蚀等方法组合使用，均可批量进行玻璃冲孔。由于玻璃本身的绝缘特性，仅需沉积黏附层与种子层即可进行电镀填充。同时，玻璃基板封装可以通过玻璃面板级工艺进行大批量的制造，具有成本优势。玻璃基三维异质集成结构如图 4.15 所示。

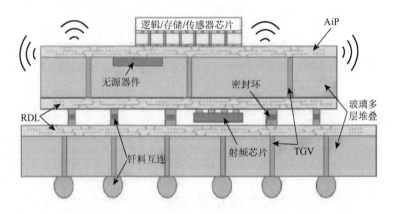

图 4.15　玻璃基三维异质集成结构

（一）基于 TGV 及 RDL 的异质集成

佐治亚理工学院在 2014 年提出的三维极薄玻璃转接板厚度约为 30～50 μm[66]，转接板位于三维堆叠存储芯片与逻辑芯片之间，取消了逻辑芯片的 TSV 通孔，其 TGV 间距为 20～50 μm，与 3D-IC 中所需的 TSV 间距一致。与此同时，TGV 展示出了更低的插入损耗、更小的延时和串扰。三维极薄玻璃转接板技术可有效地降低成本及工艺难度，提升转接板整体性能并降低整体厚度。欣兴电子在 2014 年提出玻璃转接板嵌入式载板[67]，将厚度为 100 μm、孔径为 30 μm 的玻璃转接板埋入层压板后进行标准的层压板工艺，实现转接板与层压板的互连。此结构减少了凸点数量，在使整体封装结构更薄的同时减少了底填所带来的热膨胀问题，可以减少传统工艺中转接板与基板组装造成的损耗，采用镀铜而不是焊料连接的方式将转接板与基板直接连接，可以提高可靠性和电性能。2016 年，格罗方德公司、IBM 公司以及加利福尼亚大学伯克利分校联合发表了针对系统小型化的端到端集成的多芯片玻璃转接板方案[68]。该方案的 TGV 最终高度为 55 μm，上、下直径分别为 25 μm 和 12 μm，在芯片键合端采用大马士革工艺制造最小特征尺寸为 2.5 μm 的金属布线。这项工作成功地将 TSV 转接板的设计方案复刻到 TGV 转接板中，在转接板的上方利用大马士革工艺制造精细铜布线。

2020 年，佐治亚理工学院发表了 28 GHz 频段的面板级超薄玻璃基片上的 AiP 异质集成[69]，玻璃基三维封装天线模组的工艺流程如图 4.16 所示。

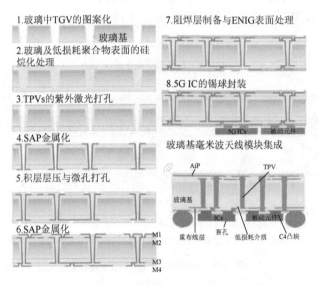

图 4.16　玻璃基三维封装天线模组的工艺流程

在玻璃基板上制作的八木-宇田天线，其中心频率为 25.85 GHz，分数带宽为 28.2%，覆盖了 28 GHz 频段，基板的背面集成了有源集成电路以及离散无源组件。天线在目标频率范围内还具有广角主瓣，具备良好的信号发射和接收覆盖能力。模块级表征结果显示其具有低互连信号损耗，在 28 GHz 时 TPV 损耗为 0.021 dB。此项工作表明玻璃基 AiP 异质集成可以为毫米波通信模组提供 1 个高性能的解决方案。多层玻璃的天线集成技术，即采用激光诱导湿法刻蚀技术制备 TGV，随后在玻璃表面进行金属布线，并采用钎料进行多层玻璃堆叠键合，开发出采用 5 层玻璃堆叠的方案，制作工作频段在 75～90 GHz 的天线。辐射部分由 4 个微带贴片组成，封装总尺寸为 10 mm×9 mm×1 mm。TGV 和 RDL 形成的互连可实现层间的直接传输和信号耦合,以提高传输效率。此外,低介电常数确保了玻璃的微弱表面波效应。实验和仿真结果表明,该系统的回波损耗小于 25 dB,增益大于 7 dBi。

然而,玻璃的主要问题在于热导率低导致的散热不良。台北工业大学[70]研究发现,玻璃转接板通孔、接地铜结构等可提供有效的热传导途径,引入大量铜通孔、铜布线等结构可以显著提高玻璃转接板的散热性能,同时可实现在硅材料中难以实现的逻辑器件和存储器件之间的良好热隔离。在 PCB 中引入蒸汽腔均热板可以进一步提高散热性能,克服玻璃的低热导率问题,获得和硅转接板几乎相当的散热性能。铜结构、蒸汽腔对玻璃转接板散热性能的影响如图 4.17 所示。

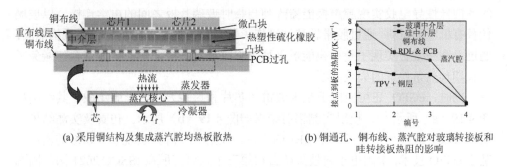

(a) 采用铜结构及集成蒸汽腔均热板散热　　(b) 铜通孔、铜布线、蒸汽腔对玻璃转接板和哇转接板热阻的影响

图 4.17　隔离电源芯片封装结构

(二)埋入玻璃式扇出型异质集成

佐治亚理工学院在 2019 年针对高效高带宽异质集成发表了 TGV 三维封装方案:嵌入平板玻璃技术[71],实现了逻辑芯片和存储芯片的面对面式三维集成。100 μm 厚度的逻辑芯片被埋入 110 μm 深度的玻璃盲槽中,并将介质真空压入芯片与盲槽的侧壁间,再用光刻打开开口,实现其与存储芯片的直接互连。相较于目前的 2.5D 封装结构和 3D-IC,这种结构有着更高的 I/O 密度、更佳的性能、更低的成本以及更好的可靠性。该种结构无须对处理器芯片进行 TSV 工艺,同时可实现超短互连和高效的超高带宽,具有较大的潜力。

基于玻璃成孔工艺开发了埋入玻璃式扇出型(eGFO)异质集成技术,目前成功应用于电源芯片、滤波器、超声换能器、毫米波雷达天线等集成封装。其中新型隔离电源芯片封装结构如图 4.18 所示,基于 eGFO 异质集成技术将接收和发射线圈通过封装表面上的 RDL 制成的微型变压器异质集成在一起。电源芯片实现了46.5%的峰值转换效率和最大 1.25 W 的输出功率,而封装尺寸仅有 5 mm×5 mm,在目前所报道的无磁芯隔离电源芯片中效率和功率密度均为最高。

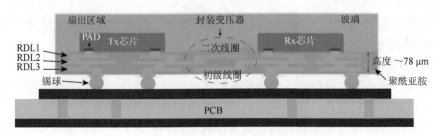

图 4.18　新型隔离电源芯片封装结构

　　针对超声换能器阵列不耐高温的特性，其团队继续开发了低温 RDL 优先的 eGFO 技术。通过临时键合在载板上制作 3 层 RDL 及铜柱凸点，使用低固化温度的各向异性导电胶实现超声换能器阵列与临时玻璃基板之间的电学连接，以玻璃代替有机塑膜材料，通过胶带转移法制作了包含超声换能器阵列器件的重构晶圆；通过晶圆级键合实现了超声换能器阵列与临时玻璃基板之间的批量键合，避免了在长期预热条件下的失效问题。

　　同时，eGFO 还可应用于毫米波雷达芯片和封装天线的异质集成，其结构如图 4.19（a）所示[72]，模组实测辐射结果如图 4.19（b）所示。仿真及实测结果表明，接收天线阵列实现了 10.5 dBi 的增益，发射天线阵列实现了 9 dBi 的增益。基于 eGFO 技术，中国电子科技集团公司第三十八研究所在 ISSCC 2021 国际固态电路会议上发布了一款高性能的 77 GHz 毫米波芯片及模组，其集成封装尺寸仅为 23.1 mm×10.7 mm×220 μm，在国际上首次实现 2 颗 3 发 4 收毫米波芯片及 10 路毫米波天线单封装集成，其探测距离达到 38.5 m，刷新了全球毫米波封装天线最远探测距离的新纪录。

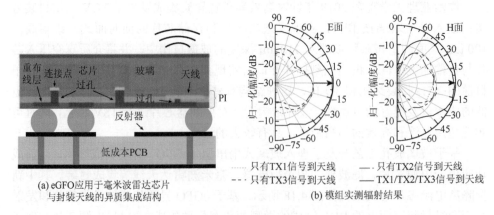

(a) eGFO应用于毫米波雷达芯片　　　　　　(b) 模组实测辐射结果
　与封装天线的异质集成结构

图 4.19　毫米波雷达芯片与天线异质集成结构以及模组实测辐射结果

四、异质集成技术小结

异质集成技术开发与整合的关键在于融合实现多尺度、多维度的芯片互连，芯片在垂直方向上的 TSV、TGV 互连技术与水平方向上的 RDL 互连技术相配合，可将不同尺寸、材料、制程和功能的芯粒异质集成整合到 1 个封装体中，从而提高带宽、延迟和电源效率，为高性能计算、人工智能和智慧终端等提供更小尺寸和更高性能的芯片。

TSV 技术作为三维异质集成的核心技术，其关键尺寸需要不断地缩小，细小直径、高深宽比 TSV 加工的主要难点包括：形成连续均匀的绝缘层、黏附阻挡层、种子层和无缺陷的超共形电镀 Cu 填充等。通过 TSV 与 RDL 互连技术的融合，基于 TSV 互连的晶圆级封装、2.5D TSV 转接板、微凸点 3D 集成和无凸点 3D 集成等异质集成方案相继被推出，并在高端可编程器件、图像处理器、存储芯片以及传感器芯片等领域实现量产。

目前，无凸点 3D 集成技术可实现超高带宽密度的芯片垂直互连，并可与其他封装技术实现深度异质集成整合，将分解开的芯粒互连封装成片上集成系统，在降低芯片设计成本和芯片功耗的同时提升带宽和计算速度。基于无凸点混合键合的三维异质集成技术若真正实现量产，无疑是集成电路行业划时代的革新技术。然而，当前该技术在界面设计规则、平整度、清洁度和材料选择等方面仍面临诸多挑战。

基于玻璃 TGV 的转接板异质集成的优势包括：玻璃表面较高的平整度可以进行细间距的 RDL 布线；玻璃的低损耗特性使得 TGV/RDL 传输性能优良；玻璃具有可调的热膨胀系数，使得异质集成应力问题减少；同时玻璃转接板可以通过玻璃面板级工艺进行大批量制造而具有成本优势。因此，这一技术在 5G 射频器件、无源器件、MEMS 器件等领域具有广阔的应用前景。

第六节　应用环境对长寿命、高可靠性能的需求

一、应用环境的演变

在信息技术快速发展的今天，信息技术产品已渗透到世界各地，并逐渐融入人们的日常生活中。信息技术的发展，使各类电子设备之间的竞争愈演愈烈。高品质、高性价比的电子产品，成为主流与消费者的第一选择。因此，对电子产品的可靠性进行检测，是电子产品的重要组成部分。可靠性是指产品在一定的试验应力条件下满足要求功能的能力，是产品性能随着时间的保持能力，是

衡量产品质量特性的重要指标之一，其概率度量称为可靠度。同时产品的可靠性试验可以较好地反映出产品寿命、无故障性、可用性等。随着社会的进步，人们的生活要求越来越高，与之息息相关的电子产品的功能要求越来越多，其使用环境也更加复杂、广泛，因此产品的可靠性性能要求也日益提高。为了帮助广大消费者更加容易对电子产品的可靠性性能有清晰的了解，本节结合电子产品可靠性试验的特点，介绍各项可靠性试验方法的研究现状和发展趋势，以期为业界提供参考。

（一）电子产品可靠性试验概况

1. 可靠性试验目的

在统计学中，可靠性是指一组试验结果或试验设备的一致性。可靠性试验是为了测定、评价、分析和提高产品可靠性而进行的各类试验的总称，其可分为工程试验和统计试验。可靠性试验是通过规定环境应力、时间和工作负载的方式，暴露产品在设计、生产等过程中存在的各种缺陷，检验产品可靠性指标，并采取改进措施提高产品可靠性能力的一种有效手段。电子产品的可靠性试验主要有以下 3 个方面的作用：①发现并剔除产品在设计、研发、试产及量产等生产过程中关于材料、元器件，以及制造工艺方面的各种缺陷；②验证产品的使用寿命、无故障时间等可靠性指标是否已经满足了产品规定的要求；③为产品的失效分析提供有效的验证数据支撑，可以帮助生产厂家对产品的可靠性性能树立信心，并帮助建立产品可靠性指标的基准[73]。

2. 可靠性试验的标准

我国当前电子产品可靠性标准有两大类型：一类是以国军标为主的系列标准，如 GJB 450B—2021《装备可靠性工作通用要求》、GJB 150A—2009《军用装备实验室环境试验方法》为主的可靠性标准和测试方法；另一类是以国标 GB/T 2423 系列（温度、振动、冲击、防护）为主的商用可靠性标准和检测方法[74, 75]。

3. 可靠性试验的分类

从当前的可靠性试验技术发展与应用的趋势看，可靠性试验按照试验产品的应用阶段、试验适用对象以及试验的目的等不同的分类原则可以分成多种类型。例如以试验目的的分类：可分为鉴定试验、验证试验、加速寿命试验、应力试验等。以测试环境条件分类，则可以分为：温度试验、湿度试验、振动试验、冲击试验等。根据负载条件分类可分为态负载试验和静态负载试验，根据试验场所分类，则可以分为实验室试验和现场试验。

（二）可靠性研制试验

可靠性研制试验主要用于产品的早期研制设计阶段，其是一个典型的有计划的试验-分析-改进（TAAF）过程。由于其试验条件没有明确的定量要求，其主要是通过施加应力来提前发现产品内部的零部件和工艺的缺陷，从而采取相应的改善措施以提高产品的可靠性性能指标。因此，可靠性研制试验的试验方法随意性较大，并适用于所有的研制产品。由于可靠性研制试验具有实用性和广泛性，因此，在 2021 年发布的 GJB 450B—2021 标准要求中，可靠性试验与评价系列中专门增加了可靠性研制试验这一工作项目，为国内这种试验提供理论依据。

1. 环境应力筛选试验

环境应力筛选试验（ESS）是对产品施加规定的环境应力（如温度、湿度、振动等）和电应力的一种试验。其可以对产品潜在的缺陷进行激活，形成故障表征，并通过检验发现和剔除生产制造过程中的不良品，以降低电子产品的生产故障率，提高产品的可靠性水平。当前国内外环境应力筛选试验可分为：①常规筛选，是一种应用最广泛的筛选方式。其以能剔除产品早期故障为目标，所选的应力是凭试验人员经验数据确定的，国内其所依据的标准为 GJB 1032A—2020《电子产品环境应力筛选方法》。②定量筛选，是环境应力筛选的高级阶段，其要求在试验效果、试验成本、可靠性目标之间建立定量关系的试验，使产品经过定量筛选后达到产品故障特征曲线（浴盆曲线）中的偶然失效期阶段。国内主要依据的标准为 GJB/Z 34—93《电子产品定量环境应力筛选指南》等一系列标准。③高加速应力筛选（HASS），是在高加速寿命试验（HALT）的基础上发展起来的新的筛选技术，其与可靠性强化试验（RET）技术一样，理论依据是故障物理学。这种筛选主要是通过在短时间内快速激发并消除产品的潜在缺陷，从而达到提高产品可靠性水平的目的[76]。目前这种筛选方法技术还不太成熟，国内应用较少，还未标准化。

2. 寿命试验

产品寿命试验是一种为了评价产品寿命特征的试验，试验的主要目的是提前发现产品中可能过早发生损耗的元器件从而进一步验证产品的使用寿命、储存寿命是否达到规定要求。试验适用于有使用寿命、储存寿命要求的产品，通过寿命试验可以了解产品寿命分布的统计规律[77]。按照试验产品的工作状态、储存状态和试验时间等条件可以分为储存寿命试验、工作寿命试验、加速寿命试验。

目前国内应用最广的可靠性验证试验是可靠性鉴定试验，其可以分为可靠性设计定型试验和可靠性生产定型试验。两者最大的区别在于其试验产品的目的，可靠性设计定型试验的主要目的是对生产出来的新产品样机的可靠性能力进行试验，验证其可靠性水平指标是否满足要求；可靠性生产定型试验的主要目的是对已进入批量生产阶段的产品进行可靠性试验，判断其生产的稳定性是否达到产品标准要求。两者的试验方法都是依照可靠性鉴定试验的方法来进行。

半导体器件的可靠性试验：环境试验的目的，是为了使器件在实际使用"恶劣"的环境条件下能可靠而稳定地工作。我们不可能将器件都直接拿入实际使用的环境下进行试验，必须在实验室模拟使用环境下对器件进行试验。这种模拟实际使用环境一般是单调的，而且试验条件应略比实际使用条件要严格一些。为了正确地了解实验室条件下的环境试验的条件，必须对各种环境条件因素进行测量、分析和研究，才能正确地进行人工模拟试验。比如就机械振动而言，振动的波形就有正弦波、矩形波、三角波等区别。在低温条件下的振动试验，能发现某些在低温与振动的单独试验中所不能发现的故障。在潮湿试验方面，在温度交变条件下的高湿度试验方法比固定温度、固定高湿度的试验方法更符合产品的使用情况。

为了对器件进行环境模拟试验，还必须对各种环境试验设备，如机械振动台、冲击试验台、离心机、电磁振动台、低温设备、盐雾箱、潮温箱、低气压台，干热箱、辐射试验装置、检漏设备、啸声等实验设备进行研究，并切实按照条件进行合理的试验。国外已定量生产了各种试验设备，并有一系列供试验用的测量仪器，对研究器件的可靠性进行必要检验。

国外有研究报道了使用环境对设备的可靠性有极大的影响。故障强度是元件最常用的可靠性指标，元件的故障强度大，就是这种元件容易损坏。元件的故障强度和元件的使用条件有关，一般说来，温度高，湿度大，电负荷大，故障强度就大。所以在相同使用环境条件下，降低负荷可使其故障强度减小。

二、陶瓷材料的特征与优势

电子陶瓷是一种新型陶瓷材料，具有独特的电学、光学和磁学性能，它是光电工业、微电子和电子工业装备的基本组成部分，是一种极具竞争力的高科技材料[78-80]。与传统材料相比，电子陶瓷材料具有耐高温、耐磨损、耐腐蚀、抗辐射等优异性能。随着电子信息技术的飞速发展，全球对电子陶瓷材料的需求大幅上升，电子陶瓷相关专利的申请量也在逐年递增，美国、日本、德国等发达国家早在 20 世纪 60 年代就开始了对电子陶瓷材料进行研发。

我国在电子陶瓷领域的研究起步较晚，而且我国在电子陶瓷领域的专利申请人主要是高校及科研院所，国内的高校如桂林理工大学、天津大学、电子科技大学、武汉理工大学等申请电子陶瓷相关专利数量较多，在电子陶瓷领域具有一定的技术积累，科研人员众多，科研成果颇丰，但是目前国内电子陶瓷领域在产学研融合方面有所欠缺，高校的科研成果大部分停留在研发阶段，研发成果转移转化水平有待提高[82]。

长期以来陶瓷发展是靠工匠技艺的传授，产品主要是日用器皿、建筑材料（如砖、玻璃）等，这类陶瓷通常称为普通陶瓷（或称传统陶瓷）。近 40 年来，随着新技术（如电子技术、空间技术、激光技术、计算机技术等）的兴起，以及基础理论和测试技术的发展，陶瓷材料研究突飞猛进。为了满足新技术对陶瓷材料提出特殊性能的要求，无论从原材料、工艺或性能上均与普通陶瓷有很大的差别的一类陶瓷应运而生了。于是就出现了一系列名词称呼这类陶瓷以区别于普通陶瓷或传统陶瓷。其中一个典型的名称为"先进陶瓷"。

先进陶瓷作为一种新材料，以其优异的性能受到人们的重视，在社会上发挥着显著的作用。得益于晶体结构紧密有序，化学键强度高，以及主要组成元素例如硅等成分的稳定性，陶瓷通常具有高强度、高硬度、耐高温、耐腐蚀等特性。同时，由于其通过烧结而成，受限于烧结过程中物质的扩散速度，以及人为调节成分与工艺等原因，使得陶瓷在烧结后内部存在气孔相和玻璃相，这种特殊的显微结构赋予了陶瓷特殊的力学性能和物理性能（电、磁、光、热）。此外，通过人为控制陶瓷中各元素成分的比例，可分别制备成绝缘陶瓷、半导体陶瓷。对于某些特定的氧化物陶瓷，通过加热可使处于原子外层的电子获得足够的能量挣脱原子核对它的吸引力，从而成为自由电子，这种陶瓷又称为导电陶瓷。

目前，先进陶瓷的应用主要集中在以下几个方面[83]：

（1）航空航天：先进陶瓷用于发动机部件、飞机外壳、燃气涡轮、热防护系统、空气动力学组件、空间探测器等。

（2）电子信息：先进陶瓷用于芯片、电容、集成电路封装、传感器、绝缘体、铁磁体、压电陶瓷、半导体、超导等。

（3）汽车工业：先进陶瓷用于传感器、燃料电池、催化转化器和其他关键部件。

（4）生物医药：先进陶瓷用于制作人工骨骼、牙齿、关节以及用作药物递送系统。

（5）能源环保：先进陶瓷用于固体氧化物燃料电池的电解质、太阳能电池的基板和核反应堆的内部结构材料以及用于水处理和空气净化的陶瓷过滤器和催化剂。

参 考 文 献

[1]　尤肖虎，潘志文，高西奇，等. 5G 移动通信发展趋势与若干关键技术[J]. 中国科学：信息科学，2014，44（5）：551-563.

[2]　余秀玲，熊建. 微波的特点及应用[J]. 现代商贸工业，2018，39（4）：191.

[3] 李红，王若辰，朱正如. 铁氧体吸波材料研究进展的可视化分析[J]. 辽宁科技大学学报，2022，45（4）：308-313，320.

[4] 张忱. 日本微波介电陶瓷的发展现状和趋势[J]. 材料导报，1995，5：46-48，41.

[5] 尹艳红，刘维平. 微波介电陶瓷及其发展趋势[J]. 冶金丛刊，2006，3：41-43，50.

[6] 张路路，于宏林，宋涛，等. 微波介质陶瓷低温共烧研究现状[J]. 现代技术陶瓷，2022，43（4）：246-261.

[7] 张家亮. 向环境友好发展的高速/高频 PCB 用基板材料——日立化成新产品 MCL-LZ-71G 赏析[J]. 纤维复合材料，2008，25（4）：28-35.

[8] 林金堵. 5G 通信对 PCB 基材的要求[J]. 印制电路信息，2021，29（1）：7-12.

[9] 殷卫峰，曾耀德，杨中强，等. 液晶高分子聚合物的类型、加工、应用综述[J]. 材料导报，2022，36（S1）：536-540.

[10] 李亮荣，倪智超，刘馥华，等. 纳米粒子改性聚酰亚胺现状及进展[J]. 塑料，2023，52（4）：160-166.

[11] 张建慧，饶龙记. 高频布线工艺和 PCB 板选材[J]. 无线电工程，2001，2：32-36，54.

[12] 李广义，张俊洪，高键鑫. 大功率电力电子器件散热研究综述[J]. 兵器装备工程学报，2020，41（11）：8-14.

[13] 陶鑫，王珺. FCOL 封装芯片热应力及影响因素分析[J]. 半导体技术，2019，44（10）：803-807.

[14] Pedroza G，Bechou L，Ousten Y，et al. Long Term In-vacuum Reliability Testing of 980nm Laser Diode Pump Modules for Space Applications[C]. IEEE Aerospace Conference，IEEE，2014：1-14.

[15] 谢远成，欧中红. 电子设备散热技术的发展[J]. 舰船电子工程，2019，39（8）：14-18.

[16] Tashtoush B，Qaseem H. An integrated absorption cooling technology with thermoelectric generator powered by solar energy[J]. Journal of Thermal Analysis and Calorimetry，2022，147：1547-1599.

[17] 洪芳军，郑平，常欧亮，等. 树型微通道网络芯片热沉的试验研究[J]. 上海交通大学学报，2009，10：134-138.

[18] Chen C H. Forced convection heat transfer in microchannel heat sinks[J]. International Journal of Heat and Mass Transfer，2007，50（11-12）：2182-2189.

[19] Wu H H，Hsiao Y Y，Huang H S，et al. A practical plate-fin heat sink model[J]. Applied Thermal Engineering，2011，31（5）：984-992.

[20] 张建新，牛萍娟，武志刚，等. 大功率 LED 散热器性能的双目标优化[J]. 电工技术学报，2014，29（4）：136-141，165.

[21] 龚美. 功率型 LED 阵列热仿真及散热结构优化[D]. 广州：广东工业大学，2018.

[22] 王林习，虞斌，沈中将，等. LED 路灯热管散热器翅片开缝优化设计[J]. 电子设计工程，2016，24（10）：108-110，113.

[23] 王文奇，王飞龙，何雅玲，等. 一种新型树叶形翅片的数值与实验研究[J]. 工程热物理学报. 2018，39（11）：2469-2475.

[24] Li G Y，Zhang J H，Gao J X. Thermal analysis and structural optimization of dual IGBT module heat sink under forced air cooling condition[C]//2019 IEEE 3rd AMCEC Conference，Institute of Electrical and Electronics Engineers，2019：1757-1762.

[25] Xu Y，Chen H，Hu Z T，et al. Research on heat dissipation and cooling optimization of a power converter in natural convection[J]. Turkish Journal of Electrical Engineering & Computer Sciences，2015，23（Sup1）：2319-2332.

[26] Chao S M，Li H Y，Yen Y F，et al. Thermal performance of a plate-fin heat sink with a shield[C]//IEEE 3rd International Conference on Communication Software and Networks，Institute of Electrical and Electronics Engineers，2011：230-234.

[27] 张健. 电力电子器件及其装置的散热结构优化研究[D]. 哈尔滨：哈尔滨工业大学，2015.

[28] 区嘉洁. 清洁燃气客车发动机舱多场耦合强化散热原理研究及其应用[D]. 广州：华南理工大学，2018.

[29] 宫学源. 高性能金属基复合材料迎来发展新机遇[J]. 新材料产业，2021（3）：33-35.

[30] 杨震. 宽带中国与4G移动通信展望[J]. 中兴通讯技术，2013（1）：1-4.

[31] 邱扬，田锦. 电磁兼容设计技术[M]. 西安：西安电子科技大学出版社，2001.

[32] 苏东林，雷军，刘焱，等. 一种大型复杂电子信息系统电磁兼容顶层量化设计新方法[J]. 遥测遥控，2008（4）：1-8.

[33] 陈梅双，朱赛，蔡利花，等. 集成电路电磁兼容测试PC设计[J]. 安全与电磁兼容，2021（5）：83-87.

[34] 李俊杰，唐建军. 5G承载的挑战与技术方案探讨[J]. 中兴通讯技术，2018（1）：49-52.

[35] 陆平，李建华，赵维铎. 5G在垂直行业中的应用[J]. 中兴通讯技术，2019（1）：67-74.

[36] 艾·西加，亚历山大·博耶，吴建飞，等. 提高集成电路电磁兼容性的研究方法[J]. 安全与电磁兼容，2021（1）：9-15.

[37] 李尔平. 5G通信面临的电磁兼容挑战及解决方法[J]. 安全与电磁兼容，2019（2）：9-10.

[38] 支永健. 弓网电弧电磁干扰传播的若干理论研究[D]. 杭州：浙江大学，2013.

[39] 吕婷，张涛，李福昌，等. 5G基站硬件架构及演进研究[J]. 邮电设计技术，2022（2）：21-25.

[40] 吕婷，曹亘，张涛，等. 5G基站架构及部署策略[J]. 移动通信，2018，42（11）：72-77.

[41] 李新，陈旭奇. 5G关键技术演进及网络建设[J]. 电信快报，2017（11）：6-9.

[42] Klinkenbusch L. On the shielding effectiveness of enclosures[J]. IEEE Transactions on Electromagnetic Compatibility，2005，47（3）：589-601.

[43] Bait-Suwailam M M，Alavikia B，Ramahi O M. Reduction of electromagnetic radiation from apertures and enclosures using electromagnetic bandgap structures[J]. IEEE Transactions on Components，Packaging and Manufacturing Technology，2014，4（5）：929-937.

[44] 胡广，李仲茂，邱昕. 一种高增益5G毫米波缝隙天线的设计[J]. 无线电工程，2022，52（4）：651-656.

[45] 雷震，蒋全兴. 屏蔽盖腔间屏蔽效能的影响因素[J]. 安全与电磁兼容，2017（5）：79-81.

[46] 安辉，张瀛瀚. 5G终端电磁兼容测试浅析[J]. 电信网技术，2019（5）：39-42.

[47] 张鹏. 浅析5G终端电磁兼容测试[J]. 科技与创新，2020（16）：99-100.

[48] 刘宝殿，王俊青，周镒，等. 5G无线终端设备的电磁兼容测试[J]. 安全与电磁兼容，2020（5）：16-20.

[49] 刘琪，闻立群. 国外频率审计研究及我国频率审计的考虑[J]. 现代电信科技，2015（2）：50-54.

[50] 谢莎，李浩然. 面向6G网络的太赫兹通信技术研究综述[J]. 移动通信，2020（6）：36-43.

[51] 成伟兰. 系统电磁兼容性安全裕度实现[J]. 安全与电磁兼容，2019（1）：79-82.

[52] 周儒雅，唐万恺，李潇，等. 基于可重构智能表面的移动通信简要综述[J]. 移动通信，2020（6）：63-69.

[53] 王美玉，张浩波，胡伟波，等. 三维系统级封装（3D-SiP）中的硅通孔技术研究进展[J/OL]. 机械工程学报：1-16.

[54] 谢迪，李浩，王从香，等. 基于TGV工艺的三维集成封装技术研究[J]. 电子与封装，2021，21（7）：20-25.

[55] 申九林，马书英，郑凤霞，等. 基于硅基扇出（eSiFO®）技术的先进指纹传感器晶圆级封装工艺开发[J]. 电子与封装，2023，23（3）：109-119.

[56] Lau J H.Overview and outlook of through silicon via（TSV）and 3D integrations [J].Microelectronics International，2011，28（2）：8-22.

[57] Chuang Y L，Yuan C S，Chen J J，et al.Unified methodology for heterogeneous integration with CoWoS technology[C]//2013 IEEE 63rd Electronic Components and Technology Conference，Las Vegas，NV，USA，Institute of Electrical and Electronics Engineers，2013：852-859.

[58] Hou S Y，Chen W C，Hu C，et al.Wafer-level integration of an advanced logic-memory system through the second-generation CoWoS technology[J].IEEE Trans actions on Electron Devices，2017，64（10）：4071-4077.

[59] Huang P K，Lu C Y，Wei W H，et al.Wafer level system integration of the fifth generation CoWoS®-S with high performance Si interposer at 2500 mm²[C]//2021 IEEE 71st Electronic Components and Technology Conference（ECTC），San Diego，CA，USA，Institute of Electrical and Electronics Engineers，2021：101-104.

[60] Oh R，Lee B，Shin S W，et al.Design technologies for a 1.2V 2.4Gb/s/pin high capacity DDR4 SDRAM with TSVs[C]//2014 Symposium on VLSI Circuits Digest of Technical Papers，Honolulu，HI，USA，Institute of Electrical and Electronics Engineers，2014：1-2.

[61] Min M，Kadivar S.Accelerating innovations in the new era of HPC，5G and networking with advanced 3D packaging technologies[C]//2020 International Wafer Level Packaging Conference，San Jose，CA，USA，Institute of Electrical and Electronics Engineers，2020：1-6.

[62] Kagawa Y，Fujii N，Aoyagi K，et al.Novel stacked CMOS image sensor with advanced Cu_2Cu hybrid bonding[C]//2016 IEEE International Electron Devices Meeting，San Francisco，CA，USA，Institute of Electrical and Electronics Engineers，2016：1-4.

[63] Lau J H.Semiconductor advanced packaging[M]. Singapore：Springer Nature，2021.

[64] Chen M F，Lin C S，Liao E B，et al.SoIC for low temperature，multilayer 3D memory integration[C]//Proceedings of the 2020 IEEE 70th Electronic Components and Technology Conference，Orlando，FL，USA，Institute of Electrical and Electronics Engineers，2020：855-860.

[65] Chen M F，Chen F C，Chiou W C，et al.System on integrated chips（SoIC^TM）for 3D heterogeneous integration[C]//2019 IEEE 69th Electronic Components and Technology Conference（ECTC），Las Vegas，NV，USA，Institute of Electrical and Electronics Engineers，2019：594-599.

[66] Sukumaran V，Kumar G，Ramachandran K，et al.Design，fabrication，and characterization of ultrathin 3-D glass interposers with through-package-vias at same pitch as TSVs in silicon[J].IEEE Transactions on Compo nents，Packaging and Manufacturing Technology，2014，4（5）：786-795.

[67] Hu D C，Hung Y P，Yu H C，et al.Embedded glass interposer for heterogeneous multi-chip integration[C]//IEEE 65th Electronic Components and Technology Conference，San Diego，CA，USA，Institute of Electrical and Electronics Engineers，2015：314-317.

[68] Brittany H，Vijay S，Benjamin F，et al. End-to-end integration of a multi-die glass interposer for system scaling applications[C]//IEEE 66th Electronic Components and Technology Conference，Las Vegas，NV，USA，Institute of Electrical and Electronics Engineers，2016：283-288.

[69] Watanabe A O，Lin T H，Ali M，et al.Ultrathin antenna-integrated glass-based millimeter-wave package with through-glass vias[J].IEEE Transactions on Micro wave Theory and Techniques，2020，68（12）：5082-5092.

[70] Cho S，Joshi Y，Sundaram V，et al.Comparison of thermal performance between glass and silicon interposers [C]//2013 IEEE 63rd Electronic Components and Technology Conference，Las Vegas，NV，USA，Institute of Electrical and Electronics Engineers，2013：1480-1487.

[71] Ravichandran S，Yamada S，Liu F H，et al.Low cost non-TSV based 3D packaging using glass panel embedding（GPE）for power-efficient，high-bandwidth heterogeneous integration[C]//IEEE 69th Electronic Com ponents and Technology Conference，Las Vegas，NV，USA，Institute of Electrical and Electronics Engineers，2019：1796-1802.

[72] Duan Z M，Wu B W，Zhu C M，et al.14.6 A 76-to-81 GHz 2×8 FMCW MIMO radar transceiver with fast chirp generation and multi-feed antenna-in-package array[C]//2021 IEEE International Solid-State Circuits Conference，San Francisco，CA，USA，Institute of Electrical and Electronics Engineers，2021：228-230.

[73] 史妙华. 可靠性试验在电子产品质量保证中的应用[J]. 计量与测试技术，2015，42（11）：48-49.

[74] 中国人民解放军装备部. 装备可靠性工作通用要求：GJB 450B—2021[S]. 北京：国家军用标准出版发行部，2021.

[75] 姜同敏. 可靠性试验技术[M]. 北京：北京航空航天大学出版社，2005.

[76] 杨方燕，刘军，林震. 电子产品中环境应力筛选研究[J]. 电子产品可靠性与环境试验，2006，24（4）：38-40.

[77] 吴松，吕晶晶，李小康. 可靠性加速寿命试验综述[J]. 电子产品可靠性与环境试验，2021（1）：94-100.

[78] 张光磊，郝宁，杨治刚，等. 电子封装陶瓷的研究进展[J]. 陶瓷学报，2021，42（5）：732-740.

[79] Xue W Z, Xiong Z L, Chen Y P, et al.Microwave dielectric characterization and thermal analysis of B_2O_3-La_2O_3-ZnO glass-ceramic/Al_2O_3 composites for LTCC applications[J]. Journal of Non-Crystalline Solids，2023，615：122399.

[80] Xiong Z L, Xue W Z, Li M J, et al.Microwave dielectric characterization and densification mechanism analysis of CaO-B_2O_3-SiO_2 glass-ceramic/Al_2O_3 composites for LTCC applications[J]. Journal of the American Ceramic Society，2024，107（1）：234-243.

[81] 熊文婷. 基于专利视角下的电子陶瓷技术创新热点研究[J]. 中国陶瓷，2022，58（10）：37-41.

[82] 杨玉明. 全球电子陶瓷专利分析与国内发展路径研究[D]. 景德镇：景德镇陶瓷大学，2023.

[83] 《材料研究与应用》编辑部. 先进陶瓷材料专题序言[J]. 材料研究与引用，2024，18（1）：7-8.

第五章　5G 微波介质陶瓷材料

第一节　微波介质陶瓷材料的体系归类

关于微波介质陶瓷的起源,普遍认为自 1939 年从美国学者里克特迈耶发表了文章"Dielectric Resonators"开始。里克特迈耶在该文章中提出并分析了介质谐振器的基本原理及其在微波技术中的应用。文章首先定义了介质谐振器,介质谐振器是使用具有较高介电常数的材料制成,以便在微波频率范围内产生谐振现象的仪器。它们的工作原理类似于金属谐振器,但不依赖于金属导体,而是通过材料的电气特性来实现。随后,里克特迈耶详细推导了介质谐振器的谐振频率公式,谐振公式涵盖了材料的介电常数和几何形状(如球形、圆柱形)等重要参数,这为人们后来的研究提供了理论基础。20 世纪 60 年代末,人们率先使用 TiO_2 陶瓷材料设计并制作微波滤波器,证实了电介质陶瓷材料能将高频电磁波限制于其中的设想。在 20 世纪 70 年代早期,美国首次开发了具有高介电常数和高 Q 值的 $BaTi_4O_9$[2]新型微波介质陶瓷材料,也是最早实现应用的温度补偿低损耗介质谐振器材料。这一系列的科学发现,引发了人们对微波介质陶瓷领域展开深入研究。

随后,法国、德国等欧洲国家也开始进行研究。目前,日本在这一研究领域处于领先地位,在过往的几十年间,已将大量独特的微波介电材料体系推向了市场。而随着通信技术的发展,为满足更为复杂的应用条件,微波介质陶瓷材料的质量也在不断更新迭代。图 5.1 为部分典型的微波介质陶瓷实物图。

一、微波介质陶瓷分类

微波介质陶瓷是实现微波控制功能的关键。其作为一种基础的介电材料,在微波频带电路中的介电隔离、介电波导和介电谐振中发挥着重要作用。由微波介质陶瓷制造的微波元器件,被广泛应用于移动通信、卫星通信和军用雷达等领域。根据介电常数的高低不同,可简要地将微波介质陶瓷分为三类:低介电常数、中介电常数和高介电常数[3]。

(1)低介电常数微波介质陶瓷拥有悠久的发展历史,具有相对介电常数低、损耗低、$Q×f$ 值较高、频率温度系数为负值的特点。主要应用于微波基板以及高端的毫米波微波元器件。比较典型体系为:硅酸盐系陶瓷,三角晶系硅锌矿

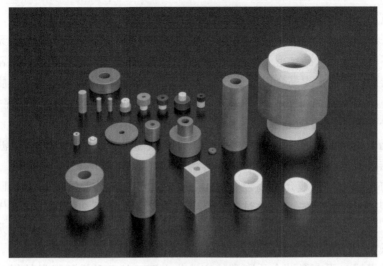

图 5.1　微波介质陶瓷

结构的 Zn_2SiO_4 系陶瓷，正交晶系橄榄石结构的 Mg_2SiO_4 系陶瓷，黄长石或镁长石结构的 $A_2BSi_2O_7$（A = Sr, Ca, Ba；B = Co, Mg, Mn, Ni）系介质陶瓷。

（2）中介电常数微波介质陶瓷是指相对介电常数在 25～65 的陶瓷材料，在中等频率下具有良好的温度稳定性，同时也适用于低频和高频，经常被用于卫星通信行业内的各种谐振器和滤波器。目前，中介电常数微波介质陶瓷材料在移动电话的小型化、基站的高性能发射机和接收机，以及超高速无线局域网等领域得到了广泛的应用。主要体系有 $(Zr, Sn)TiO_4$、$BaO\text{-}TiO_2$、$Ba_2Ti_9O_{20}$、$BaMg_{1/3}(Ta, Nb)_{2/3}O_3$ 以及 $BaO\text{-}(Nd, Sm)_2O_3\text{-}TiO_2$。

（3）由于相对介电常数与谐振器的尺寸存在负相关关系，所以高介电常数微波介质陶瓷材料的应用将促进微波介质滤波器的小型化。因此促使人们对高介电常数体系展开了研究。高介电常数体系是指相对介电常数值在 65 以上，主要包含铅基钙钵矿系、$BaO\text{-}R_2O_3\text{-}TiO_2$ 系、（R 为稀土元素）、钙钛矿系（$A_{1-x}B_x$）CO_3 型，如 $CaTiO_3$、$CaO\text{-}Li_2O\text{-}R_2O_3$ 系、TiO_2 系等。

二、微波介质陶瓷的研究现状

当前，国内微波介质陶瓷各个体系的发展已相对成熟，但比较突出的一个现象是：对于微波介质陶瓷的研究大部分是通过大量实验得出的经验总结，缺乏完整的理论来阐述微观结构与介电性能的关系。探索和总结各个体系的晶体结构、缺陷、化学键、晶界等对其介电性能的具体影响，理想情况下，应形成系统化的理论解释及性能推测模型，以助于人们对微波介质陶瓷的理解和应用。

介电常数、品质因数和谐振频率温度系数是微波介质陶瓷的重要参数，三者之间彼此制约，掺杂改性弥补某些性能不足体系的缺陷、降低低介电常数体系的谐振频率温度系数并追求高频下（大于 10 GHz）超低损耗的极限、提高高介电常数体系的品质因数以及探索更高介电常数（大于 120）的新材料体系将是微波介质陶瓷的发展趋势，从$(Ag_{1-x}A_x)(Nb_{1-y}Ta_y)O_3$ 的出现说明这方面还存在着很大的研究空间。

另外，采用新的成形方式、制备方法和烧结技术来继续提高已有体系的介电性能，仍会是研究的重点，如用湿化学方法合成粉体、等静压成形、微波烧结、热压烧结等技术在研究中将逐渐取代传统固相烧结方式。

目前，国外对微波介质陶瓷的应用主要集中于无绳电话和手机上，日本、美国和德国技术较为领先。国内对微波介质陶瓷的研究始于 20 世纪 80 年代初，原料供应、工艺水平、生产规模及测试设备等与国外还存在很大的差距，尤其在介电常数低于 20 的各体系的产业化上较为落后，很多器件和产品依靠进口，随着通信事业的发展，提高微波介质陶瓷的产业化水平，使各种性能优异的材料体系从研究走向应用，是亟待解决的问题。

烧结温度过高是微波介质陶瓷走向生产应用的最大障碍，也是影响能耗的主要原因。LTCC 技术能有效降低烧结温度，促进微波介质陶瓷的产业化，对 LTCC 的研究是微波介质陶瓷制造及发展的重要趋势。近些年来国内外对微波介质陶瓷低温共烧的研究多集中于低介电常数和中介电常数体系，预计对高介电常数体系低温共烧的研究也将成为微波介质陶瓷的一个发展方向。

随着数据移动通信和卫星通信的迅速发展，特别是微波器件多层设计思想的提出，微波器件的小型化、工作高频化与多频化进程的加快，微波介质陶瓷的低温烧结、低损耗以及介电常数可调、微波器件的进一步实用化必然成为新一轮研究的热点；高介电常数微波介质陶瓷材料的研究虽然有所降温，但在制作贴片式微波器件方面仍然会在相当长的时间内占有重要地位。目前，微波介质陶瓷领域的热点包括：传统微波介质陶瓷的低温烧结，中低温烧结微波介质陶瓷新体系的开发，高介电常数微波介质新体系探索，微波介质陶瓷低损耗的极限与超低损耗，频率捷变微波介质陶瓷，微波材料实用化等方向[4-6]。

第二节　高热导材料体系

一、应用需求

随着电子电路的高度集成及高性能化，在有限的体积内集成大量的器件自然会带来高散热的需求。大部分陶瓷材料的热传递性能低于金属材料，但陶瓷材料的高熔点、高硬度、高耐磨性、耐氧化、耐腐蚀、材料来源广以及在声、光、电、热、磁等方面的优异特性和生物、化学等方面的独特性质，使其应用范围十分广泛。在特定领域，如导热、散热领域，陶瓷材料具有的高热导率、低导电性能使它能够取代金属而发挥作用。典型的高热导率陶瓷材料为氧化物、氮化物、碳化物、硼化物，如 AlN、BeO、Si_3N_4、SiC、BN 等[7, 8]。

二、体系总结与特征分析

（一）聚晶金刚石（PCD）陶瓷

金刚石中的碳原子以共价键的形式紧密结合，形成稳定的晶体结构。这种结构使得金刚石能够有效地传递热量，单晶金刚石在常温下热导率理论值为 $1642\ W\cdot(m\cdot K)^{-1}$，实测值为 $2000\ W\cdot(m\cdot K)^{-1}$。但金刚石大单晶难以制备，且价格昂贵，这些都成为限制金刚石应用的主要原因。聚晶金刚石烧结过程中通常需要加入助烧剂以促进金刚石粉体之间的烧结，华中科技大学郎静利用等离子放电烧结技术，通过添加 5% 的 Cu 作为助烧剂来烧结 PCD 陶瓷，得到了热导率为 $672\ W\cdot(m\cdot K)^{-1}$ 的 PCD 陶瓷[9]。添加助烧剂的同时也应该注意预防助烧剂的存在导致金刚石粉末碳化，从而导致绝缘性能的下降。图 5.2 为 PCD 陶瓷。

图 5.2　PCD 陶瓷

（二）SiC 陶瓷

SiC 陶瓷的硬度极高，几乎仅次于金刚石，这使得其早期多用于需要承受高压力、高磨损的环境中，如机械密封、轴承、热交换器等。其理论热导率可达 270 W·(m·K)$^{-1}$，受限于原料纯度、晶体结构、缺陷以及孔隙率等，实际商用的 SiC 陶瓷热导率范围为 70～270W·(m·K)$^{-1}$。温度对 SiC 的热导率也有一定影响，通常情况下，随着温度的升高，SiC 的热导率会有所降低。这是因为高温下材料的晶格振动加剧，导致声子散射增加，从而降低了热导率。目前，基于 SiC 制备的半导体功率器件已经在新能源汽车领域取得实际应用。图 5.3 为 SiC 陶瓷。

图 5.3　SiC 陶瓷

（三）Si$_3$N$_4$ 陶瓷

Si$_3$N$_4$ 陶瓷的理论热导率为 200～320 W·(m·K)$^{-1}$，但目前国内的商品中，实际烧结 Si$_3$N$_4$ 陶瓷的热导率多为 100～162 W·(m·K)$^{-1}$，远低于 Si$_3$N$_4$ 单晶。影响其热导率的主要原因有微观结构、晶格氧的存在、织构等。人们通过多种方法尝试提高其热导率，如调节烧结工艺、增加稀土元素、微量元素（如镁的添加），等。日本国立先进工业科学技术研究所（AIST）将 Si$_3$N$_4$ 原料置于 1900℃下烧结 60 h，然后以极慢的速度冷却至室温（0.2℃·min^{-1}），最终制备的 Si$_3$N$_4$ 陶瓷热导率达到 177 W·(m·K)$^{-1[10]}$。经过不断地改善，当前的 Si$_3$N$_4$ 已成为一种优异的高热导率电子封装基板材料，图 5.4 为美国罗杰斯公司推出的新型 Si$_3$N$_4$ 陶瓷基板。

图 5.4　罗杰斯公司的 Si_3N_4 陶瓷基板

（四）BeO 陶瓷

BeO 陶瓷具良好的高温电绝缘性，介电常数高，介质损耗因数低，随着温度的升高介电常数和介电损耗均会少量增加，因此，基于 BeO 可制备出适用于高温环境下的高体积电阻率绝缘材料。BeO 陶瓷具有与金属相近的热导率，约为 209.34 $W \cdot (m \cdot K)^{-1}$，是 α-Al_2O_3 的 15～20 倍，原则上极其适合用作散热器件。然而 BeO 有一个重要问题，即 BeO 有剧毒，毒性是由粉尘和蒸汽引起，经烧结完成后的 BeO 陶瓷是无毒的。这样的特性使其目前仅在航空、军事等特殊领域使用。

当然，BeO 陶瓷还具有一些特殊应用[11]，在核反应堆中，BeO 陶瓷因其对中子的良好吸收性能，被用作中子减速剂和反射层材料，它能够有效地控制核反应速率，确保反应堆的安全运行。光学方面，由于良好的透光性和化学稳定性，BeO 陶瓷可以作为光学窗口材料，用于高温、高压或腐蚀性环境下的光学测量和观察。图 5.5 为不同形状的 BeO 陶瓷件。

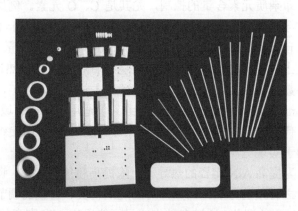

图 5.5　BeO 陶瓷件

（五）AlN 陶瓷

AlN 陶瓷的高热导率和良好的电绝缘性能使其成为电子封装、基板材料以及散热元件的理想选择。其高散热以及优异的高温稳定性可帮助电子设备有效散热，提高设备的稳定性和可靠性。理论上，AlN 单晶热导率可达 320 W·(m·K)$^{-1}$，但由于晶界、界面相以及孔洞等缺陷的存在，当前商用的 AlN 陶瓷热导率为 100～200 W·(m·K)$^{-1}$。图 5.6 为 AlN 陶瓷片（a）与 AMB AlN 基板（b）。

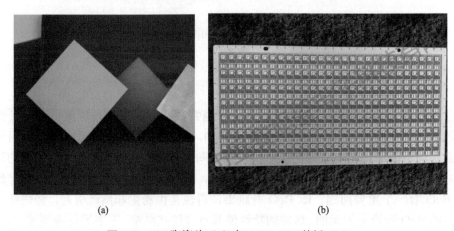

图 5.6　AlN 陶瓷片（a）与 AMB AlN 基板（b）

影响 AlN 导热性能的因素主要有两方面：即原料的纯度与粒径参数。通过对比国内外主流厂商粉体的性能，可以发现国内相对国外粉体的主要差异也恰好在这两方面。

对于纯度，即杂质元素含量的控制，尤其是 C、O 元素。例如，德山曹达的粉体可以控制 C 元素含量低至 $160×10^{-6}$，O 元素质量分数小于 0.83%，国内大多数粉体的 C 元素含量为 $500×10^{-6}$～$1000×10^{-6}$，O 元素质量分数为 0.8%～1.5%。原料纯度上的差异会在烧结过程以及烧结后对 AlN 的导热性能产生影响。

对于粒径参数，国内公司大部分粉体粒径在 1～30μm，近年，部分国产粉体粒径可实现≤1μm，但其价格显著提升，导致其仅适用于科研领域，量产难度大。而以东洋铝业为代表的日本公司，其粉体粒径可实现≤0.65μm。更细的粒径在 AlN 陶瓷烧结时有助于实现更高的热导率。

整体而言，为提高 AlN 陶瓷的热导率，除提高粉体性能外，调整制备工艺等工艺参数也是行之有效的方法。例如，对助烧剂种类、含量的调节，烧结温度、压力，以及保压时间的调节，通过多种方式尽可能提高 AlN 陶瓷的热导率。目前，对于单一种类的添加物，Y_2O_3 是公认的已发现的效果最佳的助烧剂，关于二元助烧剂、多元助烧剂的研究则是未来继续提高氮化铝热导率的重要研究方向。

表 5.1 总结了当前主要散热陶瓷体系及相关的物理性能、介电性能、热性能等参数，整体而言，导热陶瓷以其卓越的高热导率特性和广泛的应用前景，成为现代工业不可或缺的重要材料之一。随着科技的不断发展，高热导率陶瓷的制备工艺和性能也在不断优化和提升，以满足更多领域对高性能热传导材料的需求。

表 5.1　当前主要散热陶瓷体系及其性能参数

陶瓷材料	AlN	Al_2O_3	BeO	SiC	BN	Si_3N_4
纯度/%	99.8	99.5	99.6	—	>99	>99
密度/(g·cm^{-3})	3.26	3.97	2.9	3.0~3.2	2.25	3.18
热导率/[W·(m·K)$^{-1}$]	170~260	30	250~300	70~270	20~60	10~40
热膨胀系数/(ppm·K^{-1})	4.3	7.3	8.0	3.7	0.7~7.5	3.2
热容/[J·(kg·K)$^{-1}$]	745	765	1047	800	—	691
介电损耗/(1 MHz×10^{-4})	3~10	1~3	4	50	2~6	—
介电强度/(kV·mm^{-1})	15	10	10	0.07	300~400	100
电阻率/(Ω·m)	>10^{12}	>10^{12}	>10^{12}	>10^{12}	>10^{11}	>10^{12}
硬度/GPa	12	25	12	33	2	20
弹性模量/GPa	310	370	350	450	98	320
抗弯强度/MPa	300~400	300~350	200	450	40~80	980
拉伸强度/MPa	310	127.4	230			96
断裂韧性/(MPa·m$^{1/2}$)	2~3	3~5	1~2.5	—		4~7
毒性	无	无	有	无	无	无

三、研究前沿

发展至今，在电子封装、基板材料以及散热元件等领域，表现出良好性能或显著潜能的材料体系种类众多，各体系在热膨胀系数、热导率等性能方面的优势也各有千秋，本节选取了两种比较有代表性的陶瓷：SiC 与 Si_3N_4，对其研究前沿总结如下。

SiC 陶瓷中 Si 与 C 以 sp^3 共价键结合，但是硅碳键并不是纯的共价键，而是含有约 12%的离子键[12]。由于 SiC 陶瓷是由结合强度很高的共价-离子混合键结合的，SiC 陶瓷中几乎没有自由移动的电子，因而不能像金属一样通过电子运动传导热量，因此 SiC 陶瓷主要依靠晶格振动的格波传递热量。工艺方面，目前常用的 SiC 陶瓷烧结方法有反应烧结法、无压烧结法、热压烧结法、热等静压烧结法、放电等离子体烧结法和重结晶烧结法等。除重结晶烧结法外，一般根据烧结方法的不同选择添加 C、Si、B_4C、Al_2O_3、Y_2O_3 等成分作为助烧剂，以促进烧结实现致密化。由于助烧剂添加量一般较少，不会显著改变 SiC 陶瓷的组成。

因此，要提高 SiC 陶瓷热导率，应该考虑以下情况：①尽可能提高 SiC 陶瓷的致密度，以减少气孔数量；②在不降低致密度的前提下，应尽可能增大 SiC 的晶粒尺寸，以减少晶界数量；③在能够促进致密化的前提下，添加的助烧剂的含量应尽可能低，种类尽可能少，以减少杂质的引入量，避免多元助剂形成复杂结构低热导率相；④添加的助烧剂最好具有高的热导率，且不与 SiC 作用形成低热导率晶间相，不固溶进入 SiC 晶格使 SiC 结构复杂化；⑤添加的助烧剂之间不能形成复杂结构的低热导率相，助烧剂最好容易结晶晶化、不残留或少残留非晶玻璃相。

Si_3N_4 陶瓷具有高本征热导率和优异的力学性能，广受高功率集成电路领域研究青睐[13]。但由于晶格缺陷、致密度、β-Si_3N_4 晶粒的形核长大、晶粒形貌以及烧结制度等问题，Si_3N_4 实际热导率远低于其本征热导率。晶格中的氧含量是影响 Si_3N_4 热导率最重要的因素，如何降低晶格氧含量仍然是目前研究重点，现有常用方法如下：

（1）减少原粉含氧量，提高原粉烧结活性，保持原粉较小粒径的同时防止引入额外的氧杂质。

（2）寻找多功能化非氧化物助烧剂，在保证烧结致密度和晶粒发育尺寸的前提下，尽量实现低温烧结以降低氮化硅陶瓷基板产业化成本。

（3）引入适量还原性碳粉以减少二次相，促进晶格纯化同时避免过量游离碳生成。

此外，不同的烧结工艺和烧结制度下的 Si_3N_4 致密度也会有所区别。因此，探寻合适的烧结手段配合良好降低晶格氧含量的方式是获取高热导 Si_3N_4 陶瓷的关键。流延成型是大规模制备取向性 Si_3N_4 陶瓷基板的常用定向成型工艺。但如何在流延过程中使 Si_3N_4 晶粒呈 c 轴取向仍是目前该领域的一大难题。从科技发展最终趋向于普遍化、产业化角度，目前主流的氮化硅陶瓷研究方向仍旧聚焦于如何综合利用上述手段，在保证基本热导率和力学性能的需求下，节约生产成本，全面实现半导体封装市场军民两用领域的更新换代。

第三节　低介电常数体系

一、应用需求

近年来通信技术所利用的微波频率越来越高，传输信息量也越来越大，要求的传输速率和质量也越来越高，这需要低损耗、高品质因数、谐振频率温度系数近于零的低介电常数微波介质陶瓷来实现。本节根据低介电常数微波介质陶瓷的典型研究体系将其分为不同种类，对其研究现状进行详细介绍，并总结各种类低介电常数微波介质陶瓷的研究发展情况。

微波介质陶瓷是近些年随着微波技术的应用而迅速发展起来的应用于微波频段电路中作为介质材料并完成传导、谐振和滤波等一种或多种功能的一类新型功能陶瓷，被用来制作射频微带天线、波导、放大器、微带传输线、带状线、衰减器、合成器、移相器、耦合器、谐振器、滤波器、介质天线、振荡器、双工器、介质导波回路、微波电容器以及微波基板等电子元器件，广泛应用于卫星电视广播通信、卫星定位系统、移动通信、雷达、物联网（IoT）、遥感遥测、无线局域网（WLAN）和射电天文等领域[14]。从20世纪中期发展至今，微波介质陶瓷已经成为雷达探测、微波通信、高速高频电路基板中的关键材料，其各项性能也大概率决定着微波器件乃至整体设备的性能和应用。

二、体系总结与特征分析

目前国内外研究的相对介电常数为6~30的LTCC微波介质陶瓷材料主要有Al_2O_3系、$MO\text{-}SiO_2$（M = Ca，Mg，Zn）系、$MO\text{-}TiO_2$系等，下面对几类重要的LTCC低介电常数微波介质陶瓷的研究进展进行分析和讨论，并介绍 Al_2O_3 系和 $Mg_5(Zn, Ti)_4O_{15}$ 陶瓷制作的 MLCC 的电性能。

Al_2O_3系陶瓷是低介电常数微波介质陶瓷的典型代表，Al_2O_3系陶瓷的主晶相是 $\alpha\text{-}Al_2O_3$，为刚玉型结构[15]，属三方晶系 $R3c$ 空间群，$a = 0.5140$ nm，$\alpha = 55°17'$，$Z = 2$。Al_2O_3系陶瓷具有良好的力学强度及耐热性能，介电性能优异，尤其是介电损耗非常低。它作为通信介质谐振器主要应用在 10~300 GHz 微波-亚毫米波的频率范围内，以及应用在时钟的超稳定振荡器和电路基板上。Alford 等[16]报道了单相 Al_2O_3 系陶瓷的介电性能：$\varepsilon_r = 7$，品质因数与谐振频率的乘积 $Q\times f = 500\,000$ GHz，谐振频率温度系数 $\tau_f = -60\times10^{-6}°C^{-1}$。虽然 Al_2O_3 系陶瓷具有非常高的 $Q\times f$ 值，但其较大的谐振频率温度系数和很高的烧结温度（1600~1800℃）限制了它的应用，因此对这两个方面的改性也成为重要的研究课题。目前对 Al_2O_3 系陶瓷的研究主要针对其烧结温度，通过玻璃助烧剂的添加来实现其低温烧结。为了进一步改善其谐振频率温度系数，武汉理工大学[17]研究了 $0.88Al_2O_3\text{-}0.12TiO_{2+x}$（$MgO\text{-}CaO\text{-}Al_2O_3\text{-}SiO_2$）（MCAS）在 1350℃烧结的性能，当 MCAS 玻璃的添加量的质量分数为 2%时，其微波介电性能：$\varepsilon_r = 12.3$，$Q\times f = 20\,485$ GHz，$\tau_f = 2.5\times10^{-6}°C^{-1}$，当 MCAS 玻璃的添加量为质量分数 8%时，其介电性能：$\varepsilon_r = 11.6$，$Q\times f = 11\,456$ GHz，$\tau_f = 28\times10^{-6}°C^{-1}$。研究人员在此基础上，对该材料进行进一步研究，实验发现：当 w(MCAS)为 20%~30%时，其介电性能：$\varepsilon_r = 8.6$，$Q\times f = 4456$ GHz，$\tau_f = 28\times10^{-6}°C^{-1}$。通过添加一定量的 BaO、

SiO_2、TiO_2、B_2O_3、ZnO 等助烧剂，在保证电容器性能的前提下，将陶瓷的烧结温度降低到 1000℃左右，制作成 0805 规格的 MLCC 后仍具有优良的电性能，且 Q 值也能满足应用要求。

硅酸盐系低介电常数微波介质陶瓷体系主要包括 $CaO-SiO_2$、$MgO-SiO_2$、$ZnO-SiO_2$ 等，是一类性能优良的低介电常数高频微波介质材料，但陶瓷的烧结温度一般在 1300℃以上[18]。研究表明：$Li_2CO_3-V_2O_5$、$Li_2CO_3-B_2O_3$、$Li_2CO_3-B_2O_3-SiO_2$、$Li_2CO_3-Bi_2O_3$ 等氧化物助烧剂对硅酸盐陶瓷具有显著降温作用，而且多元助烧剂比二元助烧剂的降温效果好[19]。其中 $Ca_{0.3}Mg_{0.7}SiO_3-CaTiO_3$ 和 $Zn_{0.8}Mg_{0.2}O-0.5SiO_2$ 已用于制备工作频率在 2.45 GHz 的介质天线、平衡-不平衡转换器等片式多层微波器件。

AWO_4、$M_3(VO_4)_2$、AMP_2O_7 和 $MMoO_4$（A ＝ Ca，Sr；M ＝ Mg，Ba，Cu）系是目前研究较多的低介电常数微波介质陶瓷体系，它们和 $MMoO_4$ 系属于固有烧结温度低的微波介质陶瓷。这些陶瓷虽然固有烧结温度较低，但其较大的负谐振频率温度系数有待进一步改进。

$MgTiO_3$ 基陶瓷具有优良的微波介电性能，在 1400℃下烧结获得的介电性能：$\varepsilon_r = 21$，$Q \times f = 160\ 000$ GHz，$\tau_f = -45 \times 10^{-6}$℃$^{-1}$。因此有研究使用 $CaTiO_3$（$\varepsilon_r = 170$，$Q \times f = 3600$ GHz，$\tau_f = 800 \times 10^{-6}$℃$^{-1}$）和 $ZnO-B_2O_3-SiO_2$ 玻璃或氧化物助烧剂降低其烧结温度、改善介电性能[20]。由于其介电性能优良、原料丰富、成本低廉等优点，该体系材料已广泛用于 GPS 天线、介质滤波器、谐振器等微波器件的制作。

三、研究前沿

Zn_2SiO_4 是硅锌矿构造，属三角晶系，空间群为 $R3$，该结构中 Zn 原子和 Si 原子均位于氧四面体的中心位置。2006 年，名古屋工业大学[21]首先报道了 Zn_2SiO_4 陶瓷经 1340℃固相反应烧结后具有优异的微波介电性能：$\varepsilon_r = 6.6$，$Q \times f = 219\ 000$ GHz，适合用于制作微波基板和毫米波器件。然而 Zn_2SiO_4 陶瓷的 τ_f 值较负（-61×10^{-6}℃$^{-1}$），并且烧结温度较高，使其应用范围受到极大的限制。为了改善 Zn_2SiO_4 陶瓷烧结特性和负值较大的 τ_f 值，合肥工业大学[22]选择具有较低烧结温度（1100℃）和正 τ_f 值（＋52×10^{-6}℃$^{-1}$）的 $Ba_3(VO_4)_2$ 化合物与 $Zn_{1.87}SiO_{3.87}$ 陶瓷进行复合，发现与 $Ba_3(VO_4)_2$ 复合虽然可以降低 Zn_2SiO_4 系陶瓷的烧结温度，调节其 τ_f 值近零，但 $Ba_3(VO_4)_2$ 自身较大的介电损耗和较小的复相陶瓷晶粒尺寸会使其介电损耗明显增大。此外，清华大学新型陶瓷与精细工艺国家重点实验室[23]研究了 TiO_2 添加量对溶胶凝胶法制备的 $Zn_2SiO_4-TiO_2$ 复合陶瓷烧结特性和介电性能的影响规律：随着 TiO_2 添加量的增大，$Zn_2SiO_4-TiO_2$ 的致密化烧结温度逐渐降低，ε_r 线性增大，$Q \times f$ 值逐渐减小，τ_f 值由负值转变为正值；与通过常规固相法烧结 Zn_2SiO_4 陶瓷相比，当 TiO_2 添加量为 11%（质量分数）时，采用溶胶凝胶法制备的复合陶瓷具有较高的 $Q \times f$ 值（150 800 GHz），且烧结温度降低约 100℃。Tang 等[24]通过加入 20%（质量分数）$ZnO\text{-}B_2O_3\text{-}SiO_2$ 玻璃将 Zn_2SiO_4 陶瓷的烧结温度降低至 900℃，其仍保持较好的微波介电性能，能够用于制作 LTCC 微波元器件。

Mg_2SiO_4 是橄榄石结构，属正交晶系，空间群为 $Pnma$，具有低的介电常数（6.8）和极高的 $Q \times f$ 值（240 000 GHz）[25]，是微波通信、雷达天线以及航空航天等诸多领域的关键材料。与 Al_2O_3 系陶瓷相比，它具有原料成本低廉、介电常数低和烧结温度低等优点，但其 τ_f 值为 $(-73 \sim -61) \times 10^{-6}℃^{-1}$，且在烧结过程中易产生第二相，严重限制了其应用范围。为了将 Mg_2SiO_4 陶瓷的 τ_f 值调节近零，选择常见的正 τ_f 值化合物 TiO_2、$CaTiO_3$、$Ba_3(VO_4)_2$ 与 Mg_2SiO_4 陶瓷进行复合。相关研究表明，$CaTiO_3$ 和 $Ba_3(VO_4)_2$ 能够有效地将 Mg_2SiO_4 陶瓷的 τ_f 值调节近零，而 TiO_2 和 Mg_2SiO_4 之间会发生反应，不能起到改善其 τ_f 值的作用。为了将 Mg_2SiO_4 陶瓷的应用范围扩展至 LTCC 领域，山东科技大学[26]通过添加 12%（质量分数）$Bi_2O_3\text{-}Li_2CO_3\text{-}H_3BO_3$ 将 $0.91Mg_2SiO_4\text{-}0.09CaTiO_3$ 陶瓷的烧结温度降低至 950℃，其微波介电性能为 $\varepsilon_r = 7.7$，$Q \times f = 11\ 300$ GHz，$\tau_f = -5 \times 10^{-6}℃^{-1}$，是一种极具潜力的 LTCC 材料。同时，浙江大学材料科学与工程系[27]研究了 Zn 离子置换对 Mg_2SiO_4 陶瓷相组成和微波介电性能的影响，发现由于 Mg_2SiO_4 和 Zn_2SiO_4 的晶体结构不同，两者之间的固溶度非常小；随着 Zn 取代量的增大，陶瓷材料的 ε_r 和 τ_f 值基本不变，而其 $Q \times f$ 值的变化较复杂，这是由其显微组织结构决定的。

堇青石（$Mg_2Al_4Si_5O_{18}$）的基本结构单元是 $[(Si, Al)O_4]$ 六元环，介电常数为 6.0，品质因数为 40 000 GHz，谐振频率温度系数为 $-25 \times 10^{-6}℃^{-1}$。与 Zn_2SiO_4、Mg_2SiO_4 陶瓷相比，堇青石的谐振频率温度系数更近零，热膨胀系数更小，非常适合用于制作微波基板。然而，其烧结温度范围较窄，难以致密，且 $Q \times f$ 值较低，无法满足高品质微波/毫米波介质元器件的应用需求。

为了改善堇青石陶瓷的介电性能，日本名古屋工业大学的 Oshato[28]采用 Ni 掺杂、冷等静压（CIP）成型、固相反应烧结制备了 $(Mg_{1-x}Ni_x)_2Al_4Si_5O_{18}$ 陶瓷。研究发现，通过适量的 Ni 掺杂，陶瓷材料的介电常数和 τ_f 值基本不变，$Q \times f$ 值可显著提高至 100 000 GHz。杭州电子科技大学宋开新[29]采用反应烧结法制备了 Ca、Sr 离子置换改性的 $Mg_2Al_4Si_5O_{18}$ 陶瓷，发现当 Ca、Sr 离子置换量小于 20%时，陶瓷的相组成仍为单相堇青石固溶体；随着 Ca、Sr 离子置换量进一步增大，陶瓷的相组成逐渐转变为长石结构固溶体；其中 Sr 离子的固溶置换有利于提高堇青石陶瓷 $[(Si, Al)O_4]$ 六元环的对称性，从而使堇青石陶瓷的 $Q \times f$ 值提高至 38 900 GHz。同为杭州电子科技大学的王阔毅[30]研究了 Y 离子置换对

$Mg_2Al_4Si_5O_{18}$ 陶瓷烧结特性和微波介电性能的影响规律。研究发现，随着 Y 含量的增加，$(Mg_{1-x}Y_x)_2Al_4Si_5O_{18}$ 陶瓷在烧结过程中生成了液相，提高了离子的扩散速率，从而改善其烧结特性，解决了堇青石陶瓷烧结温度范围窄的难题。此外，该校后续研究中[31]通过添加 TiO_2 调节 $Mg_2Al_4Si_5O_{18}$ 陶瓷的 τ_f 值，发现 $0.75Mg_2Al_4Si_5O_{18}$-$0.25TiO_2$ 复合陶瓷具有近零的 τ_f 值、低的介电常数（6.8）和较高的 $Q \times f$ 值（37 800 GHz）。

$A_2BSi_2O_7$（A = Sr、Ca、Ba；B = Co、Mg、Mn、Ni）陶瓷具有黄长石和镁长石结构，在毫米波通信和微波基板领域具有很大的应用潜力。印度国家跨学科科技研究所的 Sebastian[32]研究了 $(Sr_{1-x}A_x)_2(Zn_{1-x}B_x)Si_2O_7$ 陶瓷的相结构和介电性能。随着 Ba 离子含量的增加，陶瓷的相结构从四方结构转变为单斜结构；当 Ni 离子完全取代 Zn 离子时，陶瓷的相组成由 $Sr_2NiSi_2O_7$ 固溶体转变为 $SrSiO_3$ 和 NiO 混合相；通过添加 2%（质量分数）的 $SrTiO_3$ 将 $Sr_2ZnSi_2O_7$ 陶瓷的 τ_f 值调节至 $-13 \times 10^{-6}℃^{-1}$，且具有较高的 $Q \times f$ 值（60 000 GHz）。Sebastian[33]还进一步通过添加 15%（质量分数）的 LMZBS 玻璃将 $Sr_2ZnSi_2O_7$ 陶瓷的烧结温度降低至 875℃，并通过流延成型制备了温度稳定性生瓷带。该生瓷带具有较低的介电常数（7）和介电损耗（10^{-3}），且与银电极化学兼容性良好，非常适合于制作 LTCC 片式基板。

AAl_2O_4（A = Zn、Mg）尖晶石材料具有面心立方晶格结构，属于立方晶系，空间群为 $Fd3m$。印度特里凡得琅区域研究实验室的 Surendran[34]于 2004 年和 2005 年分别报道了 $ZnAl_2O_4$ 和 $MgAl_2O_4$ 陶瓷经 1450℃烧结 4 h 后的微波介电性能：ε_r = 8.5，$Q \times f$ = 56 300 GHz，$\tau_f = -79 \times 10^{-6}℃^{-1}$；$\varepsilon_r$ = 8.5，$Q \times f$ = 68 900 GHz，$\tau_f = -75 \times 10^{-6}℃^{-1}$。除了优异的介电性能外，$AAl_2O_4$ 陶瓷还具有良好的力学性能、高的热导率和较小的热膨胀系数，尤其适合制备通信系统的基板，但其较高的烧结温度限制了其适用范围。华中科技大学[35]研究发现 TiO_2 能有效改善 $ZnAl_2O_4$ 陶瓷的烧结性能和 τ_f 值，$0.79ZnAl_2O_4$-$0.21TiO_2$ 陶瓷经 1500℃烧结后具有优异的微波介电性能：ε_r = 11.6，$Q \times f$ = 74 000 GHz，$\tau_f = 0.4 \times 10^{-6}℃^{-1}$。随后其进一步研究了 MO（M = Co、Mg、Mn）和 TiO_2 协同掺杂改性 $ZnAl_2O_4$ 陶瓷，发现金属氧化物对材料的相组成具有较大的影响，其中 Co^{2+} 能促使 Ti^{4+} 固溶到 $ZnAl_2O_4$ 晶格中形成单相固溶体，使其 $Q \times f$ 值从 74 000 GHz 提高至 94 000 GHz[35]。为了改善 $MgAl_2O_4$ 的烧结特性和微波介电性能，台湾昆山科技大学的 Tsai[36]研究了 Co 掺杂对 $MgAl_2O_4$ 陶瓷烧结特性和介电性能的影响，发现 Co 掺杂能明显降低 $MgAl_2O_4$ 陶瓷的烧结温度，且随着 Co 含量的增加，陶瓷的介电损耗先逐渐减小，这与其较高的致密度相关，当 Co 含量过高时，会导致尖晶石晶格中的原子分布无序度增加，提高其非简谐振动，进而增大其介电损耗。华中科技大学[37, 38]采用放电等离子体烧结（SPS）法制备了透明的多晶 $MgAl_2O_4$ 陶瓷，其经 1325℃

烧结 20 min 后不仅具有优异的微波介电性能（$\varepsilon_r = 8.4$，$Q \times f = 54\,000$ GHz，$\tau_f = -74 \times 10^{-6}{}^\circ\text{C}^{-1}$），还具有良好的透光率，是一种优秀的全波段透明窗口或天线罩材料。

钨酸盐陶瓷不仅具有较低的固有烧结温度，还具有较小的介电常数，常用作 LTCC 基板材料。目前对钨酸盐低介电常数微波介质陶瓷的研究主要集中在 AWO_4（A = Ca、Sr、Ba、Mg、Zn、Mn 等）体系。伦敦南岸大学 Pullar[39] 及韩国首尔大学的 Yoon 等[40]分别报道了不同钨酸盐陶瓷的微波介电性能。此外，Pullar 等还证明 AWO_4 陶瓷的晶体结构主要取决于 A^{2+} 的半径，若 A^{2+} 半径较小（A = Mg、Zn、Mn 等），陶瓷为单斜晶系的黑钨矿结构，空间群为 $P2/c$；若 A^{2+} 半径较大（A = Ca、Sr、Ba 等），则陶瓷易形成四方晶系的白钨矿结构，空间群为 $I4_1/a$；AWO_4 陶瓷的微波介电性能与其晶体结构和 A^{2+} 半径密切相关，其介电常数主要与 A^{2+} 的离子极化率和摩尔体积相关，其 τ_f 值与材料的摩尔体积呈正相关关系。

常见的磷酸盐系陶瓷主要包括 $A_2P_2O_7$（A = Mg、Mn、Zn、Ca、Sr、Ba）和 $LiMPO_4$（M = Mg、Zn）等体系。$A_2P_2O_7$（A = Mg、Mn、Zn、Ca、Sr、Ba）化合物的结构与 A^{2+} 半径密切相关。当 A^{2+} 半径小于 0.97 时（A = Mg、Zn、Mn），材料为铈钇石结构；当 A^{2+} 半径大于 0.97 时（A = Ca、Sr、Ba），材料会转变为重铬酸盐结构。Bian 等[41]首次研究了 $A_2P_2O_7$（A = Mg、Mn、Zn、Ca、Sr、Ba）系陶瓷的微波介电性能，其介电常数均低于 10，这与 P-O 键的共价特性相关，其介电损耗随着 A-O 键的平均键能增大而逐渐减小，其 τ_f 值与相组成相关。α-$Zn_2P_2O_7$ 单相陶瓷经 875℃烧结 2 h 后微波介电性能为 $\varepsilon_r = 7.5$，$Q \times f = 50\,000$ GHz，$\tau_f = -204 \times 10^{-6}{}^\circ\text{C}^{-1}$，负值较大的 τ_f 值以及与 Ag 之间的化学反应严重限制了其在 LTCC 领域中的应用。

石榴石结构化合物体系主要包含以下三种：$Re_3A_5O_{12}$（A = Y、Ga）、$A_3B_2V_3O_{12}$（A 为一价碱金属离子 + 三价稀土元素离子，B 为二价碱金属离子）和 $Ca_5A_4(VO_4)_6$（A = Mg、Zn、Co、Ni、Mn）。韩国高丽大学 Nahm[42]采用传统的固相烧结法制备了 $Re_3Ga_5O_{12}$ 陶瓷，研究发现，陶瓷的烧结温度为 1350～1500℃，介电常数为 11.5～12.5，$Q \times f$ 值在 40\,000～192\,100 GHz 之间，τ_f 值为（-33.7～-12.4）$\times 10^{-6}{}^\circ\text{C}^{-1}$。其中 $Sm_3Ga_5O_{12}$ 陶瓷具有较优的综合微波介电性能，是一种理想的微波电路基板材料；$Y_3Al_5O_{12}$（YAG）单晶具有较低的介电常数（10.6）和极高的 $Q \times f$ 值（1\,050\,000 GHz），尤其适合用于超高频通信领域。华中科技大学[43]采用热解法制备了纳米级 YAG 粉体，并添加 TEOS 和 TiO_2 来改善 YAG 陶瓷的烧结特性和介电性能。YAG + 1%（质量分数）TEOS + 1%（质量分数）TiO_2 陶瓷经空气中 1520℃烧结后相对密度为 97.6%，介电常数为 9.9，$Q \times f$ 值为 71\,700 GHz，τ_f 值为 $-30 \times 10^{-6}{}^\circ\text{C}^{-1}$。2015 年，中国工程物理研究院[44]通过真空烧结制备了多晶透明

YAG 陶瓷，实现了材料介电性能和光学性能的良好结合，有利于扩展其应用范围。桂林理工大学的方亮[45]率先针对 $A_3B_2V_3O_{12}$ 陶瓷的介电性能展开研究，目前已报道了 $LiCa_3MgV_3O_{12}$、$NaCa_2Mg_2V_3O_{12}$、$Sr_2NaMg_2V_3O_{12}$ 等陶瓷的介电性能。这些陶瓷体系的烧结温度均低于 900℃，介电常数为 9～12，$Q×f$ 值为 25 000～75 000 GHz，且与 Ag 之间化学兼容性良好，但较负的 τ_f 值限制了其应用范围。

第四节　高介电常数体系

一、应用需求

近年来随着移动通信、卫星通信、全球卫星定位系统（GPS）以及无线局域网等的飞速发展和日益普及，现代通信技术对微波介质陶瓷类微波元器件有着极大的需求，同时，也对微波介质陶瓷类微波元器件提出小型化、高频化、集成化和低成本化的要求。以低温共烧陶瓷技术为基础的多层结构设计可有效减小器件体积，是满足上述要求的重要途径。因此，制备可低温烧结，且具有高介电常数的微波介质陶瓷已成为世界各国的研究热点，同时，该微波陶瓷还需要具备与 Ag 或 Cu 共烧形成良好结合的特性[46]。

第五代移动通信系统的快速发展对介质谐振器、滤波器等微波器件提出了更高的性能要求。微波介质陶瓷作为制造微波器件的核心材料，一直以来都是研究的热点。相比于其他高介电常数微波介质陶瓷材料，钨青铜结构 $Ba_{6-3x}M_{8+2x}Ti_{18}O_{54}$（M = 镧系元素）系陶瓷具有较好的综合介电性能，但相对较低的品质因数和偏大的谐振频率温度系数限制了它在 5G 移动通信中的应用[47]。基于镧系元素对 $Ba_4M_{28/3}Ti_{18}O_{54}$（M = La，Pr，Nd，Sm）陶瓷烧结特性、晶体结构、微观形貌、化学键参量、振动光谱以及微波介电性能的影响，有研究深入分析了振动模式、化学键参量与微波介电性能的关系。在此基础上，以提升 $Ba_4M_{28/3}Ti_{18}O_{54}$ 陶瓷系列的综合微波介电性能为目标，详细研究了 A 位置换改性 $Ba_4Sm_{28/3}Ti_{18}O_{54}$、A/B 位协同置换改性 $Ba_4Pr_{28/3}Ti_{18}O_{54}$ 以及 B 位置换改性 $Ba_4Nd_{28/3}Ti_{18}O_{54}$ 陶瓷。主要研究包括：通过固相法制备了单相正交钨青铜结构 $Ba_4M_{28/3}Ti_{18}O_{54}$（M = La，Pr，Nd，Sm）陶瓷。晶体结构精修结果显示随着镧系元素离子半径的减小，晶胞参数和晶胞体积逐渐减小，Ba-O、M-O 与 Ti-O 键的平均键长逐渐变短。基于复杂晶体化学键理论，计算了 Ba-O、M-O 与 Ti-O 键的化学键参量（离子性、晶格能及键能），建立了微波介电性能与化学键参量之间的联系。研究发现 $Ba_4M_{28/3}Ti_{18}O_{54}$ 陶瓷 ε_r 的减小与离子极化率、化学键的离子性以及晶胞体积的减小相关，$Q×f$ 值的增大与原子堆积密度、总晶格能增大以及 Ag 与 B1g 拉曼峰半高宽的减小密切相关，τ_f 值向负方向偏移则与容忍因子减小以及总键能增大有关。红外反射光谱分析表明在微波频段范围，$Ba_4M_{28/3}Ti_{18}O_{54}$ 陶瓷体系的主要介电极化贡献来源于红外频段的声子振荡吸收。随镧系元素离子半径的减小，位于低频的红外活性振动模式的振动强度减弱，对介电极化的贡献减小。在 $Ba_4M_{28/3}Ti_{18}O_{54}$ 陶瓷基体的研究基础上，为解决 $Ba_4Sm_{28/3}Ti_{18}O_{54}$ 陶瓷中所存在的 Ti 变价，以及 τ_f 值偏大的问题，人们还研究了 A 位少量 Pr 置换 Sm 对 $Ba_4Sm_{28/3}Ti_{18}O_{54}$ 陶瓷的晶体结构、微观形貌、振动光谱及微波介电性能的影响，分析了氧化剂 Pr_6O_{11} 在抑制 Ti^{4+} 还原中所起的作用。通过 Pr 置换能有效改善 $Ba_4Sm_{28/3}Ti_{18}O_{54}$ 陶瓷的"黑心"现象，抑制 Ti^{4+} 还原和氧空位生成，从而降低介电损耗。Pr^{4+} 具有较强的氧化性是抑制 Ti^{4+} 还原和氧空位生成的关键。随 Pr 置换量的增大，ε_r 增大，同时 $Q \times f$ 值提升，τ_f 值向正方向偏移。当 $y = 0.15$ 时，$Ba_4(Sm_{1-y}Pr_y)_{28/3}Ti_{18}O_{54}$（$0 \leqslant y \leqslant 0.25$）在 1375℃下烧结 4 h 具有优良的微波介电性能：$\varepsilon_r = 80.5$，$Q \times f = 9700 \text{ GHz}$，$\tau_f = -0.9 \times 10^{-6} ℃^{-1}$。

为提升 $Ba_4M_{28/3}Ti_{18}O_{54}$ 系陶瓷的综合微波介电性能，人们系统研究了 A/B 位协同置换对 $Ba_4Pr_{28/3}Ti_{18}O_{54}$ 陶瓷晶体结构、微观形貌、振动光谱及微波介电性能的影响。通过 Sm^{3+}/Al^{3+} 协同置换，$Ba_4(Pr_{1-x}Sm_x)_{28/3}Ti_{18-y}Al_{4y/3}O_{54}$（$0.4 \leqslant x \leqslant 0.7$；$0 \leqslant y \leqslant 1.5$）陶瓷系列在较大的范围内（$0.4 \leqslant x \leqslant 0.7$）均能获得优异的微波介电性能：高 ε_r（$\varepsilon_r \geqslant 70$），高 $Q \times f$ 值（$Q \times f \geqslant 12\ 000 \text{ GHz}$）以及近零的 τ_f 值（$-10 < \text{TCF} < +10 \times 10^{-6} ℃^{-1}$），实现了 ε_r 及 τ_f 值的连续可调。针对 $Ba_4(Pr_{0.5}Sm_{0.5})_{28/3}Ti_{18-y}Al_{4y/3}O_{54}$（$x = 0.5$；$0 \leqslant y \leqslant 1.5$）陶瓷系列，通过 XPS 证实了 Al^{3+} 置换能有效抑制 Ti^{4+} 的还原，提升 $Q \times f$ 值，并结合拉曼光谱与红外反射光谱分析了 B 位离子有序度对微波介电性能的影响。当 $y = 1.25$ 时，$Ba_4(Pr_{0.5}Sm_{0.5})_{28/3}Ti_{18-y}Al_{4y/3}O_{54}$ 陶瓷在 1375℃烧结 4 h 具有优异的微波介电性能：$\varepsilon_r = 72.5$，$Q \times f = 13\ 900 \text{ GHz}$，$\tau_f = +1.3 \times 10^{-6} ℃^{-1}$。为保持相对更高的 ε_r，通过 Sm^{3+}/Ga^{3+} 协同置换成功制备了 $Ba_4(Pr_{0.4}Sm_{0.6})_{28/3}Ti_{18-y}Ga_{4y/3}O_{54}$（$x = 0.6$；$0 \leqslant y \leqslant 1$）固溶体陶瓷。相比于纯 $Ba_4Pr_{28/3}Ti_{18}O_{54}$ 陶瓷，协同置换后 $Q \times f$ 值提升了约 90%，τ_f 值从 $+150 \times 10^{-6} ℃^{-1}$ 调节到了近零，且 ε_r 保持在一个相对较高的值。当 $y = 0.75$ 时，$Ba4(Pr_{0.4}Sm_{0.6})_{28/3}Ti_{18-y}Ga_{4y/3}O_{54}$ 陶瓷在 1375℃下烧结 4 h 具有最佳的综合介电性能：$\varepsilon_r = 78.5$，$Q \times f = 12\ 400 \text{ GHz}$，$\tau_f = +2.1 \times 10^{-6} ℃^{-1}$。

为进一步提升 $Ba_4M_{28/3}Ti_{18}O_{54}$ 系陶瓷的综合微波介电性能，有学者研究了 B 位不同类型离子置换，少量施主 Nb^{5+}、受主 Ga^{3+} 及施受主 $(Ga_{1/2}Nb_{1/2})^{4+}$ 置换对 $Ba_4Nd_{28/3}Ti_{18}O_{54}$ 陶瓷介电性能的影响。受主 Ga^{3+} 置换能有效抑制 Ti^{4+} 离子的还原，促进晶粒的生长，大幅提升了品质因数；施主 Nb^{5+} 置换加剧了 Ti4＋离子的还原，抑制了晶粒的生长，严重恶化了品质因数；施受主 $(Ga_{1/2}Nb_{1/2})^{4+}$ 协同置换也能在一定程度上抑制 Ti^{4+} 离子的还原，提升品质因数，但晶粒尺寸并未发生明显变化。此外，各类型离子置换均能有效改善 $Ba_4Nd_{28/3}Ti_{18}O_{54}$ 陶瓷的 τ_f 值。在此基础上，

设计不同置换量的 Ga^{3+} 离子研究其对 $Ba_4Nd_{28/3}Ti_{18}O_{54}$ 陶瓷晶体结构、微观形貌及介电性能的影响。当 $y = 1.5$ 及 $y = 2$ 时，$Ba_4Nd_{28/3}Ti_{18-y}Ga_{4y/3}O_{54}$（$0 \leqslant y \leqslant 2$）陶瓷在 1400℃下烧结 4 h 具有优异的综合微波介电性能：$y = 1.5$ 时，$\varepsilon_r = 72.8$，$Q \times f = 14\,600$ GHz，$\tau_f = +4.1 \times 10^{-6}℃^{-1}$；$y = 2$ 时，$\varepsilon_r = 70.3$，$Q \times f = 15\,500$ GHz，$\tau_f = +3.9 \times 10^{-6}℃^{-1}$。研究人员通过对 $Ba_4M_{28/3}Ti_{18}O_{54}$ 陶瓷体系离子极化率、容忍因子的精细调控以及对 Ti 变价的抑制，成功制备了一系列 ε_r 在 70～80 可调、高 $Q \times f$ 值（最高达 15 500 GHz）以及近零 τ_f 值的微波介质陶瓷材料，可应用于高性能微波器件的制备。

二、体系总结与特征分析

BaO-Ln_2O_3-TiO_2 系微波介质陶瓷具有钨青铜晶体结构，较高的 ε_r（$\varepsilon_r > 70$）、τ_f 值适中且可调节至 0、$Q \times f$ 值（$Q \times f \geqslant 1000$）基本达到使用要求，适用于飞速发展的移动通信领域（$\leqslant 4$ GHz），因此成为微波介质陶瓷中研究最多的体系之一。BaO-Ln_2O_3-TiO_2 系统陶瓷材料，是由在 BaO-TiO_2 系陶瓷中掺入稀土氧化物（主要为 La_2O_3、Nd_2O_3、Sm_2O_3 等）派生而成。当 Ln 离子半径从大到小以 La→Ce→Pr→Nd→Sm→Eu 顺序变化时，材料的 ε_r 下降，$Q \times f$ 值上升，τ_f 值由负变正。由于 BaO-Ln_2O_3-TiO_2 系材料在普通的烧结条件下难以得到致密的陶瓷体，因此，必须加入添加剂进行改性，这样既提高了烧结性能，降低了烧结温度，又提高了 $Q \times f$ 值。常用的添加剂有 PbO、SnO_2、Bi_2O_3、CeO_2 等。该系陶瓷中以 BaO-Sm_2O_3-TiO_2 和 BaO-Nd_2O_3-TiO_2 为典型代表。

BaO-Sm_2O_3-TiO_2 是高 ε_r 类微波介质陶瓷材料的典型代表之一。首先由松下电器产业中央研究所试制成功，主要用于 800 MHz 移动电话体系的 L 或 S 波段。Ouchi 等[48]发现在 BaO-Sm_2O_3-TiO_2 三元系统中有两种化合物：BaO-Sm_2O_3-$5TiO_2$ 和 BaO-Sm_2O_3-$3TiO_2$，均具有优良的微波介电性能，$\varepsilon_r = 70～90$，$Q \times f$ 值可达 3000 GHz 以上，τ_f 值接近零。后来，研究发现，以 $0.15BaO$-$0.15Sm_2O_3$-$0.7TiO_2$ 为组分的陶瓷 3 GHz 时有很高的 $Q \times f$ 值（4000 GHz）和 ε_r（78）。用少量的 Sr 取代 Ba，会使温度稳定性更好。增加 Sr 的掺入量（物质的量分数 0～2%），ε_r 由 78 线性增加到 99，$Q \times f$ 值由 4000 GHz 逐渐减为 3000 GHz，τ_f 值由$-7 \times 10^{-6}℃^{-1}$ 渐增加至 $18 \times 10^{-6}℃^{-1}$。但当在 BaO-Sm_2O_3-TiO_2-SrO 中掺入适量的 Cd 时，$Q \times f$ 值得到显著的改善，在掺入质量分数为 1%的 CdO，4 GHz 条件下，$Q \times f$ 值达到 4180 GHz，$\varepsilon_r = 80.7$，$\tau_f = -4 \times 10^{-6}℃^{-1}$[49]。

铅基钙钛矿系列主要是指（$Pb_{1-x}Ca_x$）ZrO_3、（$Pb_{1-x}Ca_x$）HfO_3、（$Pb_{1-x}Ca_x$）（$Fe_{1/2}Nb_{1/2}$）O_3、（$Pb_{1-x}Ca_x$）（$Mg_{1/2}Nb_{1/2}$）O_3 系材料。该系列材料原本是用来制备多层电容器元件的，但 Kato[50]研究了它们在微波频率下的介电特性，发现它们在

微波频率下同样具有较高的 ε_r 和 $Q \times f$ 值。当用 Ca 置换部分 Pb，随着 Ca 的增加，$Q \times f$ 值增高，τ_f 值由正值变为负值，可以得到近于零的谐振频率温度系数。一般而言，铁电陶瓷具有高的 ε_r，但由于多畴结构和畴壁极化引起深度的介质弛豫，其弛豫频率正好对应于微波频率，会产生很高的介质损耗因数，故通常认为铁电陶瓷不适宜于制备微波介质陶瓷。Kato 的发现打破了铁电体与反铁电体不可能作为高性能微波介质材料的传统观念，对微波介质物理的发展提出了新的理论。在铅基钙铁矿系列微波介质陶瓷材料中，介电常数一方面明显地随 Pb 含量的增加而上升，另一方面随 B 位离子平均半径的上升而下降。可见在铅基钙钛矿结构高 ε_r 微波介质材料中 ε_r 与 A 位的 Pb、B 位离子的半径密切相关，较小的 B 位离子可导致高 ε_r 的产生。如在 $(Pb_{1-x}Ca_x)(Zr_{1-y}, Ti_y)O_3$ 陶瓷中，半径较小的 Ti^{4+} 离子对半径较大 Zr^{4+} 的取代，使其所处的氧八面体收缩，相应地使邻近的以 Zr^{4+} 为中心的氧八面体膨胀，在电场作用下，这种膨胀使得 B 位离子在氧八面体中移动变得更加容易，从而提高了 B 位离子的位移极化，使介电常数升高。而介电常数升高的另一个原因是，烧结中掺入更多的 Ti 抑制了 Pb 损失，Ti 的取代比 Ca 的取代更能抑制 PbO 的挥发，因而陶瓷中具有高的 Pb 含量[51]。然而在此系列微波介质陶瓷中，$Q \times f$ 值的变化却恰恰相反，会随着 B 位离子平均径的上升而上升。如 $(Pb_{1-x}Ca_x)(Fe_{1/2}Nb_{1/2})O_3$ 陶瓷中在 B 位掺杂少量离子半径较大的 Ti 和 Sn 或者 Zr，可以改善其微波特性，使其品质因数有所提高。分析其原因可能是离子半径大的 Zr^{4+} 等的掺入使得含 Zr^{4+} 氧八面体膨胀，从而使邻近含 $[Fe^{5+}Nb^{3+}]$ 氧八面体压缩。在外场作用下，$[Fe^{5+}Nb^{3+}]$ 移动困难，降低整个谐振子的阻尼系数，使材料损耗减小；但当掺入量进一步增加时，体积密度降低，气孔率大大增加，使材料的非本征损耗因素加大，故而损耗增大[52]。

　　具有钙钛矿结构的微波介质陶瓷是一类备受关注的微波介质陶瓷材料。钙钛矿结构对外来离子有着较强的相容能力，只要满足电中性和离子配合半径要求，A 或 B 位可以被多种外来离子所占据而变为复合钙钛矿结构，并由此导致各种新性能的出现。理想钙钛矿晶体呈面心立方结构（fcc），空间群为 $Pm3m$，晶体结构由三维空间对称、角顶相连的八面体网络组成。B 位的 Ti^{4+} 离子处于阳离子构成的共顶八面体的中心位置。A 位离子的变化将对氧八面体的基本构架、B 位中心离子和晶体内电场造成极大影响。$CaTiO_3$ 陶瓷虽然具有较高的介电常数（170），但其 τ_f 值太大（ $+800 \times 10^{-6}\,℃^{-1}$ ）[53]，无法满足对材料实用化的要求。而 $Li_{1/2}Ln_{1/2}TiO_3$（Ln = La，Pr，Nd，Sm）系材料属于 A 位复合钙钛矿结构，其中存在具有较强内电场的氧八面体，极化能力强，因此具有较高的介电常数和较大的负 τ_f 值，因两者复合可制备得到高 ε_r 和零 τ_f 值的微波介质材料。日本大阪的 Ezaki 等[54]对摩尔比为 $CaO : Li_2O : Ln_2O_3 : TiO_2 = 16 : 9 : 12 : 63$ 的材料进行了研究。当 Ln 由 La→Pr→Nd→Sm→Eu 变化时，均具有钙钛矿结构，当 Ln 由 Gd→Tb→Dy→Ho→Er→Yb 变化时，材料中会出现第二相烧绿石 $Ln_2Ti_2O_7$。随

r_{Ln} 的增加，ε_r 上升，$Q \times f$ 值迅速下降。当 Ln = Sm 时，材料的微波介电性能最好：$\varepsilon_r = 105$，$Q \times f = 4640$ GHz，$\tau_f = 13 \times 10^{-6}$℃$^{-1}$。

Takahashi 等[55]又进一步研究了该体系材料中的 Ln 为两种镧系元素共存时材料的微波介电性能。随 r_{Ln} 的增加，ε_r 线性上升，当 Ln 为 Dy 时，$Q \times f$ 达到其最大值；但当镧系元素离子半径比 Dy 小时，$Q \times f$ 值迅速减小。在材料组成为 CaO：SrO：Li$_2$O：Sm$_2$O$_3$：Nd$_2$O$_3$：TiO$_2$ = 15：1：9：6：6：63 时其综合微波介电性能达到最佳：$\varepsilon_r = 123$，$Q \times f = 4150$ GHz，$\tau_f = 10.8 \times 10^{-6}$℃$^{-1}$。同时发现材料的 ε_r 正比于其晶胞体积的大小，$Q \times f$ 主要取决于晶体结构的变化及相组成。韩国延世大学 Kim[56]采用远红外光谱、Kramers-Kronig 计算公式和谐振模式，揭示了$(1-x)$CaTiO$_3$-xLi$_{1/2}$Sm$_{1/2}$TiO$_3$（$0 < x < 1$）材料的相结构、离子极化与损耗、介电常数之间的内在规律。在相组成中，晶相为正交钙钛矿型，随 x 的增加，晶格参数 a 变化不大，b 和 c 呈线性关系增加，介电损耗增大，绝对值先减小后增大。当 $x = 0.7$ 时，可获得 $\varepsilon_r = 114$，$Q \times f = 3700$ GHz，$\tau_f = 11.5 \times 10^{-6}$/℃的微波介电性能。中国台湾空军航空技术学院[57]研究发现 Ba 取代 Ca 可改善 CaO-Li$_2$O-Ln$_2$O$_3$-TiO$_2$ 的 ε_r 和 τ_f 值，相组成为 CaO-Li$_2$O-Sm$_2$O$_3$-TiO$_2$，BaSm$_2$Ti$_4$O$_{12}$，当 Ba 的摩尔分数为 4% 时，$\varepsilon_r = 95$，$Q \times f = 6740$ GHz，$\tau_f = 3.24 \times 10^{-6}$℃$^{-1}$。景德镇陶瓷学院的李月明采用[58]Sr 取代部分 Ca，系统研究了$(Ca_{1-x}Sr_x)_{1-y}(Li_{1/2}Sm_{1/2})_yTiO_3$ 体系，发现随着 Sr 取代量的增加，烧结温度降低，当 $y = 0.7$，$x = 1/16$ 时，烧结温度为 1250℃，此时材料具有优异的性能：$\varepsilon_r = 118.28$，$Q \times f = 2989$ GHz，$\tau_f = 47.49 \times 10^{-6}$℃$^{-1}$，该组成为低温共烧提供了良好的基础。目前，对 CaO-Li$_2$O-Ln$_2$O$_3$-TiO$_2$ 体系的研究较多，也取得了一定的成果，但对 A、B 为取代后对陶瓷烧结性能，微波介电性能的研究有待于进一步深入。

三、研究前沿

高介电常数微波介质陶瓷的介电常数通常大于 80，主要研究体系包括 BaO-Ln$_2$O$_3$-TiO$_2$ 系（Ln 为稀土元素：Ln = La、Nd、Sm、Pr、Ce、Er 等）、CaO-Li$_2$O-Ln$_2$O$_3$-TiO$_2$ 系、铅基钙钛矿系以及$(Ca_{1-x}Ln_{2x/3})TiO_3$ 系[59]。其中 BaO-Ln$_2$O$_3$-TiO$_2$ 系微波介质陶瓷具有高介电常数、高品质因数以及近于零的谐振频率温度系数，适用于微波低频段的民用移动通信，该体系中的 BaO-Sm$_2$O$_3$-TiO$_2$ 已广泛用于 800 MHz 移动电话 1～4 GHz 波段的滤波器的生产。

1984 年，Matveeva[60]基于单晶 X 射线衍射的方法，最早提出了 Ba$_{3.75}$Pr$_{9.5}$Ti$_{18}$O$_{54}$ 的晶体结构模型，即类钨青铜结构。之后许多研究者用单晶 X 射线衍射的方法和 Rietveld 方法均证实了这一基本结构。该结构以顶角相连 TiO$_6$ 八面体构成三维空间网络，其中存在三类空隙[61]，尺寸最大的 A2 位五边形空隙，

一般为大阳离子 Ba^{2+} 占据；尺寸稍小的 A1 位四边形空隙，为 Ba^{2+} 和稀土离子共同占据；尺寸最小的三角形空隙，一般不被本体离子占据。Okudera[62]在研究 $Ba_{6-3x}Sm_{8+2x}Ti_{18}O_{54}$ 超晶格结构时发现，根据所处环境的不同，A1 位四边形空隙还可以分为 5 类，多余的 Ba^{2+} 只会占据其中的 A1（1）和 A1（3）。A1（1）相对于 A1（3），位置占据率小，绝大多数空位集中在 A1（1）。A1（2）和 A1（5）一般被 Sm^{3+} 占满。研究阳离子在这些位置的分布对介电性能的影响规律，对提高材料的性能具有指导意义。往往离子在空隙中的分布状态并不是那么简单，研究者们试图找出离子分布的规律，日本的 Ohsato 在这方面做了大量的研究工作。

一般认为该三元系统形成 $Ba_{6-3x}Ln_{8+2x}Ti_{18}O_{54}$ 固溶体，Ohsato 认为在该固溶体中离子分布情况随 x 取值范围的不同而改变[63]。当 $0 \leqslant x \leqslant 2/3$，固溶体的结构式表示为 $[Ln_{8+2x}Ba_{2-3x}V_x]A1[Ba_4]A2Ti_{18}O_{54}$（V 表示空位），此时 Ba^{2+} 首先占据 A2 位，多余的 Ba^{2+} 与 Ln^{3+} 共同占据 A1 位；当 $x = 2/3$，固溶体的结构式表示为 $[Ln_{9.33}V_{0.67}]A1[Ba_4]A2Ti_{18}O_{54}$，所有占据 A1 位的 Ba^{2+} 被 Ln^{3+} 取代，Ln^{3+} 和 Ba^{2+} 分别占据 A1 位和 A2 位，形成有序分布，内应力最小，晶格最稳定，这也是 $x = 2/3$ 时品质因数最大的原因；当 $2/3 \leqslant x \leqslant 1$，固溶体的结构式表示为 $[Ln_{9+1/3+2(x-2/3)}V_{2/3-2(x-2/3)}]A1[Ba_{4-3(x-2/3)}V_{3(x-2/3)}]A2Ti_{18}O_{54}$，A2 位的 Ba^{2+} 被 Ln^{3+} 取代，Ba^{2+} 的减少在 A2 位五边形空隙中留下空位。他们从阳离子分布的有序程度和空位的产生两个方面出发，探讨内应力的变化对性能的影响规律，指出阳离子高度有序分布时内应力的减小有利于提高材料的 $Q \times f$ 值[64]。Ohsato[65]还研究了 $Ba_{6-3x}Ln_{8+2x}Ti_{18}O_{54}$ 类钨青铜固溶体结构中每个多面体的配位数和外形，发现 ε_r 随多面体体积的增大而增大。尽管 Ohsato 等在结构研究上做了很多工作，试图在结构和性能之间建立更多的联系，但从目前的研究状况来看，结构和性能的关系仍需要进一步探索。

通过取代改性，$BaO\text{-}Ln_2O_3\text{-}TiO_2$ 系微波介质陶瓷的介电性能得到了提高，但离子占位情况主要是依据离子半径的大小来推导，对掺杂离子具体取代哪个位置不同学者的观点不尽相同。低温共烧是微波器件今后的发展趋势，而 $BaO\text{-}Ln_2O_3\text{-}TiO_2$ 系陶瓷的烧结温度普遍高于 1300℃，目前主要通过添加助烧剂来降低烧结温度，但是玻璃相的生成会大大恶化材料的微波介电性能。近年来溶胶凝胶法作为一种先进的制备方法广泛应用于该体系陶瓷的制备，国内外也通过溶胶凝胶法制得了颗粒细小且性能不错的微波介质材料，通过模板晶粒生长还实现了 τ_f 值可调节[66]，这推动了微波介质陶瓷材料的发展。

$BaO\text{-}Ln_2O_3\text{-}TiO_2$ 系高介电常数微波介质陶瓷，其今后的研究重点在于：从结构出发证明离子取代的具体位置，研究结构和性能的关系，为新型微波介质陶瓷的研究开发提供理论指导；在高介电常数的基础上，通过改性，提高品质因数，调节温度系数；采用新型溶胶凝胶法制备微波介质陶瓷，选择合适的助烧剂，保证降低烧结温度的同时具备优异的介电性能。

第五节　铁氧体材料体系

一、应用需求

（一）定义

铁氧体是由多种金属氧化物混合而成的高电阻磁性陶瓷材料，通常包括铁（Fe）、锌（Zn）、锰（Mn）、镍（Ni）、钴（Co）、钡（Ba）和锶（Sr）。这些金属氧化物具有磁性，可用于射频电路中的电感器、变压器/平衡转换器、隔离器、循环器、移相器、扼流圈、滤波器、开关。铁氧体材料通常位于穿过或缠绕铁氧体规定"匝数"的导线附近位置。钇铁石榴石（YIG）是一个例外情况，它实际上是一种在生长方式上非常类似于硅晶体的铁氧体晶体，通常被抛光成球形，安装悬挂在DC磁场中的导热棒上。

（二）应用

铁氧体主要用于凝聚磁场中的磁能，从而对电磁能进行频率控制。电磁波穿过铁氧体材料时几乎不会衰减，但是有一定程度的相移，这主要取决于铁氧体感应的直流磁场的强度。因此，在对铁氧体进行适当的设计后，可将其用于控制电磁场流动的相位和方向。具体应用场景包括：通用射频铁氧体器件、宽带变压器、共模扼流圈、转换器和倒相变压器、差模电感、窄带变压器、噪声滤波器、功率电感、电力变压器、脉冲变压器、EMC/EMI扼流圈、循环器、隔离器、滤波器、开关、移相器、YIG振荡器、YIG滤波器、YIG倍增器、YIG合成器。

（三）射频应用的铁氧体

对于射频应用的铁氧体来说，其重要的特征是随频率变化的磁导率、矫顽力和整个温度范围内的性能。由于构成RF铁氧体的各种材料具有不同的性能特征，因此专门选择了铁氧体的金属氧化物混合物来实现预期响应。在制作铁氧体时，将金属氧化物粉末与黏合剂混合直至制成浆料。然后将该浆料注入模具中，加热并加压，以获得所需的陶瓷材料特征。在铁氧体材料的热量仍然很高的情况下施加磁场可以实现永久磁化，不过一般对于RF应用来说并不需要这样做。

根据混合和制造工艺，可以设定所需频率范围内的铁氧体磁导率。通过这种方式，可以将铁氧体设计成在给定的频率范围内损耗极高或极低。据此，可以将铁氧体制造成用作以千兆赫速度工作的高频变压器，或者可以设计成在电磁能量/电磁干扰（EMC/EMI）应用中高度抑制 RF 能量超过几兆赫。

基于铁氧体的射频电子元件通常需要局部手工组装、测试和调整。这主要是因为铁氧体材料在制备成元件后，其实际铁电性能往往与预期存在较大偏差。造成这种偏差的原因主要有两方面：一是铁氧体材料本身性能的不稳定性，二是加工过程中不可避免的机械公差。因此，要想实现全自动化制造铁氧体元件非常困难。

二、体系总结与特征分析

磁性陶瓷简称磁性瓷，属于以氧和铁为主的一种或多种金属元素组成的复合氧化物，故又称为铁氧体陶瓷。该种陶瓷的导电性和半导体相似，因其制备工艺和外观与陶瓷相近而得名。磁性陶瓷在现代无线电电子学、自动控制、微波技术、电子计算机、信息储存、激光调制等应用领域都有广泛的用途。

（一）发展由来

人类研究铁氧体从 20 世纪 30 年代开始，早期由日本、荷兰等国家进行系统研究，20 世纪 40 年代软磁铁氧体的商品陆续问世。第二次世界大战期间正是无线电、微波、雷达和脉冲技术飞速发展的时候，用于高频段且具有低损耗的新型磁性材料得到了迅速的发展。20 世纪 50 年代是铁氧体蓬勃发展的时期。1952 年磁铅石型硬磁铁氧体研制成功；1956 年研究人员在磁铅石结构的同晶系材料中，研发出平面型的超高频铁氧体，并发现了含稀土元素的石榴石型铁氧体。铁氧体（即磁性陶瓷）的问世是强磁性学和磁性材料发展史上一个重要的里程碑。

（二）磁性陶瓷的分类

磁性陶瓷根据性质和用途区分，可分为软磁、硬磁、旋磁、矩磁、压磁等磁性陶瓷，如表 5.2 所示。

表 5.2 各类铁氧体的主要特性和应用范围比较

类别	代表性铁氧体	晶系	结构	频率范围	应用示例
软磁	锌锰铁氧体	立方	尖晶石型	1 kHz～5 MHz	多路通信及电视用的各种磁芯和录音、录像等各种记录磁头
	镍锌铁氧体			1 kHz～300 MHz	多路通信电感器、滤波器、磁性天线和记录磁头
	甚高频铁氧体	六角	磁铅石型	300～1000 MHz	多路通信及电视用的各种磁芯

续表

类别	代表性铁氧体	晶系	结构	频率范围	应用示例
硬磁	钡铁氧体	六角	磁铅石型	1～20 kHz	录音器、微音器、拾音器和电话机等各种电声器件以及各种仪表和控制器件的磁芯
	锶铁氧体				
旋磁	镁锰铅铁氧体	立方	尖晶石型	500～100 000 MHz	雷达、通信、导航、遥测、遥控电子设备中的各种微波器件
	铱石榴石型铁氧体		石榴石型	100～10 000 MHz	
矩磁	镁锰铁氧体	立方	尖晶石型	300 kHz～1 MHz	各种电子计算机的磁性存储器磁芯
	锂锰铁氧体				
压磁	镍锌铁氧体	立方	尖晶石型	100 kHz	超声和水声器件以及电信、自控、磁声和计量器件
	镍铜铁氧体				

（1）软磁铁氧体：是易于磁化和去磁的一类铁氧体（图 5.7），具有很高的磁导率和很小的剩磁、矫顽力。应用较多且性能较好的软磁铁氧体有 Mn-Zn 铁氧体、Ni-Zn 铁氧体，以及加入少量铜、镁、锰的 Ni-Zn 铁氧体、$NiFe_2O_3$ 等。这些铁氧体材料又因不同的制备工艺而区分为普通烧结铁氧体、热压铁氧体、真空烧结高密度铁氧体、单晶铁氧体和取向铁氧体等。

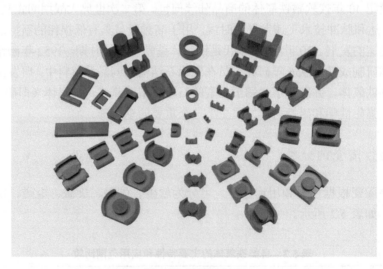

图 5.7　软磁铁氧体

应用举例：可作为高频磁芯材料，用于制作电子仪器的线圈和变压器等物件的磁芯；可作为磁头铁芯材料用于录像机、电子计算机等电子仪器中；可利用软磁铁氧体的磁化曲线的非线性和磁饱和特性，用于制作非线性电抗器件（如电抗器、磁放大器）等。

（2）硬磁铁氧体：该种材料与高磁导率的软磁材料相反，具有高矫顽力、高剩余磁感强度和最大磁能积的特性。经过磁化后，不再需要从外部提供能量就可以产生稳定的磁场，因此又可被称为永磁铁氧体。工业上常用的硬磁铁氧体就其成分分为钡铁氧体和锶铁氧体；根据压制工艺的不同又有干式和湿式、各向同性和各向异性之分。

应用举例：可用于电信领域如制作扬声器、微音器、磁录音拾音器、磁控管、微波器件等；可用于制作电器仪表如各种电磁式仪表、磁通计、示波器、振动接收器等；可用于控制器件领域如制作极化继电器、电压调整器、温度和压力控制、限制开关等。

（3）旋磁铁氧体（微波铁氧体）：是在高频磁场作用下，平面偏振的电磁波在铁氧体中一定的方向传播时，偏振面会不断绕传播方向旋转的一种铁氧体，又叫作微波铁氧体。该特性是由于磁性体电子自旋和微波相互作用引起的特殊现象。旋磁铁氧体以晶格类型分类可分为尖晶石型、六方晶型、石榴石型铁氧体三种。

应用举例：利用其正方向通电波、反方向不同电波的不可逆功能应用在环形器、隔离器等不可逆器件上；利用电子自旋磁矩运动频率同外界电磁场的频率一致时，发生共振效应的磁共振型隔离器；运用在衰减器、调谐器、开关、滤波器、振荡器、放大器、混频器、检波器等仪器中。

（4）矩磁铁氧体：指磁滞回线呈矩形的，剩余磁感应强度和工作时最大磁感应强度的比值尽可能接近 1，并且根据应用目的具有适当大小的矫顽力铁氧体。通常分为常温矩磁材料和宽温矩磁材料两类，前者居里温度较低，适宜在常温环境下使用，典型品种为 Mn-Mg 系铁氧体；后者居里温度较高，能在较宽的温度范围内使用，典型品种为 Li 系铁氧体。

应用举例：可用于制作磁放大器、脉冲变压器等非线性器件和磁记忆元件；进行磁性涂层，可制成磁鼓、磁盘、磁卡和各种磁带等，主要用作计算机外储存装置和录音、录像、录码介质和各种信息记录卡。

（5）压磁铁氧体（磁致伸缩铁氧体）：具有显著磁致伸缩特性（指经过退磁的磁性体被磁化时，外形会产生极小变形的特性）的铁氧体。当磁致伸缩铁氧体处在一定的偏磁场和交变磁场的双重作用下，根据磁致伸缩特性，材料的长度将产生相应的改变，于是产生与交变磁场频率相同的机械振动。相反，如果外界力的压伸作用使材料长度发生变化，这时材料的磁感应强度也相应发生变化，这就是所谓的换能过程（电能转变为机械能、机械能转变为动能）。

常用的磁致伸缩铁氧体有镍系铁氧体，如 Ni-Co 系、Ni-Cu-Co 系、Ni-Zn 铁氧体等。

应用举例：这类材料多用来制作超声波换能器和接收器，在电信方面制作滤波器、稳压器、谐波发生器、微音器、振荡器等；在电子计算机及自动控制方面制作超声延迟线存储器、磁扭线存储器等。

（三）小结

随着科技的不断进步发展，磁性陶瓷材料在日常生活中的应用越加广泛，电子与电机的设备组件、资料储存媒介、磁性流体、生物医用材料等，都与磁性陶瓷有关。国内磁性材料产业的产值一年高达 100 多亿元，是一个景气波动幅度低、产品生命周期长的产业。但是随着越来越多国家的投入发展，市场的竞争也日趋激烈，如何提升磁性陶瓷粉体的性能及增加粉体的产量，是当前仍需积极研究的方向。

三、研究前沿

电子信息技术的发展要求电子元器件朝小型化、集成化和多功能化方向发展，多种功能材料在内电极材料的导联作用下叠层式共烧是实现这一目标的关键技术。为了避免叠层共烧元器件中常用内电极材料 Ag（熔点为 961℃）的扩散而恶化元器件的性能，集成元器件中作为电感、抗电磁干扰等常用 Ni-Zn 铁氧体材料必须兼备低温烧结和高性能的特点。传统方法制备 Ni-Zn 铁氧体陶瓷的温度约 1200℃，保温时间约 4 h，这种烧结制度不能满足 Ni-Zn 铁氧体的低温共烧工艺。对于 Ni-Zn 铁氧体材料的低温快速烧结，典型工艺如下，首先通过对比传统固相反应法和水热法制备的 Ni-Zn 铁氧体纳米粉体的可烧结性能发现，尽管两者尺寸均为纳米级，但由于传统固相反应的高温环境使粉体产物结晶更完整、缺陷少，所以其烧结活性低于低温水热环境下制备的纳米粉体。

通过分析"大电场、小电流"特点的电场/电流辅助烧结 Ni-Zn 铁氧体的烧结机理，可知 Ni-Zn 铁氧体烧结过程中施加的电场对其低温快速烧结起主导作用：烧结过程中电场的存在促进带电粒子迁移，并促进氧空位产生而降低烧结活化能，其共同作用促进 Ni-Zn 铁氧体的烧结。采用电场/电流辅助烧结法，在烧结温度为 950℃时保温 20 min 制备出致密度＞95.34% 的亚微米级晶粒尺寸的 Ni-Zn 铁氧体陶瓷，其饱和磁化强度≥74.6 emu·g^{-1}、矫顽力≤15.0 Oe[①]。接着分析烧结机理得知，在直流模式或者近直流模式下，具有半导体导电特性的 Ni-Zn 铁氧体的快速烧结主要是基于电流的焦耳热效应。随着 Ni-Zn 铁氧体样品温度的升高，其电导率增大，将会有部分电流通过烧结样品而使样品自身产生焦耳热，该热量主要集中在 Ni-Zn 铁氧体颗粒接触位置，此处产生局部高温，导致样品颗粒瞬间熔融产生颈部，在颗粒间颈部持续产生的热量以及颈部位置处拉普拉斯应力的共同作用下，Ni-Zn 铁氧体的晶粒生长和致密化在极短时间内完成。采用放电等离子体烧结法，在直流或近似直

---

① 1 emu·g^{-1} = 10^{-3} A·m^2·kg^{-1}；1 Oe = 79.5775 A·m^{-1}。

流模式下，当烧结温度处于 850～900℃、升温速率为 60～150℃·min^{-1}，保温时间为 3～9 min 时，可制备出致密度＞98.59%的亚微米级晶粒尺寸的 Ni-Zn 铁氧体陶瓷，其饱和磁化强度≥71.2 emu·g^{-1}，矫顽力≤15.8 Oe，剩磁≤0.9 emu·g^{-1}。

最后，通过分析 CuO、Bi_2O_3、Y_2O_3 和 TiO_2 掺杂对 Ni-Zn 铁氧体性能的影响机理得知：低熔点 Bi_2O_3 最明显的作用是极大促进 Ni-Zn 铁氧体的烧结，它可为烧结体系引入液相，促进颗粒重排、溶解-沉淀传质和提高离子扩散速率，进而促进 Ni-Zn 铁氧体晶粒的长大和提高样品致密度；添加剂 TiO_2 的最明显作用是降低 Ni-Zn 铁氧体的饱和磁化强度。具有强烈占据尖晶石 B 位的非磁性 Ti^{4+} 在取代 Ni-Zn 铁氧体晶格 B 位 Fe^{3+} 的同时，会将部分 B 位的 Fe^{3+} 还原成较低磁矩的 Fe^{2+}，从而大幅度降低 B 次晶格的磁矩，继而使 Ni-Zn 铁氧体的磁矩大幅下降；添加剂 Y_2O_3 最明显的作用是抑制 Ni-Zn 铁氧体晶粒的长大。Y_2O_3 掺入 Ni-Zn 铁氧体后产生的次晶相-正交晶体结构的 $FeYO_3$ 包裹住 Ni-Zn 铁氧体晶粒，阻碍传质的进行，从而抑制 Ni-Zn 铁氧体晶粒生长和样品致密化。采用传统无压烧结法，在 900℃就可制备出致密度≥95.16%的 CuO-Bi_2O_3 共掺杂和 TiO_2-Bi_2O_3 共掺杂 Ni-Zn 铁氧体陶瓷，在 950℃可制备出致密度为≥95.13%的单组份掺杂 Bi_2O_3 和 Y_2O_3-Bi_2O_3 共掺杂的 Ni-Zn 铁氧体陶瓷。在这些 Ni-Zn 铁氧体陶瓷中，950℃烧结的 CuO-Bi_2O_3 共掺杂陶瓷样品的静态磁性能最好，其饱和磁化强度为 72.1 emu·g^{-1}，矫顽力为 4.4 Oe。

Ni-Zn 铁氧体可用作软磁、旋磁、矩磁以及压磁等材料，对于不同应用的材料，其性能要求有所不同。总的来说，制备 Ni-Zn 铁氧体时需要考虑的主要性能指标有饱和磁化强度、剩磁、矫顽力以及磁导率。

（1）饱和磁化强度（M_s）。饱和磁化强度反映材料在饱和磁场下能够被磁化的最大程度，用符号 M_s 表示。根据材料的饱和磁滞回线可得到 M_s 值，如图 5.8 所

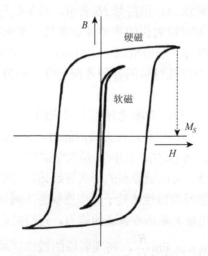

图 5.8　硬磁与软磁材料的磁滞回线及饱和磁化强度

示。对于理想晶体而言，饱和磁化强度是材料的一个内禀参数，它只与样品的物相晶体结构有关。实际晶体样品中都存在一定程度的缺陷，所以同一种物相样品的饱和磁化强度值也与其结晶完善性有关。

实际使用时对磁性材料 M_s 的要求要根据器件的工作场合进行选择[67]。有效控制铁氧体的 M_s 值是铁氧体生产过程中的一个主要问题。Ni-Zn 铁氧体的 M_s 值与材料中金属离子种类、含量和晶格占位等因素有关。因此，设计 A 位金属阳离子和 B 位金属阳离子的种类和含量就可以调节尖晶石铁氧体的 M_s 值。对于 Ni-Zn 铁氧体来说，适当改变 Ni^{2+} 和 Zn^{2+} 的含量即可在很大程度上调节 Ni-Zn 铁氧体的 M_s 值。同时，用强烈占据 A 位倾向或强烈 B 位倾向的其他非磁性金属离子进行离子掺杂取代来提高或降低 M_s 值也是调节 Ni-Zn 铁氧体饱和磁化强度的最常用方法。采用此类方法调节尖晶石铁氧体 M_s 时需要注意非磁性离子的用量，以满足亚铁磁性的条件。此外，Ni-Zn 铁氧体的晶粒尺寸也会影响其 M_s 值。对于 Ni-Zn 铁氧体的理想晶体而言，其饱和磁矩等于反平行排列的 B 位和 A 位磁矩的净磁矩。但是对于一定存在或多或少晶格缺陷的实际晶体而言，其 A 位磁矩和 B 位磁矩之间不是严格反平行排列的。比如纳米粉体会由于其具有巨大的表面而产生表面无序[68]，往往使其饱和磁矩会比晶粒尺寸较大的块体材料的饱和磁矩小很多。

（2）剩磁（M_r）。磁饱和状态的磁性材料在去除外磁场后仍具有的磁化强度即为剩磁，其单位与磁化强度的单位相同。剩磁起源于不可逆磁化的存在，因此，影响不可逆磁化的因素都可以影响剩磁的大小，如材料中的应力、杂质、气孔以及材料结构等。不同应用场合对磁性材料剩磁的要求不同，比如软磁材料要求低剩磁，而矩磁材料要求高剩磁。

（3）矫顽力（H_c）。磁饱和状态的材料在反磁化过程中达到磁中性状态时所需的外加磁场强度，即为矫顽力，用符号 H_c 表示，其单位与外加磁场的单位相同。矫顽力是表征磁性材料不可逆磁化的重要性能参数。影响磁性材料矫顽力的因素有掺杂、应力、各向异性等。一般情况下，可以通过提高材料的 M_s、减少材料中的掺杂浓度、内应力以及降低材料的各种各向异性、磁致伸缩系数等方法来降低材料的矫顽力。

（4）磁导率（μ）。磁性材料在磁化过程中研究的另一个主要物理量是磁导率。磁导率 μ 反映磁性材料在磁场中导通磁力线的能力，在实践中常采用相对磁导率 μ 的形式，其定义式为：$\mu = B/(\mu_0 H)$，其中 μ_0 是真空磁导率，B 和 H 分别是磁性材料的磁感应强度和磁场强度。常用磁导率的形式有起始磁导率和最大磁导率，分别用符号 μ_i 和 μ_{max} 表示，分别反映磁性体处于磁中性状态下磁导率的极限值和磁性材料在单位磁场强度中感生出最大磁感应强度的能力。它们的定义式和应用场合分别为

$$\mu_i = \mu_0 \lim_{H \to 0} \frac{B}{H}, \quad \text{高频弱场的线性区域} \tag{5-1}$$

$$\mu_{max} = \frac{B_{max}}{H_{max}} ，非线性区域 \qquad (5\text{-}2)$$

起始磁导率是各类软磁铁氧体材料的一个重要性能指标，表征磁性材料在磁场中被磁化的能力，它取决于可逆畴壁位移和可逆磁畴转动。促进畴壁位移和磁畴转动的因素可以提高起始磁导率，反之则降低起始磁导率。影响起始磁导率的因素有材料中的缺陷（如杂质、气孔、应力等）、材料的磁晶各向异性、磁致伸缩等。通常采用提高材料的 M_s、降低材料的磁晶各向异性常数（K_1）、磁致伸缩系数（λs）和内应力（σ）来提高初始磁导率（μ_i）。

（5）居里温度（T_c）。居里温度是磁性材料发生磁有序与磁无序转变的温度，用 T_c 表示。它反映了磁性材料自发磁化磁矩抵抗因热骚动（与 k、T 成正比，其中 k、T 分别为玻尔兹曼常数和热力学温度）而破坏磁畴磁矩有序排列的能力。T_c 表决定了材料的工作温度极限，其数值一般与交换积分成正比，当次晶格包含有更多磁性离子，尤其是 Fe 离子时，次晶格之间的交换作用越强，则该材料的居里温度越高；反之，如果次晶格包含更多非磁性离子，如 Ni-Zn 铁氧体中 A 位的非磁性 Zn^{2+} 越多，则 Ni-Zn 铁氧体的居里温度越低。

（6）磁损耗。处于交变场中的磁性材料，在储存交变场提供的能量的同时，也在消耗其能量。磁损耗是这种被消耗能量的形式之一。磁损耗的表达式为

$$W = W_h + W_e + W_c \qquad (5\text{-}3)$$

式中，W_h、W_e 和 W_c 分别为磁滞损耗、涡流损耗和剩余损耗。

磁损耗磁性材料的磁损耗与材料本身性能、工作交变磁场的频率和强度等因素有关。其中磁滞损耗来源于材料的不可逆磁化过程。涡流损耗可表示为

$$W_e = n\pi^2 d^2 f^2 B_m^2 / \rho \qquad (5\text{-}4)$$

式中，d 是材料厚度，f 是交变频率，B_m 是磁芯工作时的最大磁感应强度，ρ 是材料电阻率，n 是与材料形状相关的常数，剩余损耗来源于磁化弛豫过程。

（7）机械强度。铁氧体在应用过程中，除了对其磁性能有要求外，因为要将其加工成一定的形状或者在使用过程中要受到一定机械力作用而对其机械性能也有一定的要求。影响材料机械强度的因素主要是其物相种类和微观结构。一般规律是材料的晶粒越细，结构越致密、孔隙率越低，则其机械强度越高[69]。

参 考 文 献

[1] Richtmyer R D. Dielectric resonators[J]. Journal of Applied Physics，1939，10（6）：391-398.

[2] O'Bryan Jr H M，Thomson Jr J，Plourde J K. A new BaO-TiO₂ compound with temperature-stable high permittivity and low microwave loss[J]. Journal of the American Ceramic Society，1974，57（10）：450-453.

[3] 周沫轲. 钇铝石榴石微波介质陶瓷的探索与性能研究[D]. 成都：电子科技大学，2023.

[4] Liu F，Qu J J，Yan H. Phase structures，microstructures，and dielectric characteristics of high ε_r (1−x−y)

Bi$_{0.5}$Na$_{0.5}$TiO$_{3-x}$Li$_{0.5}$Sm$_{0.5}$TiO$_{3-y}$Na$_{0.5}$La$_{0.5}$TiO$_3$ microwave ceramic systems[J]. Ceramics International，2019，57：7621-7629.

[5]　Wang G，Zhang H W，Huang X. Crystal structure and enhanced microwave dielectric properties of non-stoichiometric Li$_3$Mg$_{2+x}$NbO$_6$ ceramics[J]. Materials Letters，2019，76：84-87.

[6]　马调调. 微波介质陶瓷材料应用现状及其研究方向[J]. 陶瓷，2019，4，13.

[7]　薛建勋. 氧化锆陶瓷高速铣削基础研究[D]. 南京：南京航空航天大学，2019.

[8]　江期鸣，黄惠宁，孟庆娟，等. 高导热陶瓷材料的研究现状与前景分析[J]. 陶瓷，2018，2：12-22.

[9]　Bai H，Ma N G，Lang J，et al. Thermal conductivity of Cu/diamond compositesprepared by a new pretreatment of diamond power [J]. Composites：Part B，2013，52（9）：182-186.

[10]　Zhou Y，Hyuga H，Kusano D，et al. A tough silicon nitride ceramic with high thermal conductivity[J]. Advanced Materials，2011，39（23）：4563-4567.

[11]　Baumeier B，Krüger P，Pollmann J. Structural，elastic，and electronic properties of SiC，BN，and BeO nanotubes[J]. Physical Review B—Condensed Matter and Materials Physics，2007，76（8）：085407.

[12]　马逸飞，李其松，黄权，等. 碳化硅陶瓷热导率影响因素研究[J]. 中原工学院学报，2024，35（1）：23-34，64.

[13]　朱允瑞，贺云鹏，杨鑫，等. 高导热氮化硅陶瓷基板影响因素研究现状[J]. 硅酸盐通报，2024，43（7）：2649-2660.

[14]　谭可，宋涛，沈涛，等. 低介电常数微波介质陶瓷的研究进展[J]. 现代技术陶瓷，2022，43（1）：11-29.

[15]　邹佳丽. 新型 ZnO-SiO$_2$ 低介高频微波介质陶瓷研究[D]. 杭州：浙江大学，2007.

[16]　Alford N M，Penn S J. Sintered alumina with low dielectric loss [J]. Journal of Applied Physics，1996，80（10）：5895.

[17]　Dai Y，Guo T，Pei X M，et al. Effects of MCAS glass additives on dielectric properties of Al$_2$O$_3$-TiO$_2$ ceramics[J]. Materials Science and Engineering：A，2008，475：76-80.

[18]　Valant M，Suvorov D. Glass-free low-temperature cofired ceramics：calcium　germinates，silicates and tellurates [J]. Journal of the European Ceramic Society，2004，24：1715-1719.

[19]　张启龙，杨辉，孙慧萍，等. 低温烧结（Ca，Mg）SiO$_3$ 系微波介质陶瓷及制备工艺：CN200410039848.1[P]. 2004-03-23.

[20]　岑远清，杜泽伟，陈梓贤，等. LTCC 低介电常数微波介质陶瓷的研究进展[J]. 电子元件与材料，2010，29（12）：64-67.

[21]　Guo Y，Ohsato H，Kakimoto K I. Characterization and dielectric behavior of willemite and TiO$_2$-doped willemite ceramics at millimeter-wave fre quency[J]. Journal of the European Ceramic Society，2006，26（10）：1827-1830.

[22]　Lv Y，Zuo R Z，Yue Z X. Structure and microwave dielectric pro-perties of Ba$_3$(VO$_4$)$_2$-Zn$_{2-x}$SiO$_{4-x}$ ceramic composites[J]. Materials Research Bulletin，2013，48（6）：2011-2017.

[23]　Dong M Z，Yue Z X，Zhuang H，et al. Microstructure and microwave di electric properties of TiO$_2$-doped Zn$_2$SiO$_4$ ceramics synthesized through the sol-gel process[J]. Journal of the European Ceramic Society，2008，91（12）：3981-3985.

[24]　Tang K，Wu Q，Xiang X Y. Low temperature sintering and microwave dielectric properties of zinc silicate ceramics[J]. Journal of Materials Science：Materials in Electronics，2012，23（5）：1099-1102.

[25]　Tsunooka T，Andou M，Higashida Y，et al. Effect of TiO$_2$ on sinterability and properties of high-Q forsterite ceramics[J]. Journal of the European Ceramic Society，2003，23（14）：2573-2578.

[26]　Dou G，Guo M，Li Y. Effects of CaTiO$_3$ on microwave dielectric proper ties of Li$_2$ZnSiO$_4$，ceramics for LTCC[J].

Journal of Materials Science: Materials in Electronics，2016，27：359-364.

[27] Song K X，Chen X M，Zheng C W. Microwave dielectric characte-ristics of ceramics in Mg_2SiO_4-Zn_2SiO_4，system[J]. Ceramics International，2008，34（4）：917-920.

[28] Ohsato H，Kagomiya I，Terada M，et al. Origin of improvement of Q based on high symmetry accompanying Si-Al disordering in cordie-rite millimeter-wave ceramics[J]. Journal of the European Ceramic Society，2010，30（2）：315-318.

[29] 宋开新，胡晓萍，郑鹏，等. $(Mg_{1-x}Ca_x)_2Al_4Si_5O_{18}$ 陶瓷的相演变与微波介电性能[J]. 硅酸盐学报，2012，40（2）：300-315.

[30] 王闳毅，刘鹏，魏金生，等. 低介电常数$(Mg_{1-x}Y_x)_2Al4Si_5O_{18}$ 陶瓷的制备与微波介电性能[J]. 硅酸盐学报，2015，43（9）：1203-1208.

[31] 宋开新，杨岳强，郑鹏，等. $(Mg_{1-x}Sr_x)_2 Al4Si_5O_{18}$ 陶瓷的显微结构与微波介电性能研究[J]. 无机材料学报，2012，27（6）：575-579.

[32] Joseph T，Sebastian M T. Microwave dielectric properties of $(Sr_{1-x}A_x)_2(Zn_{1-x}B_x)Si_2O_7$ceramics（A＝Ca，Ba and B＝Co，Mg，Mn，Ni）[J]. Journal of the American Ceramic Society，2010，93（1）：147-154.

[33] Joseph T，Sebastian M T，Heli J，et al. Tape casting and dielectric proper ties of $Sr_2ZnSi_2O_7$-based ceramic-glass composite for low-temperature co-fired ceramics applications[J]. International Journal of Applied Ceramic Technology，2011，8（4）：854-864.

[34] Surendran K P，Bijumon P V，Mohanan P，et al. （1−x）$MgAl_2O_{4-x}TiO_2$ dielectrics for microwave and millimeter wave applications[J]. Applied Physics A-materials Science & Processing，2005，81（4）：823-826.

[35] Lei W，Lu W Z，Zhu J H，et al. Microwave dielectric properties of $ZnAl_2O_4$-TiO_2spinel-based composites[J]. Materials Letters，2007，61：4066-4069.

[36] Tsai W C，Liou Y H，Liou Y C. Microwave dielectric properties of $MgAl_2O_4$ -$CoAl_2O_4$ spinel compounds prepared by reaction-sintering process[J]. Materials Science and Engineering：B，2012，177（13）：1133-1137.

[37] Fu P，Lu W Z，Lei W，et al. Transparent polycrystalline $MgAl_2O_4$ ceramic fabricated by spark plasma sintering：Microwave dielectric and opti cal properties[J]. Ceramics International，2013，39（3）：2481-2487.

[38] Fu P，Xu Y，Lu W Z，et al. Optical and microwave dielectric properties of Zn-Doped $MgAl_2O_4$ transparent ceramics fabricated by spark plasma sintering[J]. International Journal of Applied Ceramic Technology，2015，12（1）：116-123.

[39] Pullar R C，Farrah S，Alford N. $MgWO_4$，$ZnWO_4$，$NiWO_4$ and $CoWO_4$ microwave dielectric ceramics[J]. Journal of the European Ceramic Society，2007，27（2）：1059-1063.

[40] Yoon S H，Kim D W，Cho S Y，et al. Investigation of the relations between structure and microwave dielectric properties of divalent metal tung state compounds[J]. Journal of the European Ceramic Society，2006，26（10）：2051-2054.

[41] Bian J J，Kim D W，Hong K S. Microwave dielectric properties of $A_2P_2O_7$（A＝Ca，Sr，Ba；Mg，Zn，Mn）[J]. Japanese Journal of Applied Physics，2004，43（6）：3521-3525.

[42] Nahm S，Kim J C，Kim M H，et al. Synthesis and microwave dielectric properties of $Re_3Ga_5O_{12}$（Re：Nd，Sm，Eu，Dy，Yb and Y）ceramics [J]. Journal of the American Ceramic Society，2007，90（2）：641-644.

[43] Zhang X R，Wang X C，Fu P，et al. Microwave dielectric properties of YAG ceramics prepared by sintering pyrolysised nano-sized powders[J]. Ceramics International，2015，41（6）：7783-7789.

[44] Jin W，Yin W L，Yu S Q，et al. Microwave dielectric properties of pure YAG transparent ceramics[J]. Materials Letters，2016，173：47-49.

[45] Fang L，Su C X，Zhou H F，et al. Novel low-firing microwave dielectric ceramic $LiCa_3MgV_3O_{12}$ with low dielectric loss[J]. Journal of the American Ceramic Society，2013，96（3）：688-690.

[46] 李月明，张华，洪燕，等. 高介电常数微波介质陶瓷及其低温烧结的研究进展[J]. 中国陶瓷工业，2010，17（5）：52-59.

[47] 王耿. 钨青铜结构高介电常数微波介质陶瓷的性能调控[D]. 武汉：华中科技大学，2022.

[48] 李标荣，王筱珍，张绪礼. 无机电介质[M]. 武汉：华中理工大学出版社，1995.

[49] Nishigaki S，Kato H，Yano S，et al. Microwave dielectric properties of（Ba，Sr）O-Sm_2O_3-TiO_2 Ceramics[J]. American Ceramic Society Bulletin，1987，66（9）：1405-1410.

[50] 张忱. 日本微波介电陶瓷的发展现状和趋势[J]. 材料导报，1995（5）：46-48.

[51] 吕文中，张道礼，黎步银，等. 高 ε_r 微波介质陶瓷的结构、介电性质及其研究进展[J]. 功能材料，2000，31（6）：572-576.

[52] Hang C L，Weng M H. The effect of Pb O loss on microwave dielectric properties of（Pb，Ca）（Zr，Ti）O_3 ceramic[J]. Materials Research Bulletin，2001：683-691.

[53] Kell R C，Greenham A C，Olds G C E. High-permittivity tem perature-stable dielectric ceramics with low microwave loss[J]. Journal of the American Ceramic Society，1973，56（7）：352-354.

[54] Ezaki K，Baba Y，Takahashi H，et al. Microwave dielectric properties of CaO-Li_2O-Ln_2O_3-TiO_2 ceramics[J]. Japanese Journal of Applied Physics，1993，32（9B）：4319-4322.

[55] Takahashi H，Baba Y，Ezaki K，et al. Microwave dielectric properties and crystal structure of CaO-Li_2O-（$1-x$）Sm_2O_3-xLn_2O_3-TiO_2（Ln：lanthanide）ceramic system[J]. Japanese Journal of Applied Physics，1996，35（9B）：5069-5073.

[56] Kim W S，Yoon K H，Kim E S. Far-infrared reflectivity spectra of $CaTiO_3$-$Li_{1/2}Sm_{1/2}TiO_3$ microwave dielectrics[J]. Materials Research Bulletin，1999，34（14/15）：2309-2317.

[57] Chen Y C，Cheng P S. Substitution of CaO by BaO to improve the microwave dielectric properties of CaO-Li_2O-Sm_2O_3-TiO_2 ceramics [J]. Ceramics International，2001，27：809-813.

[58] 张华，李月明，江良，等. Sr^{2+} 置换改性 $Ca_{0.25}(Li_{1/2}Sm_{1/2})_{0.75}TiO_3$ 陶瓷的微波介电性能研究[J]. 人工晶体学报，2010，39（3）：291-296.

[59] 吕文中，张道礼，黎步银，等. 高 ε_r 微波介质陶瓷的结构、介电性质及其研究进展[J]. 功能材料，2000（6）：572-576.

[60] Matveeva R G，Varfolomeev M B，Il'Yushchenko L S. Refinement of the composition and crystal structure of $Ba_{3.75}Pr_{9.5}Ti_{18}O_{54}$[J]. Russian Journal of Inorganic Chemistry，1984，29（1）：31-34.

[61] Okudera H，Nakamura H，Toraya H，et al. Tungsten bronze-type solid solutions $Ba_{6-3x}Sm_{8+2x}Ti_{18}O_{54}$（$x = 0.3$，0.5，0.67，0.71）with superstructure[J]. Journal of Solid State Chemistry，1999，142（2）：336-343.

[62] Murayama N，Hirao K，Sando M，et al. High-temperature electro-ceramics and their application to SiC power modules[J]. Ceramics International，2018，44（4）：3523-3530.

[63] Ohsato H.Origins of high Q on microwave tungstenbronze-type like $Ba_{6-3x}R_{8+2x}Ti_{18}O_{54}$（$R$：rare earth）dielectrics based on the atomic arrangements[J]. Journal of the European Ceramic Society，2007，2911-2915.

[64] Ohsato H，Imaeda M. The quality factor of the microwave dielectric materials based on the crystal structure-as an example：the $Ba_{6-3x}R_{8+2x}Ti_{18}O_{54}$（$R$ = rare earth）solid solutions[J]. Materials Science & Engineering B，2003，208-212.

[65] Ohsato H，Futamata Y，Sakashita H，et al. Configuration and coordination number of cation polyhedra of tungstenbronze-type-like $Ba_{6-3x}Sm_{8+2x}Ti_{18}O_{54}$ solid solutions[J]. Journal of the European Ceramic Society，2003，

23（14）：2529-2533.

[66] Wada K，Kakimoto K I，Ohsato H. Control of temperature coefficient of resonant frequency in $Ba_4Sm_{9.33}Ti_{18}O_{54}$ ceramics by templated grain growth[J]. Science and Technology of Advanced Materials，2005，6（1）：54-60.

[67] 韩志全. 微波铁氧体饱和磁化强度的测量磁场及剩磁比问题[J]. 磁性材料及器件，2013，44（1）：73-78.

[68] Sato T，Iijima T，Seki M，et al. Magnetic properties of ultrafine ferrite particles[J]. Journal of Magnetism and Magnetic Materials，1987，65（2）：252-256.

[69] 周志刚. 铁氧体磁性材料[M]. 北京：科学出版社，1981.

第六章　LTCC-SiP 工艺的技术难点

第一节　"零收缩"匹配及调控技术

一、零收缩技术的需求背景

尽管 LTCC 技术已有许多应用，但 LTCC 工艺具有若干缺点。第一个缺点是在传统的自由烧结期间，陶瓷结构的尺寸存在显著变化，这意味着在烧结期间在所有方向上的尺寸都会发生收缩。通常，生瓷带在其宽度或长度（X 或 Y 方向）上的收缩率将与其在 Z 方向上的收缩率几乎相同或仅略微不同，并且总计约 15%。因此，用于制造自由烧结部件的生瓷带面积应约超过最终部件面积的 30%。自由烧结的第二个缺点是自由烧结部件中发生的几何精度损失，这种精度损失限制了在单个 LTCC 面板中生产大量模块的能力。尤其部分体系在烧结过程中，Z 方向与 X/Y 方向收缩幅度不一致，X/Y 方向上的收缩变化量高达 70.5%。若以直径 203.2 mm（8 英寸）的样品为例，则会导致 X 和 Y 方向上约 100 mm 的位置不确定性，从而导致后烧制工艺中的问题，例如元件放置，特别是焊盘印刷和倒装芯片接合。因此，难以使用自由烧结工艺来扩大 LTCC 面板尺寸。为了解决这个问题，必须寻找新的烧结方法来大幅减少横向收缩和整体的收缩变化[1]。理想目标是实现让 LTCC 模块仅在 Z 方向上收缩。

因此，在低温共烧陶瓷（LTCC）的生产中，不同厂家纷纷采用压力辅助烧结和牺牲带等零收缩技术。零收缩技术除了对常规的生瓷加工工艺和设备进行相关的优化和改进外，最重要的还是其共烧技术。共烧工艺的工艺参数、工装、烧结环境都会对 LTCC 多层基板的性能和质量产生影响。目前，主要采用自约束烧结法、压力辅助烧结法、无压力辅助烧结法和复合板共同压烧法进行 LTCC 基板的零收缩制作[1]。

（1）自约束烧结（self-constraint sintering，SCS）法。采用在自由共烧过程中呈现出自身抑制平面方向收缩特性的所谓平面零收缩 LTCC 生瓷带（如贺利氏 HeraLock 2000）制作基板，使其在常规的 LTCC 烧结炉中外界非限制性烧结（unconstraint sintering，UCS），优化层压与烧结工艺，可以将烧成 LTCC 基板平面方向的尺寸收缩率不均匀度控制在 ±0.03%～±0.04%。

（2）压力辅助烧结（pressure assistant sintering，PAS）法。采用常规三维收缩

LTCC 生瓷带（如 DuPont 951PT）制作 LTCC 生瓷块，送入烧结过程中在厚度方向（Z 向）可施加压力的专用 LTCC 烧结炉中进行共烧，以强制加压的方式限制 LTCC 基板在 X、Y 平面方向上的收缩，使烧结后 LTCC 基板的平面尺寸与烧结前生瓷块的平面尺寸相同，从而实现平面零收缩或无收缩的烧结，可使 LTCC 基板的平面尺寸烧结收缩率控制在 0.01%±0.008%之内。

（3）无压力辅助烧结（pressure-less assistant sintering，PLAS）法。采用常规三维收缩 LTCC 生瓷带制作生瓷块后，再用 DuPont 公司拥有专利技术的配套专用氧化铝带作为牺牲层在上、下面夹持住生瓷块，送常规 LTCC 烧结炉中 UCS 烧结，在不借助任何外部压力的情况下通过牺牲层与 LTCC 层之间的摩擦力抑制 LTCC 基板的平面收缩，烧结完成后研磨掉上、下面上夹持用的氧化铝层，得到平面零收缩的 LTCC 基板，可使 LTCC 基板的平面尺寸烧结收缩率控制在 0.1%±0.05%之内。

（4）复合板共同压烧法。采用 ESL 公司专利技术的转移生瓷带（transfer greentape），叠片为多层生瓷坯后，放在陶瓷或不锈钢的衬垫板上共同层压使 LTCC 生瓷坯压实为生瓷体，再一起送常规 LTCC 烧结炉中 UCS 烧结，LTCC 基板与衬垫板烧制成一体，烧结过程中由于衬垫板的限制作用使其上的 LTCC 基板在平面方向上实现零收缩，可使 LTCC 的平面尺寸烧结收缩率减小到约 0.1%。

但是这些方法的缺点是烧结设备成本高，并且需要额外的工艺步骤来去除牺牲带。不过在新近发展起来的自约束烧结方法中，德国 Heraeus 公司的新技术提供的 LTCC 组件在 X 和 Y 方向的烧结收缩率小于 0.2%，收缩容限为 70.02%，无须牺牲层和外部压力[2]。在 LTCC 的烧结温度范围内，每条带都通过各层的集成来自我约束，从而显示出无收缩特性。这种特性使得大面积金属化、通道、腔体和无源电子元件的集成都成为可能。自约束层板是生产零收缩 LTCC 的一种替代方法，它们由不同温度间隔烧结的带材组成。成功生产自约束 LTCC 层压板的前提是分别开发适合的材料和胶带。这一任务非常具有挑战性，因为烧结范围、高温反应性和热膨胀系数必须匹配，并且每一条带子必须在最终组件中完成特定的功能，这要求裁减许多性能，如介电常数、介电损耗、机械强度和粗糙度[3]。本节将介绍一种自约束层合板，它包括在 650～720℃的特别低温范围内烧结的内带和具有适合薄膜工艺的烧结表面的外带。

二、自约束烧结法

自约束烧结法原理是在烧结过程中，通过生瓷带材料匹配和结构设计，本身呈现在平面方向收缩抑制的特性，即在常规 LTCC 烧结炉中不需要氧化铝生瓷带作为牺牲层或外界压力限制，而生瓷带在烧结时 X、Y 方向平面具备零收缩特性。自约束零收缩 LTCC 技术目前经常采用的结构有两种：一种是 LTCC 生瓷片采用三层结构，中间层是多孔介质，烧结温度较高，在烧结过程中，处于两侧的生瓷玻璃材料经熔化并渗透至中间层，实现基板的致密化；另一种是采用夹心结构，中间层正常温度烧结，上下层低温烧结，在各自的烧结温度下，中间层和上下层互相限制收缩。

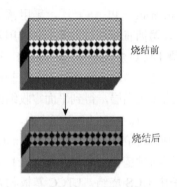

图 6.1　三层结构的自约束烧结示意图

LTCC 生瓷片采用三层结构，该结构由上下层为玻璃与陶瓷混合物和中间一层锁紧层（氧化铝多孔介质）组成[4]（图 6.1）。要求在烧结时，中间层的多孔介质先烧结完成，并且在高温下一直保持较高的机械强度，能够抵抗两边层烧结时出现的收缩应力。随着烧结的进行，上下两层玻璃与陶瓷混合物中的玻璃成分开始融化，并会与氧化铝发生一系列的化学反应，当玻璃流体的黏度降低到一定值时，两边生瓷带中的玻璃熔化渗透到中间层中多孔结构中，同时锁紧层烧结后为玻璃流体的浸润留下足够的空间。这样烧结完成后，即可得到致密且零收缩的 LTCC 基板。该零收缩 LTCC 基板材料的性能，与两边熔融的玻璃对锁紧层浸润性的好坏有关。使玻璃熔融后的黏度尽可能小，在锁紧层中混合少量玻璃成分，合理选择锁紧层中氧化铝粉的粒度，都能增强其浸润性，提高 LTCC 基板性能。

采用夹心结构的自约束零收缩烧结 LTCC 生瓷带结构分为三层，上下层与中间层的烧结温度不同，中间层是正常温度（850℃）烧结，上下层是低温（650℃）烧结层（图 6.2）。烧结分为两个阶段：第一阶段（650℃时），生瓷带 A 开始烧结，上下两层生瓷带 B 由于表面静摩擦力作用抑制了生瓷带 A 的平面方向的收缩行为，此时上下两层生瓷带类似于无压力辅助烧结法中的牺牲层；第二阶段（850℃），生瓷带 B 开始烧结，这时已烧结的生瓷带 A 抑制了生瓷带 B 的平面收缩行为，从而得到整个平面零收缩致密的陶瓷基板。

常规三维收缩的 LTCC 生瓷带是由玻璃粉料、陶瓷粉料、有机黏合剂等材料充分混合后流延制成的组分均匀的单层柔软薄带；具有自约束特性的平面零收缩 LTCC 生瓷带构成的三层结构则由不同配比的玻璃粉料和氧

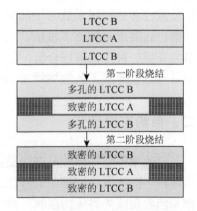

图 6.2　夹心结构的自约束烧结示意图

化铝粉混合流延叠压而成，利用应用层状陶瓷复合材料的约束机理限制此三层结构生瓷带在烧结时的平面收缩，生瓷带烧结温度的高低可由生瓷带中的玻璃含量来控制。

2000 年，德国的 Heraeus 公司和美国的 Ragan Technologies 公司，开发出自约束零收缩的 LTCC 材料，可以用于大面积基板的生产。何中伟等[5]选用 HeraeusHL2000-5.3 型 LTCC 生瓷带及其配套的网印与填孔 Ag 导体浆料设计和制作 LTCC 基板，优化层压与烧结工艺，将生瓷带烧成后，平面 X、Y 方向烧结收缩率为（0.2%～0.4%）±0.04%，互连网络通路率 100%，通过 20～30 倍显微镜检查，基板无分层、平整无变形、无凸起、无裂纹、无翘曲。在实际生产过程中基本掌握了自约束烧结平面零收缩 LTCC 基板制作工艺技术，形成了工艺规范，基板平面尺寸烧结收缩率不均匀度较常规 LTCC 工艺大幅降低。

三、压力辅助烧结法

压力辅助烧结法原理是在常规的 LTCC 生瓷带叠压之后，在底部和顶层采用一定厚度的 SiC 基板夹持，再对整个组件进行热压烧结。烧结时利用专用的烧结设备，对生瓷带进行垂直施压，增加 SiC 层与 LTCC 生瓷带表面的摩擦力，以阻止 LTCC 生瓷带烧结时在 X、Y 方向上的收缩行为（图 6.3）。该方法需要由专用的烧结设备来完成，由于设备施压可控，LTCC 生瓷带与 SiC 层之间水平方向上的静摩擦力也随之可控，并且可根据设备性能在同一纵向夹持多个产品同时施压，能够很好地通过 Z 轴方向的收缩来控制 LTCC 生瓷带平面上的收缩率[6]。采用压力辅助烧结法，其烧结收缩率可控制在 0.01%之内，并且收缩一致性误差可以降低到 0.008%以下，烧结后得到的 LTCC 基板致密度高，几乎无缺陷，为后续加工打下了很好的基础。压力辅助烧结法不受材料的限制可以用于多品种 MCM 的研制，但不可忽略的是，采用这种方法需要使用专门的烧结设备，目前能够生产此类设备的仅有德国 ATv Technologie GmbH 公司，单台设备成本高达 25 万欧元，设备投资成本大。

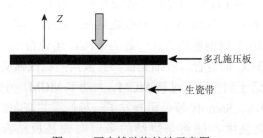

图 6.3　压力辅助烧结法示意图

四、无压力辅助烧结法

无压力辅助烧结法最先由美国的杜邦公司研发出来，并申请了相关专利，其原理如图 6.4 所示。常规的三维收缩 LTCC 生瓷带在进行叠压过程中，分别在底部和顶部叠压具有一定厚度的生瓷带来作为牺牲层，然后对整个组件送入常规 LTCC 烧结炉中进行烧结。在烧结过程中，LTCC 生瓷带与牺牲层之 X、Y 方向零收缩趋势间会产生静摩擦阻力，从而阻止了 LTCC 生瓷带在 X、Y 方向上的收缩，使得收缩几乎只发生在 Z 方向。牺牲层一般为配套的氧化铝生瓷带，在烧结过程中不发生收缩，不成瓷，且有足够的孔隙，使得排胶过程顺利进行。LTCC 生瓷带为普通生瓷带，可根据设计要求选择相应的材料性能。

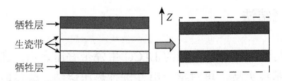

图 6.4　无压力辅助烧结法示意图

采用这种方法烧结，能够使 LTCC 基板 X、Y 方向上的收缩率可控制在 0.1% 之内，收缩一致性误差可小于 0.05%。但无压力辅助烧结法在烧结过后，需要增加其他工艺来去掉上下表层的牺牲层，如果工艺处理不当，可能会造成 LTCC 基板表面粗糙，一定程度上带来了工艺的复杂性。

五、复合板共同压烧法

复合板共同压烧法是采用生瓷带与金属基板共同层压后进行共烧，金属基板作为衬垫板与 LTCC 烧制一体，能够限制 LTCC 在烧结过程中平面方向的收缩，从而得到高性能的多层 LTCC 的复合零收缩基板。ESL 公司有多种专利技术的转移生瓷带供应，既有可与 96% Al_2O_3 基板烧结在一起的不同介电常数的 LTCC 生瓷带，又有可与 430 不锈钢板烧结在一起的 LTCC 生瓷带[7]。这种方法材料可获得，而且有多层 LTCC 的复合零收缩基板具有极高的机械强度、抗冲击能力和良好的散热性，非常适于制作耐高过载 MCM、大功率 MCM。另外，与此类似的是，有报道称，CeramTcs、Sarnoff 等公司开发了一种低温共烧陶瓷金属（LTCC-M）多层基板制造工艺技术，能将未烧结的多层陶瓷基板结合在柯伐（Kovar，Fe-Ni-Co）合金或铜钼铜（CuMoCu）金属上，可使 LTCC 的平面共烧收缩率减小到约 0.1%，基于柯伐合金、铜钼铜的复合基板热导率分别可达 40 W·(m·K)$^{-1}$、170 W·(m·K)$^{-1}$，比传统 LTCC 基板的热导率 2～3 W·(m·K)$^{-1}$ 高出数十倍。

第二节　异质/多元材料化学相容性技术

对于拥有大量无源元件的 SiP 来说，无源元件集成化和小型化是实现 SiP 小型化和高可靠性的重要因素。采用低温共烧异质电介质材料和磁介质材料则可实现较大量值电容和电感的小型化，提高集成度。但异质 LTCC 技术应用于 SiP 时需考虑局部异质，工艺较复杂。制作时需要在 LTCC 陶瓷基板材料层中嵌入不同尺寸的介质材料和铁氧体材料；烧结时，不同材质的材料由于界面、烧结温度和收缩率等特性存在差别，基板容易出现分层、开裂、翘曲等现象，必须控制好烧结工艺参数。因此，要实现 SiP 中尽可能多的无源元件集成化和小型化，既要有与主体 LTCC 生瓷带共烧匹配良好的异质生瓷带材料，也要有可批量化生产的能嵌入不同尺寸生瓷带的设备。目前已有日本等公司生产嵌入式 LTCC 产品，但采用 LTCC 基板实现 SiP 多处局部异质的批量生产工艺仍有待于进一步完善。

随着数字化、信息化和网络化时代的到来，电子封装对小型化、集成化、多功能化、高速高频、高性能、高可靠、低成本等提出了更高的要求[8]。LTCC 封装产品在小型化、集成化、高速高频、高性能等方面具有明显特色，未来将继续发展以保持技术优势。但常规 LTCC 封装产品在热匹配、散热、成本等方面还存在不足，影响 LTCC 封装产品的发展和在更广泛领域的应用。解决 LTCC 封装产品在某些应用需求中的关键问题成为亟须进一步研究攻关的技术问题。LTCC 封装产品某些特性的不足更多体现在 LTCC 基板材料品种的不足。有些特殊 LTCC 材料国外已有产品，如京瓷 GL771 高热膨胀系列具有特殊性能的 LTCC 封装产品，但这些特殊 LTCC 材料主要是自用，并不对我国出售。因此，我国要发展这类具有特殊性能的 LTCC 封装产品，还必须加强研发这类具有特殊性能的 LTCC 材料，才能从根本上解决问题。

一、金属导体与基板的界面稳定性

表面金属化是利用表面改性技术在非金属表面上覆盖金属涂层，电镀和化学镀是最常用的方法[9]。金属化能使 LTCC 材料表面具优良的导电性、导热性以及可焊性等金属特性[10]。电镀需要对材料的非金属表面进行复杂的镀前处理以使材料具有导电性，从而满足后续电镀需求，但金属化后的孔隙较大，且会造成较重程度的污染。化学镀则是在陶瓷材料表面通过沉积不同的金属以实现陶瓷表面金属化。

表面金属化可改善陶瓷的可焊性，使绝缘的陶瓷材料获得良好的导电、导热等物理性能和优异的化学性能，从而满足电子信息技术各方面的要求，进而满足LTCC 材料的性能需要。

因此，该工艺中的其中一个重点就是共烧材料的匹配性。实现 SiP 基板与布线共烧时的收缩率及热膨胀系数匹配问题是关键，它关系到多层金属化布线的质量。共烧时，基片与浆料的烧结特性不匹配主要体现为三个方面[11]：①烧结致密化完成温度不一致；②基片与浆料的烧结收缩率不一致；③烧结致密化速率不匹配。这些不匹配容易导致烧成后基片表面不平整、翘曲、分层。不匹配的另一个后果是金属布线的附着力下降。

实际产品制备过程中，在将不同介质层（电容、电阻、电感、导体等）共烧时，需要控制不同界面间的反应和界面扩散，使各介质层的共烧匹配性良好，界面层间在致密化速率、烧结收缩率及热膨胀速率等方面尽量达到一致，减少层裂、翘曲和裂纹等缺陷的产生。对收缩行为的严格控制关键在于对 LTCC 共烧体系烧结收缩率的控制，LTCC 共烧体系沿 X、Y 方向的收缩一般为 12%～16%。采用无压力辅助烧结或压力辅助烧结法，可获得沿 X、Y 方向较小收缩率或零收缩率的烧结，在 LTCC 共烧层的顶部和下部放置压片作为收缩率控制层。

二、嵌入元件与基体的化学相容

无源元件（电阻、电容和电感）在混合集成电路中的用量日益增加，在典型的手持装置和计算机等微电子产品中，超过 80%为无源元件，元件占用了电路基板面积的约 50%，焊盘占用电路基板面积约 25%，无源元件对系统的成本、体积和可靠性有着十分明显的影响。SiP 中大量无源元件的存在不仅需要系统有更大的组装面积，也意味着大量凸点的存在。凸点增多，将导致系统因互连凸点失效的可能性增大。通过 LTCC 内埋置无源元件，可以减少 SiP 表面贴装无源元件的数量，提高系统的组装密度和可靠性；另外埋置无源元件连接线段，具有较低的寄生效应，适用于更高频率和速度的电子系统。

在 LTCC 多层布线中，可以将不同特性的电阻、电容、电感等材料通过图形设计分布在不同生瓷带层上，经叠压烧结后与基板集成为一体，成为内埋置无源元件。对于精度要求不高的电阻可以埋置在基板内部。对于精度要求较高的电阻则需印烧在基板表面以便调阻，也可采用在厚膜电阻表面开调阻窗口的方法将电阻埋置在浅层内以便调阻。对于几皮法（10^{-12}F）或几十皮法的小容量电容，可用瓷体本身作为电容介质材料。对于更大容量的电容则需用电容介质浆料或高介电常数生瓷带制作。将导带设计成直线、折线、螺旋线等形状可得到不同大小和性能的埋置电感。但在常用的 LTCC 材料中制作的埋置电感的电感量一般在两三百纳亨（10^{-9}H）以下，适合高频使用。制作更大电感量的电感需要用铁氧体材料[7]。通过微带元件及与电阻、电容、电感组合设计，可以实现滤波器、天线、功分器等元件的内埋。

第三节　LTCC 制备工艺技术

本节将简单介绍 LTCC 的制备流程及各环节需要的设备，以分析其工艺特征是否与硅基半导体工艺兼容。

LTCC 工艺流程大致步骤为：粉体制备—浆料制备—混合搅拌—流延—烘干—单层生瓷带切片—冲孔—印刷导体浆料—通孔填充—叠层—热压—切片—排胶共烧—钎焊—检验[12]。其详细工艺流程图如图 6.5 所示。

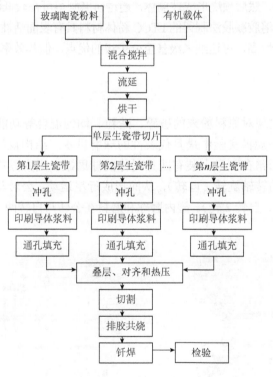

图 6.5　LTCC 工艺流程图

一、微晶玻璃粉体制备

（一）工艺

通常制备微晶玻璃的方法有熔融法、烧结法和溶胶凝胶法等。

熔融法是最传统的制备微晶玻璃的方法。将混合均匀的原料在高温下熔成液态，澄清均化后成型，经退火后在一定的温度下进行核化和晶化，以获得晶粒细小均匀的微晶玻璃。用这种方法制备的 LTCC 粉体介电性能稳定，但烧结温度偏高，制备成本相对较高。

烧结法是用传统的陶瓷工艺来实现玻璃晶化过程的方法。将玻璃熔体水淬得到玻璃碎片，再将磨细后的玻璃粉末成型，热处理使得玻璃析晶。和一般的工艺相比，烧结法的玻璃熔制温度较低，熔化时间较短，其采用的陶瓷工艺成型方法，可用于干压成型，也可用于注浆或流延成型，适于制备形状复杂的制品，尺寸也能控制得较为精确，更具实用性。

溶胶凝胶法是将原料分散在溶剂中，加入稳定剂等，再混合反应形成溶胶，将溶胶烘干制得干凝胶，然后预烧形成玻璃体，通过研磨制得可在较低温度下烧结的玻璃陶瓷粉末。用此等溶胶凝胶法制得的 LTCC 粉体材料具有表面活性高，烧结温度低，收缩率较大，均匀性高，可达纳米级甚至分子级的优点，但其效率低，成本高。

（二）主要设备

球磨机，可实现对原料粉末的破碎、造粒、均匀混合等功能，如图 6.6（a）。行星式球磨机是小规模实验中最具代表性的球磨设备。结构设计上，为减少旋转过程中的震动，通常在大盘上装有四只对称的球磨罐。当大盘旋转时（公转）带动球磨罐绕各自的转轴旋转（自转），从而形成行星运动。公转与自转的传动比为1∶2（即公转 1 转，自转 2 转）。罐内磨球和磨料在公转与自转两个离心力的作用下

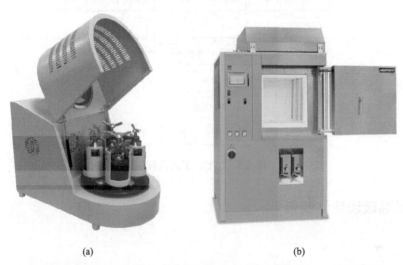

(a)   (b)

图 6.6　QM-3SP2 行星式球磨机（南京莱步科技）（a）和 HTCC/LTCC 高温烧结炉（德国 Nabertherm）（b）

相互碰撞、研磨，达到破碎或混合试验样品的目的。常用的磨球材质有不锈钢、玛瑙、二氧化锆等，需根据被球磨样品的硬度、成分来决定球磨球的材质与添加体积比。球磨机的优点如下：采用齿轮传动，确保试验的一致性和重复性。转度快、能量大、效率高，程控无级调速，可根据试验目的选定合理转速。

图 6.6（a）为德国 Nabertherm HT1750-160 型高温烧结炉，最高烧结温度为1750℃。其加热部件为坚固耐用的硅钼棒，采用双层壳体结构和智能化控温系统，可控硅控制，移相触发，炉膛采用氧化铝多晶体纤维材料。炉腔容量 100～450 L，当工作温度达 1500℃以上的高温时，加热元件的磨损会增加。随着国产化进程，目前国内的中国科学院上海光学精密机械研究所、上海博纳热等均在售可实现1700℃高温的烧结炉。

二、浆料制备、流延

（一）浆料制备

在流延浆料的制备过程中，经常加入一些功能性的有机物添加剂，如分散剂、黏结剂、增塑剂、消泡剂和成膜助剂等，产生一些特殊的浆料性质或理想的干带性质。有机添加剂是所有中间产品的添加物，是影响中间产品性能的重要因素，但是，由于它们必须在最终烧结时完全排除，因此每一种添加剂的用量都应尽量最小。将陶瓷粉料和有机添加剂以及溶剂一起经过球磨混合后，再经过过滤、真空搅拌除泡后即成为供流延的浆料。

（二）流延

浆料通过脱泡、消泡等，再将浆料通过流延成型制成生瓷带。对生瓷带的要求是：致密、厚度均匀和具有一定的机械强度。

（三）主要设备

流延机（图 6.7）。主要由载体膜、流延口、浆料分注器、干燥区和生瓷带卷带装置组成。输送带把塑料膜承载的生瓷带从滚轴运送到流延头，在流延口处，陶瓷浆料被分注到载体膜上，浆料分注器把浆料定量喂入流延口以便稳定持续地流延成生瓷带，通过干燥区将流延陶瓷浆料中的溶剂蒸发形成干生瓷带，干燥一般采用红外加热或者热空气。生瓷带收集装置将干燥后的生瓷带卷带收集，流延后的生瓷带厚度一般为 10 μm～1 mm。

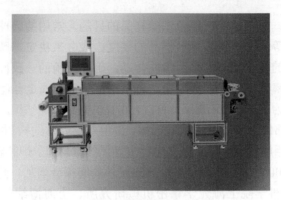

图 6.7　流延机（浙江德龙科技有限公司）

流延机主要生产厂家有：中国电子科技集团公司第二研究所、西安鑫乙电子、横山 Yoko yama、KEKOE、武汉坤元流延科技、东方泰阳科技、德龙科技、肇庆华鑫隆、韩国 PNT 等。

三、单层生瓷带切片

（一）工艺

将卷带生瓷带按照一定的尺寸进行粗略裁切，裁切的尺寸要比所需要的尺寸略大，以便满足后面的加工。

（二）主要设备

切片机，国内早期的 LTCC 工艺线上，切片机不是必需的设备，切片主要由操作工手工完成，或者直接买来对应尺寸生瓷片。近几年，切片机不断成为各条生产线不可或缺的设备，主要原因为：产能的不断扩大；全自动冲孔机要求生瓷片的一致性越来越高；配套流延设备的用户越来越多。切片工艺需要注意的几点：送料过程中除静电；切片后的生瓷片边缘碎屑的清理。

四、冲孔

（一）工艺

冲孔是 LTCC 生产线上最关键的工艺，对应设备冲孔机也是最重要的设备。目前有两种冲孔方式，即机械冲孔和激光冲孔。图 6.8 为两种冲孔方式的示意图。加工效率方面，机械冲孔相对激光冲孔速度慢，但由于机械冲孔后孔的形状好并且更适应后道填孔印刷工序，结合成本优势，使得机械冲孔仍是当前生产中主要的冲孔方式。表 6.1 详细介绍了两种冲孔方式的技术特征与缺点。

图 6.8　机械冲孔（a）和激光冲孔（b）

表 6.1　两种冲孔方式对比

冲孔类型	机械冲孔	激光冲孔
冲孔原理	冲针冲击成孔	激光束烧蚀成孔
优点	孔径准确	速度快，耗材少
缺点	成孔速度较慢，耗材较昂贵	孔径有锥化问题，精确度较差，以光热能方式工作，易生成异物

（二）主要设备

冲孔机，其主要设备厂商有中国电子科技集团公司第二研究所、上海住荣、日本 UHT、HaikuTech、意大利 Baci Milano、韩国 PNT、KEKOE、美国 PTC 等。激光设备，主要设备厂商有 LPKF、相干（Coherent）激光、德中激光、中国电子科技集团公司第四十五研究所、光道激光、首镭激光、德龙激光、Rofin 等。图 6.9 为生

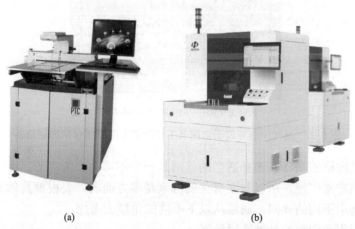

图 6.9　（a）生瓷片机械冲孔机 PT08001（PTC）；（b）LTCC/HTCC 高精密激光冲孔设备 LHF30PHA（华工激光）

瓷片机械冲孔机以及激光冲孔设备。现代的机械冲孔，通过精密制造，精密装配和光学测量功能的丰富，结合高速精密运动平台的辅助，是实现低成本、批量化制备的良好选择。激光冲孔机的优势在于工作时不需要直接接触材料，其利用高功率密度的聚焦激光束完成冲孔。短时间内积聚大量的热量使得其几乎可以在任何材料上冲孔，尤其对于硬、脆、软等机械冲孔不擅长的特殊材料。

五、印刷

（一）工艺

　　导带印刷的方法有厚膜丝网印刷、计算机直接描绘法和厚膜网印后刻蚀法。印刷要求导体浆料与生瓷带有良好的附着力和兼容性，叠层时具有弹性和热塑性，且黏结质不再发生不必要的扭曲变形。图 6.10 为丝网印刷原理示意图及工作状态中的厚膜丝网印刷设备。

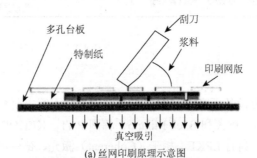

(a) 丝网印刷原理示意图

(b) 工作状态中的厚膜丝网印刷设备

图 6.10　丝网印刷原理示意图及工作状态中的厚膜丝网印刷设备

　　丝网是印刷的基础。选择适当的丝网是一个不可缺少的环节。由于丝网印刷的适用范围非常广泛，所以与之有关的因素是多方面的。要根据具体情况以及印刷要求来选用不同的丝网，通常从以下不同的角度去考虑：
　　（1）根据承印物的种类选用丝网。
　　（2）根据油墨性质选用丝网，不同油墨有不同的适应特性。

（3）根据丝网材质和性能选用丝网，选用时要考虑丝网本身的材质和物理性能，根据不同的性能选择相应的丝网。

（4）根据印刷要标选用丝网，选用时要考虑印刷速度、印刷压力、印版的耐印力、承印物吸收能力。

尼龙丝网是由化学合成纤维制作而成，属于聚酰胺系。尼龙丝网具有很高的强度，耐磨性、耐化学药品性、耐水性、弹性都比较好，由于丝径均匀，表面光滑，故浆料的通过性也极好。其不足是尼龙丝网的拉伸性较大。这种丝网在绷网后的一段时间内，张力有所降低，使丝网印版松弛，精度下降。因此，不适宜印制尺寸精度要求很高的线路板等。

不锈钢丝网是由不锈钢材料制作而成。不锈钢丝网的特点是耐磨性好、强度高，技伸性小；由于丝径精细，浆料的通过性能稳定，尺寸精度稳定。其不足是弹性小，价格较贵，丝网伸张后，不能恢复原状。不锈钢丝网适于高精细的印刷。

（二）主要设备

印刷机。主要设备厂商有中国电子科技集团公司第二研究所、中国电子科技集团公司第四十五研究所、KEKO、微格能、上海网谊、上海煊廷、Microtec、建宇网印、BACCINI、Newlong 等。图 6.11 即为中国电子科技集团公司第四十五研究所自主开发的 WY-180 型自动对准印刷机。设备由机架、三维工作台、网框机构、印刷机构、升降机构、视觉系统等部分组成。其中，印刷头上部采用透明 PVC 材料封闭设计，内部可视，在增强视觉的同时也保证了印刷区域的湿度。最大可适应 6 in 的基片印刷，工作中采用手动上片，图像处理系统自动识别基片标记点，X、Y、θ 工作台自动校准，从而实现精密印刷。

图 6.11　中国电子科技集团公司第四十五研究所研制的 WY-180 型自动对准印刷机

六、通孔填充

金属浆料通孔填充的方法有丝网印刷、掩模印刷和通孔注浆。其中，通孔注浆的效果最好，但由于需要专门的设备，成本高，难以应用；丝网印刷是最简单的方法，但印刷质量较差；掩模印刷是目前最常用的方法，成品率较高。

七、叠片

（一）工艺

将已印制电路图形的生瓷片按预先设计的层数和次序，依次放入紧密叠片模具中，模具上设计有与生瓷片对位孔一致的对位柱，保证对位精度。

（二）主要设备

叠片机，主要设备厂商有 KEKO、日本日机装、北京东方泰阳、Micro TEC 等。图 6.12 为 KEKO SW-8MV 型叠片机，主要用于 LTCC 生瓷片的堆叠，该设备可通过旋转膜片 180°后再进行叠压，具备上/下 PET 分离等不同功能。采用真空吸附工作台固定生瓷片，带销载台实现初定位，配套 CCD 相机对位系统，可实现对 6 in、8 in 多层生瓷片的堆叠。

图 6.12　叠片机

八、等静压

（一）工艺

为使叠层后的生瓷体在排胶烧结时不起泡分层，对生瓷体进行热压。采用等静压工艺，在一定的温度和压力下，使它们紧密黏接，形成一个完整的多层基板坯体。等静压可使层压压力均匀分布到生瓷体上，确保基板烧结收缩一致。

（二）主要设备

等静压机。主要设备厂商有 KEKO、日新、武汉坤元、上海思恩装备等。等静压机和常规的轴向压制最大的区别在于：等静压机是通过在密闭容器内，利用介质传递压强/温度，从而在各个方向均匀的向样品施加压力。按照工作温度区间的不同，可以细分为冷等静压机、温等静压机、热等静压机。负责传递压力以及温度的介质通常为水、油、甘油及惰性气体。等静压最大的优点是压制坯致密度高且均匀，烧成收缩小，烧结后的机加工量小且可以制备细长棒状等常规模压难以成型的结构。

图 6.13 为原子能院退役治理工程技术中心与福建厦门至隆真空科技有限公司合作研制的国内首台/套 20 MPa 快开门式热等静压机。该设备采用卧式快开门结

图 6.13　国内首套 20MPa 快开门式热等静压机（至隆真空）

构，使得烧结腔体的容积扩充至 80 L，工作压强由传统快开门式烧结炉的 1～10 MPa 提升至 20 MPa。

九、切割

（一）工艺

将较大面积的生瓷基板，按照各元件、模块的切割边界进行切割分离，便于进行烧结。

（二）主要设备

切割机，主要设备厂商有中国电子科技集团公司第二研究所、Microtec、KEKO、日本 UTH、日本三星 MDI、太平洋科技、ACCRETECH、Dastech 等。

图 6.14 为 KEKO LTCC 自动切割机，与前文中的叠片机类似，均采用真空吸附的方式固定样品，采用视频相机进行位置识别。具有自动高精度定位刀片、自动寻找切割标记功能，根据生瓷巴块的厚度与生产要求，可以人工控制切割速度和深度。

图 6.14　KEKO CM-1508 型 LTCC 自动切割机

十、排胶共烧

（一）工艺

共烧的技术要点是控制烧结收缩率和基板的总体变化，控制两种材料的烧结收缩性能以免产生微观和宏观的缺陷，以及实现导体材料的抗氧化作用和在烧结过程中去除黏结剂，即排胶，排胶烧结关系到瓷体中残留气体的多少、颗粒之间的结合程度以及基板的机械强度的高低。200～500℃的区域被称为有机排胶区（建议在此区域叠层保温最少 60 min）。然后在 5~15 min 将叠层共烧至峰值温度（通常为 850℃）。气氛烧成金属化的典型排胶和烧成曲线会用上 2～10 h。烧成的部件准备好后烧工艺，如在顶面上印刷导体和精密电阻器，然后在空气中烧成。如果 Cu 用于金属化，烧结必须在 N2 链式炉中进行。

（二）主要设备

排胶烧结设备。主要设备厂商有合肥恒力、合肥费舍罗、合肥高歌、合肥真萍电子、喜而诺盛、泰络电子、台技工业设备、Nabertherm 等；图 6.15 为合肥费舍罗的 FPJ-430 型热风循环排胶炉。其采用辐射管加热，炉膛尺寸可定制范围为

图 6.15　FPJ-430 型热风循环排胶炉

72～500 L，最高加热温度为 600℃，配套的净化装置可对废气进行二次处理，满足对 LTCC、MLCC、陶瓷插芯等多种器件的排胶需求。

十一、钎焊

将表面清洗好的工件以搭接形式装配在一起，把钎料放在接头间隙附近或接头间隙之间。加热使钎料熔化，液态钎料与工件金属相互扩散溶解，冷凝后即形成钎焊接头。

十二、检验测试

（一）工艺

对烧结好的低温共烧陶瓷多层基板进行检测，以验证多层布线的连接性，这些检测包括外观、尺寸、强度、电性能等方面。主要使用探针测试仪进行检测，如有需要对电路进行激光调阻。图 6.16（a）为飞针测试电路电气性能的原理示意图，右图为实际的测试场景。飞针测试是通过逐点连接 PCB 上的焊盘或元件引脚，测量其间的电阻、电容、电压、电流等电气参数。通过这些测量结果判断线路是否畅通、短路、开路，以及各元件功能是否。图 6.17 则为采用 X 光检测 LTCC 基板内部电层的不可见缺陷，其中图 6.17（a）为 X 光成像图，图 6.17（b）为结构渲染图。

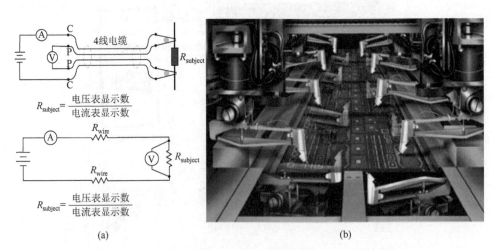

(a)　　　　　　　　　　　　　　　　(b)

图 6.16　飞针测试电路电气特性的原理示意图（a）与实物测试（b）

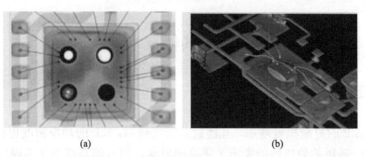

(a)　　　　　　　　　　　　　　　(b)

图 6.17　采用 X 光检测 LTCC 基板内部电层的不可见缺陷的实例：X 光图（a），
结构渲染图（b）

（二）主要设备

外观检测设备，主要设备厂商有东莞西尼、台达、赛昌隆、中图仪器、易泛特、星河泰视特、三姆光电、康克思、长沙视浪、成都思壮等。网络分析仪，主要设备厂商有德科技、罗德与施瓦茨、极致汇仪、思仪、安立、广州科欣、成都天大仪器、赛昌隆等。图 6.18 为西尼科技的视觉智能选别机，其利用 Seeney 视觉系统、软件算法的优化，加强对印字、有无料、侧翻料、崩缺、针脚长短、编带封口不良等缺陷的自动识别，可显著提高外观检测效率和提高精确度。每小时检测数量可达 60 000～100 000 件。

图 6.18　视觉智能选别机（西尼科技 SN-VR-C12）

第四节　其他技术难点

一、基板散热问题

随着 SiP 的复杂程度增加，互连封装密度提高，SiP 的功率密度也在提高，这就对 LTCC 基板的散热性能提出了更高的要求。但有的系统为了考虑气密性、整体结构和电气绝缘等要求，其基板不开直通空腔和加散热板。因此，为了提高系统的散热效果，需要另辟蹊径。

（1）在 LTCC 基板中制作微流道。通过在功率元器件下方的基板内制作蛇形或网状微流道，采用微泵驱动冷却液流过功率元器件背面的流道，液体在流道内与元器件进行热交换，带走所传递的热量。LTCC 微流道技术是一种有效的散热方式，但由于需要增加液体驱动系统，增加了系统的复杂性和体积，因此需要从散热和复杂性等方面综合考虑[13]。美国、波兰等国家已采用 LTCC 微流道制作出了 SiP 产品，但关于 LTCC 微流道系统的散热研究仍处于实验室阶段。随着 LTCC 微流道制作技术的成熟和散热器小型化的发展，LTCC 微流道散热技术将广泛应用到大功率 SiP 电子器件中。

（2）采用更高热导率的 LTCC 生瓷带材料。HTCC 中 Al_2O_3 的热导率为 $15\sim30\ W\cdot(m\cdot K)^{-1}$，AlN 的热导率是 $140\sim270\ W\cdot(m\cdot K)^{-1}$。常用 LTCC 的热导率为 $2.0\sim4.0\ W\cdot(m\cdot K)^{-1}$，虽然比有机多层树脂基板的热导率[约 $0.2\ W\cdot(m\cdot K)^{-1}$]高，但比 HTCC 低得多。因此，若能使用热导率更高的 LTCC 生瓷带，则 LTCC 在 SiP 中无疑将发挥更大的作用。目前中国科学院上海硅酸盐研究所已开发出具有较高热导率的低温共烧陶瓷材料，热导率为 $18.8\ W\cdot(m\cdot K)^{-1}$[14]，但要实现该生瓷带的批量化生产和应用则还有一段路要走。

二、基板精度问题

随着 SiP 产品向微波毫米波更高频段发展，高频产品对 LTCC 基板的加工精度要求也更高。印制导线的线宽、线间距、通孔直径、多层对位精度、收缩率精度等因素的变化，均对高频产品的性能产生影响。影响基板制造精度的因素除基板布线状态、工艺技术、条件设备和规范管理之外，LTCC 原材料也是一个重要因素。目前 LTCC 生瓷带在烧结时存在 10%～20%的收缩率，收缩率容差为±0.3%。±0.3%的容差对于边长为 50 mm 的基板将产生最大 0.3 mm 的误差，这种误差对系统组装及高频信号传输影响很大。因此，生产收缩率更稳定（容差更小）的生瓷带是 LTCC 生产和制造厂商的迫切愿望。目前虽有零收缩生瓷带，收缩率容差达到±0.05%，但品种单一，使用受限。如果能生产出适合高频等更多品种的零收缩 LTCC 生瓷带，则可显著扩大 SiP 的应用范围。

三、高热膨胀系数

LTCC 封装印制电路板（PCB）是电子设备常用的集成母版。受元器件封装尺度的影响和 PCB 加工工艺的限制，PCB 上的集成密度多年来变化不大，因此要提升电子系统的集成密度，封装内部的集成有着广阔的空间和灵活的实现方法[15]。LTCC 封装具有高密度布线和多芯片组装等提高集成密度的方式，但作为常用系统母板材料的 PCB 其热膨胀系数为 $11\times10^{-6}\sim17\times10^{-6}\text{℃}^{-1}$，现有常见的 LTCC 基板材料热膨胀系数一般为 $6\times10^{-6}\sim7\times10^{-6}\text{℃}^{-1}$，与 PCB 差别较大。当 LTCC 模块尺寸不大或采用高引线引脚时，模块与 PCB 互连点所受热应力影响可能不大。但当 LTCC 模块尺寸较大，又采用无引线端头或低引线端头时，基板与 PCB 的热膨胀系数相差较大，温度变化时将导致较大的热应力，组装的模块将很容易出现互连点断开、基板开裂和翘曲等隐患。因此，采用高热膨胀系数的 LTCC 基板，选择合适的互连材料和适当的工艺进行封装是提高应用于 PCB 母板上 LTCC 封装模块可靠性的重要手段。另外，采用高热膨胀系数的 LTCC 基板后，金属围框就可采用密度更小、热导率更高的 Al-Si 等材料，有利于金属材料的选择和模块散热。高热膨胀系数 LTCC 封装对于 LTCC 在高速、超大规模电路领域及与 PCB 母版配套等方面的应用具有重要推动作用。

四、高导热 LTCC 封装

电子设备向小型化、多功能、大功率等方面发展，将使设备中模块的组装密度和功率密度进一步提高，因此，封装模块的有效散热是保证设备可靠性的一个重要因素。常用 LTCC 基板的热导率是 $2.0\sim4.0\ \text{W}\cdot(\text{m}\cdot\text{K})^{-1}$，虽然比环氧树脂基板的热导率[约 $0.2\text{W}\cdot(\text{m}\cdot\text{K})^{-1}$]高，但相比 HTCC 基板的热导率低很多。当封装模块功率密度较大时，LTCC 封装便面临散热问题。目前 LTCC 基板采用的散热方式主要是在功率元器件下方的基板中制作高热导率的金属化直通孔阵列；或在基板上开直通空腔，将功率元器件直接组装到散热板上。基板上开直通空腔这种散热方式主要适合于 LTCC 金属外壳封装、穿墙无引脚封装或可局部焊接金属底板的封装，对封装气密性影响相对较小。对于不带金属底板的 LTCC 封装，金属化直通孔对气密性有一定影响。在 LTCC 基板中制作微流道也可增强模块散热[16]，但增加了系统的复杂性和体积。因此需要从散热、可靠性、成本和复杂性等方面综合考虑，来提高 LTCC 封装的散热能力。若能开发出更高热导率的 LTCC 基板材料，则是解决高导热 LTCC 封装的最佳方案，但目前尚无商业化高热导率的 LTCC 基板材料。因此，不论是通过基板材料还是导热材料、微流道等工艺方法提高 LTCC 封装的散热能力，实现高导热 LTCC 封装将使 LTCC 模块在更多领域发挥更大的作用。

五、低成本 LTCC 封装

目前 LTCC 封装产品已在航空、航天、通信、雷达等领域得到重要应用，但现阶段高端 LTCC 产品仍以进口 LTCC 材料为主，相关配套的浆料体系主要是以 Au、Ag 及 Pt、Pd 等复合材料为主的贵金属材料体系，成本较高，显然，这与电子信息产品的低成本发展趋势不符，影响了 LTCC 封装产品的推广应用，因此，需要开发国产化 LTCC 生瓷带及低成本配套导体浆料。采用表面镀 Ni 或 Au 的纯 Ag 体系 LTCC 基板大幅度减少了 Au 的用量，可明显降低 LTCC 材料成本，但目前纯 Ag 体系 LTCC 材料使用还不是很成熟，工艺稳定性不够，需要电镀或化学镀 Ni 或 Au，因此需要进一步提高纯 Ag 体系 LTCC 基板的成品率和稳定性，降低纯 Ag 体系 LTCC 封装的成本。Cu 导体不仅价格便宜，而且导电、导热、焊接等性能优异，通过开发高可靠、低成本的可用 Cu 导体布线的 LTCC 材料，能有效降低 LTCC 封装的成本。目前国内已有清华大学、中国电子科技集团公司第十三、四十三研究所等单位开展了 Cu 导体布线的 LTCC 材料的研究。2024 年，山东航天电子技术研究所以及中国兵器工业集团有限公司已初步研发出低成本 LTCC 技术，并配套开发了具有自主知识产权的烧结工艺和电极浆料。另外，采用更高性价比的金属围框和更低成本的焊料焊接等也能适当降低 LTCC 封装成本。通过降低 LTCC 封装成本，可扩大 LTCC 产品应用市场，促进我国 LTCC 技术和应用的进一步发展。

六、系统级 LTCC 封装

SiP 是指将多个芯片和元器件集成于一个封装内，实现某个基本功能完整的系统或子系统。系统级封装力求较高的组装密度和功能密度，并能缩短交货周期[17]。目前 LTCC 封装通常作为一个模块组装在系统中，实现系统的某些功能。随着 LTCC 基板新材料（如高强度、高热导率、低成本等材料）的开发成功和先进封装、组装工艺成熟度的提高，LTCC 封装将集成更多和更复杂的元器件，充分发挥 LTCC 小型化、集成化、高速高频等优势，实现系统级 LTCC 封装。目前以 TSV 技术为核心的 2.5D/3D 集成技术已被认为是未来高密度封装领域的主导技术，是把硅基转接板作为大规模芯片与封装之间的桥梁。若系统中用到较多高密度集成 2.5D 转接板，则可运用 LTCC/薄膜混合多层布线技术，在 LTCC 基板上制作信号再分布（RDL）层[18]，通过 LTCC 薄膜混合技术替代 RDL 线宽线间距相近的无源转接板，进行多种芯片和元器件的表面异构集成。这种结合薄膜精密布线技术的 LTCC 封装不仅减少了 2.5D 转接板的制作和组装工艺，提高了模块可靠性，而且整体设计走线更短，结构紧凑，不存在衬底损耗，降低了信号延迟，集成度更高，更适合高速高频应用。3D-MCM 是系统减少模块表面积和体积的有效手段。随着微系统、5G 通信、物联网、人工智能、高性能计算等应用的发展，系统中可能将应用到具有不同介电常数、不同热导率或不同机械强度等性能特征的多层陶瓷基板的模块。因此，充分发挥 LTCC 基板的布线和集成功能，与同质 LTCC 3D-MCM 类似，对异质多层基板进行三维垂直互连，形成异质异构 3D-MCM，实现功能强大的系统级 LTCC 封装，这将是电子系统小型化、高性能和多功能化的一个重要方向，也是封装层面超越摩尔定律和提高封装功能密度的有效途径。

参 考 文 献

[1]　Rabe T, Schiller W A, Hochheimer T, et al. Zero shrinkage of LTCC by self-constrained sintering[J]. International Journal of Applied Ceramic Technology, 2005, 2: 374-382.

[2]　Chang J C, Jean J H. Self-constrained sintering of mixed low-temperature-cofired ceramic laminates[J]. Journal of the American Ceramic Society, 2006, 89: 829-835.

[3]　寇凌霄. 低温共烧陶瓷（LTCC）烧结收缩率的控制[J]. 微处理机, 2017, 38（5）: 32-34.

[4]　李冉, 傅仁利. 低温共烧陶瓷技术（LTCC）与低介电常数微波介质陶瓷[J]. 材料报道: 综述篇, 2010, 24（3）: 40-44.

[5]　何中伟. LTCC 工艺技术的重点发展与应用[J]. 集成电路通讯, 2008（26）: 1-9.

[6]　许顺祥, 寇华敏, 郭亚平, 等. 纳米陶瓷烧结技术研究进展与展望[J]. 硅酸盐学报, 2019, 47（12）: 1768-1775.

[7]　李建辉, 项玮. LTCC 在 SiP 中的应用与发展[J]. 电子与封装, 2014, 14（5）: 1-5.

[8]　Imanaka Y. Multilayered Low temperature cofired ceramics（LTCC）technology[M]. Boston: Springer, 2005.

[9]　Ashassi-Sorkhabi H, Es'haghi M. Corrosion resistance enhancement of electroless Ni-P coating by incorporation of ultrasonically dispersed diamond nanoparticles[J]. Corrosion Science, 2013, 77: 185-193.

[10]　王玲, 康文涛, 高朋召, 等. 陶瓷金属化的方法、机理及影响因素的研究进展[J]. 陶瓷学报, 2019, 40（4）: 411-417.

[11]　徐自强, 张宝, 徐美娟, 等. 基于低温共烧陶瓷技术的 SIP 工艺研究[J]. 稀有金属材料与工程, 2013, 42（S1）: 68-71.

[12]　吕琴红, 李俊. 低温共烧陶瓷（LTCC）工艺的研究[J]. 电子工业专用设备, 2009, 38（10）: 22-25.

[13]　Kosina P, Adámek M, Sandera J. Micro-channel in LTCC [J]. Electronics, 2008（9）: 109-114.

[14]　Ma M S, Liu Z F, Li Y X, et al. Enhanced thermal conductivity of low-temperature sintered borosilicate glass-AlN composites with β-Si$_3$N$_4$ whiskers[J]. Journal of the European Ceramic Society, 2013, 33（4）: 833-839.

[15]　李扬. 基于 SiP 技术的微系统[M]. 北京: 电子工业出版社, 2021.

[16] Dohle R，Sacco I，Rittweg T，et al. LTCC based highly integrated SiPM modeule with integrated liquid cooling channels for high resolution molecular imaging[C]//IMAPS 2017 50th international Symposium on Microelectronics-Raleigh，2017：398-405.

[17] 拉奥·R. 图马拉，马达范·斯瓦米纳坦. 系统级封装导论：整体系统微型化[M]. 刘胜，译. 北京：化学工业出版社，2014.

[18] 陈靖，丁蕾，陈韬，等. 一种适用微系统集成的基于 LTCC 基板 BCB/Cu 薄膜混合多层互连技术研究[C]//第二十届全国混合集成电路学术会议论文集，2018（9）：87-97.

第七章　LTCC-SiP 市场分析及产品开发实例

第一节　SiP 产品概述

目前市场上出现的集成电路的方式，大约可以分为三种：第一种是芯片集成、把不同功能的模块集成为同一颗芯片，比较大型的集成电路如手机主芯片，里面会集成 CPU、flash、通信模块等不同功能的电路。再比如单片机，之前单片机只有简单运算功能，现在的单片机都集成 connect-flash 等功能。这个集成主要集中在晶圆工厂，由于功耗、成本及面积的大小等因素的考量，晶圆工艺从 0.35 μm 一步步发展到现在 2 nm[1-3]。

第二种是封装集成，在晶圆工艺发展逐渐接近物理极限（原子之间的距离在 1 nm 左右，目前可生产 2 nm 制程的晶圆）、小制程晶圆的成本急剧攀升、市场对集成电路性能和短小轻薄的无上限追求，以封装技术为核心的电路集成应运而生。同时最近一直比较流行的芯粒技术越来越被业界接受。封装集成电路代表性产品有 Apple Watch 系列产品，整个手表里面只有一颗封装好的芯片及手表配套的电池、显示屏、外壳等。除了苹果公司以外，国内手机厂商也越来越多地使用 SiP 技术，华为公司生产的手机约有 7 颗 SiP 芯片（比如 Wi-Fi 模组、PMIC 模组等）。

第三种是板级集成，这也是市场上通用的集成方式。我们身边的电子产品中的绿色的电路板，就是把不同功能的、封装好的芯片焊接到 PCB 上面实现不同的功能。

下面详细分析三种集成方式的利弊。AMD 公司近年进步神速，2023 年 1 月发布的 AMD Ryzen97950X3D，以及拟定于 2026 年量产的 Zen 6 均采用芯粒技术，通过封装集成做到了更高的良率，更快的更新速度，更低的开发成本及更好的性能。除了 AMD 公司基于晶圆技术的封装集成，苹果公司的 Apple Watch 也基于封装技术的集成，因此得到更广泛的应用。目前 SiP 技术已经应用到各行各业，从消费类电子（例如，手机、Pad、智能手环、耳机等）到工业类（机床、大型设备等）产品，从家用电器（电视、冰箱、洗衣机等）到高铁飞机等。从传统的 PCB 做成了基于封装技术生产的新品，无论从性能、体积及功耗方面都得到了较大的提升。

SiP 模组是一个功能齐全的子系统，它将一个或多个 IC 芯片及被动元件整合在一个封装中。此 IC 芯片（采用不同的技术：CMOS、BiCMOS、GaAs 等）是

wire bonding 芯片或 flipchip 芯片，贴装在 leadfream、substrate 或 LTCC 基板上。被动元器件如 RLC 及滤波器（SAW、BAW、Balun 等）以分离式被动元件、整合性被动元件或嵌入式被动元件的方式整合在一个模组中。SiP 技术是先进封装技术里的一种，其可以在小体积内集成复杂的电子系统或子系统，在外形、性能和成本上都很有优势，可以给终端产品带来独特的价值。SiP 包含实现特定功能的所有器件，不受晶圆工艺的限制，可以根据功能需要进行自由组合。例如，常见的智能手机中的基带、射频、Wi-Fi、蓝牙、电源管理、人工智能等芯片均可采用 SiP 技术，其集成示意图如图 7.1 所示。

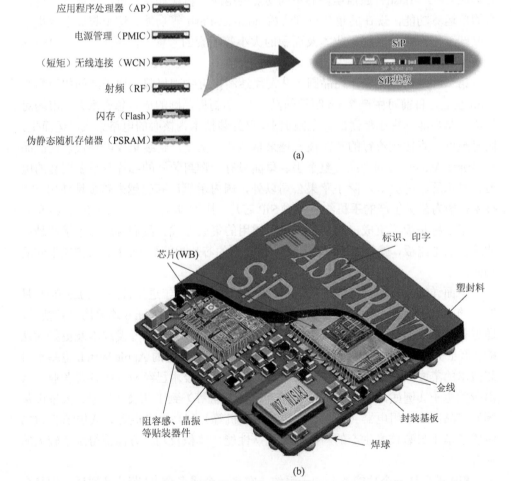

图 7.1　SiP 集成芯片、贴装器件等多种元件的结构示意图（a），以及兴森科技（Fastprint）采用 SiP 封装的芯片渲染图（b）

当产品功能越来越多，同时电路板空间布局受限，无法再设计更多元件和电路时，设计者会将此 PCB 功能连带各种有源或无源元件集成在一种 IC 芯片上，以完成对整个产品的设计，即 SiP 应用。与其他封装形式相比，SiP 具有系统设计灵活性高、上市时间快、主板结构相对简单、开发成本低、可靠性高等优势。例如，SiP 中可根据性能、尺寸和成本的需要，灵活导入成熟的数字、模拟、功率放大器、电源管理等芯片，快速形成模块化产品，可大幅降低产品的开发成本与周期，降低产品研发风险，保证产品良率。采用 SiP 技术的产品，相比传统模组面积减小了 45%，RF 性能也提高了 0.5～1.5 dB。对于终端客户来说，通过使用 SiP 技术，为客户量身定做与其定位相契合的芯片产品，免除了系统开发风险，使产品上市周期缩短，发挥了"生态承载者"的作用，与合作伙伴实现互利双赢。SiP 的优点主要有以下方面[4]：

（1）尺寸小。在相同的功能上，SiP 模组将多种芯片集成在一起，集成相对独立封装的 IC 更能节省 PCB 的空间。

（2）时间快。SiP 模组本身是一个系统或子系统，用在更大的系统中，调试阶段能更快地完成预测及预审。

（3）成本低。SiP 模组价格虽比单个零件昂贵，然而 PCB 空间缩小，低故障率、测试成本低以及简化系统设计，使总体成本减少。

（4）高生产效率。通过 SiP 里整合分离被动元件，降低不良率，从而提高整体产品的成品率。模组采用高阶的 IC 封装工艺，减少系统故障率。

（5）简化系统设计。SiP 将复杂的电路融入模组中，降低 PCB 电路设计的复杂性。SiP 模组提供快速更换功能，可以让系统设计人员轻易加入所需功能。

（6）简化系统测试。SiP 模组出货前已经过测试，减少整机系统测试时间。

（7）简化物流管理。SiP 模组能够减少仓库备料的项目及数量，简化生产的步骤。当然，SiP 也有制造时间长，有时比分立解决方案成本更昂贵的缺点存在。

得益于 SiP 市场的快速增长，相关机构预测到 2025 年 SiP 产值将达到 188 亿美元，其中移动和消费电子达到 157 亿美元，占比为 84%。在手机和可穿戴市场，SiP 已经获得巨大成功，并开始在工业、医疗、汽车、电视、计算机、HPC、航空航天等各领域全面渗透[5, 6]。本节将从 SiP 产品分析到未来市场预测的角度讲解 SiP 的发展。

目前全世界 SiP 发展的不足主要有以下四个方面[7]。

（1）无行业标准。目前 SiP 没有国际标准，造成每家公司的产品都是一个方案。方案多但每个方案量都不足够大，使得行业内没有办法形成生产的规模优势。2017 年美国半导体行业协会曾尝试组织集成电路的专家，编制 SiP 行业国际标准，越深入地探讨越是发现编制标准难度比想象中的大很多。因为每个公司的方案都是此公司的核心机密，也是公司竞争优势的载体，所以不可能让别人轻易知道、更不可能公开成为标准。这也就造成目前 SiP 没有办法实现大规模生产，也就没有可能形成大范围的推广。

（2）缺少裸芯片资源。一颗 SiP 芯片里面可能会需要不同功能，不同工艺的数十种芯片。这些芯片的来源可能是来源于数十家芯片设计公司，这些芯片设计公司不一定愿意出售晶圆给市场。这其中的原因是，前些年芯片设计公司出售晶圆给其客户，某些不良商家拿到这些晶圆后找一些质量管控不合格的小的封装工厂封装，然后再拿这些封装后的产品在市场上出售，价格比原厂的便宜，性能又一样，更有甚者直接使用原厂的 logo。在这个过程中，质量问题频发严重影响原厂的收益和商誉。所以现在的芯片设计公司在出售晶圆上都持相当谨慎的态度，更有一些公司明令禁止出售晶圆。这也严重影响了 SiP 的方案开发和市场推广。

（3）SiP 模块设计和封装设计的瓶颈。SoB 使用的 PCB 是毫米级的工艺，SiP 使用的基板（substrate）是微米级的工艺。以前设计 PCB 的专家设计基板的时候，会发现很多的问题，如寄生电容、寄生电感、热力集中、应力等问题。然而基板设计的专家又对电路和功能不是很了解，没有办法开发出有竞争力原理图。SiP 对设计人员的要求相对较高，既需要懂电路设计，又需要懂基板设计，因而市场上此类人才相当稀缺。想要找到合适的设计人员或者是设计团队相对来说难度相对来说比较高，从而也影响了 SiP 的大范围推广应用。

（4）量产难度大。由于没有行业标准，单一产品的生产量不是很大，无法形成大规模生产的规模优势，大的封装企业基本上不太喜欢生产此类产品。主要因素包括：①由于封装厂的盈利的重要指标就是机台稼动率，SiP 产品比较复杂需要频繁改机，从而造成机台的使用率比较低下；②封装工厂的机台配比是按照传统封装来配置的，而不同的 SiP 所需要的机台配比不一样。不同的 SiP 里面包含的 die 差别很大，有的 SiP 里面可能有四到五颗 die，有的 SiP 里面需要几十颗 die，还有的 SiP 需要不同的封装技术，造成封装工厂如果生产 SiP，机台利用率会急剧下降；③SiP 产品一般比较复杂，对工程人员的要求多且高。工程人员占工厂的总员工的比率高，造成工厂人工成本急剧上升。所以基于封装技术的 SiP，封装工厂不愿意生产。

LTCC 材料具有优异的电子、机械、热力特性，广泛用于基板、封装及微波器件等领域，是实现系统级封装的重要途径[6]。现在已经研制出把不同功能整合在一个器件里的产品，成功地应用在无线局域网、地面数字广播、全球定位系统接收机、微波系统等，以及其他电源子功能模块、数字电路基板等方面。LTCC 技术是将低温烧结陶瓷粉末制成厚度精确而且致密的生瓷带，在生瓷带上利用机械冲孔或激光冲孔、微孔注浆、精密导体浆料印刷等工艺制作出所需要的电路图形，并可将无源元件和功能电路埋入多层陶瓷基板中，然后叠压在一起，在 850～900℃下烧结，制成三维空间的高密度电路。基于 LTCC 的 SiP 相比传统的 SiP 具有显著的优势，最大优点就是具有良好的高速、微波性能和极高的集成度。具体表现在以下几方面。

（1）LTCC技术采用多层互连技术，可以提高集成度，IBM实现的产品已经达到一百多层。NTT未来网络研究所以LTCC模块的形式制作出用于发送毫米波段60 GHz频带的SiP产品，尺寸为12 mm×12 mm×1.2 mm，18层布线层由0.1 mm×6层和0.05 mm×12层组成，集成了带反射镜的天线、功率放大器、带通滤波器和电压控制振荡器等元件。

（2）LTCC工艺可以制作多种结构的空腔，并且内埋置元器件、无源功能元件，通过减少连接芯片导体的长度与接点数，能集成的元件种类多，易于实现多功能化和提高组装密度。电感在电子领域中用途广泛，贴片电感体积小，性能优异。

（3）根据配料的不同，LTCC材料的介电常数可以在很大的范围内变动，可根据应用要求灵活配置不同材料特性的基板，提高了设计的灵活性。比如一个高性能的SiP可能包含微波线路、高速数字电路、低频的模拟信号等，可以采用相对介电常数为3.8的基板来设计高速数字电路；采用相对介电常数为6~80的基板完成高频微波线路的设计；采用介电常数更高的基板设计各种无源元件，最后把它们层叠在一起烧结完成整个SiP的设计。

（4）基于LTCC技术的SiP具有良好的散热性。现在的电子产品功能越来越多，在有限的空间内集成大量的电子元器件，散热性能是影响系统性能和可靠性的重要因素。

（5）基于LTCC技术的SiP同半导体器件有良好的热匹配性能。LTCC的TCE（热膨胀系数）与Si、GaAs、InP接近，可以直接在基板上进行芯片组装，这对于采用不同芯片材料的SiP有着非同一般的意义。

采用LTCC技术可以实现高密度的多层布线和无源元件的基片集成，并能够将多种集成电路和元器件以芯片的形式集成在一个封装里，特别适合高速、射频、微波等系统的高性能集成。开发的高度集成的X波段射频接收前端表明，LTCC技术在微波SiP方面具有明显的优势。随着小型化、高性能电子产品快速发展以及LTCC技术的不断进步和成熟，LTCC技术在SiP领域必将具有广泛的应用前景。

第二节　可穿戴设备市场

可穿戴设备是SiP技术发展的一大推动力[8]。苹果、FitBit、谷歌、华为、三星、小米等公司都在可穿戴设备市场上展开竞争。市调机构Yole Développement发布的调查显示，头戴式/耳戴式产品是可穿戴设备市场中最大的细分市场，其次是腕戴式产品、身体佩戴式产品和智能服装。

　　消费电子市场的 SiP 业务价值 119 亿美元。Yole Développement 相关数据显示，可穿戴设备的 SiP 市场在 2020 年的业务价值为 1.84 亿美元，仅占整个消费电子市场 SiP 的 1.55%，预计到 2026 年，可穿戴设备 SiP 市场将达到 3.98 亿美元，增长率达 14%。虽然每种可穿戴设备的特点都各不相同，但产品需求相似。可穿戴设备的首要需求是性能好、质量轻、舒适度和附着力要好，测量功能结果准确且拥有更多丰富的功能。

　　对于智能手表尤其如此，以苹果公司某款智能手表为例，功能多样，能够检测血氧饱和度，也有心电图（ECG）功能。该设备通过 SiP 技术集成了一颗苹果 A13 应用处理器和一些其他功能的处理器，A13 采用台积电 7 nm 工艺制程，围绕 arm 双核 64 位处理器构建而成。

　　为了制造出更小尺寸的产品，苹果公司的工程师采用了一种新的设计方法，使用分立芯片开发给定可穿戴设备的射频部分，然后将其组装到基板上。

　　在早期的智能手表中，苹果公司在 10 mm×20 mm 的基板上集成了多个分立设备，如微控制器、内存、GPS 和各种射频芯片（蓝牙、Wi-Fi）；FitBit 公司在 2019 年推出的智能手表中，在 SiP 中集成了射频组件（蓝牙、Wi-Fi），使其能够在更小的 10 mm×9 mm 板中减少射频占用空间。由于 SiP 的面积更小，苹果公司还能够使双面板转变为单面板。使产品中电路板的背面用作天线谐振腔的一侧，让苹果手表成为更薄的产品且拥有更好的天线性能，此外，采用 SiP 也使得苹果产品能够提供更长的电池寿命，用于语音辅助的麦克风和更好的显示效果。

　　SiP 对芯片之间的屏蔽功能也有一些影响。屏蔽用于阻止射频组件之间的干扰，为此，原始设备制造商（original equipment manufacturer，OEM）使用称为屏蔽罐的微型外壳，并将这些覆盖 RF 芯片的外壳焊接到电路板上。在分立器件的解决方案中，屏蔽功能的实现会占用电路板空间，但通过在 SiP 中组合芯片，OEM 可以减少屏蔽器件，不过屏蔽仍然涉及几个挑战。长电科技（JCET）全球技术营销高级总监 Michael Liu 表示："就可穿戴设备而言，SiP 中嵌入了多个 RF 无线通信电路。它们对任何类型的干扰都很敏感，但它们也有不同的频段"。

　　耳戴式设备是 SiP 的另一个大市场之一，苹果公司的 AirPods 将苹果的 H1 芯片和音频内核集成在一个 SiP 中，其中还包括一个加速度计和陀螺仪。基于全球市场的需求，国内发展出不少耳戴式设备厂商或代工厂，例如立讯精密、歌尔股份、共达电声、豪恩声学、安声科技、达音科等。其中，歌尔股份和立讯精密均为苹果公司的重要供应商。由于 Apple Watch 自 2015 年就开始采用 SiP 工艺，为争取苹果的代工订单，歌尔股份和立讯精密均对 SiP 展开了大量研究。2024 年 9 月上市的 AirPods 4，即由立讯精密采用 SiP 工艺制备而成。掌握 SiP 技术不仅有利于增强公司制造能力同时也有利于拓宽业务领域，例如，歌尔股份推出了采用 SiP 的 UWB 模组（UWB GSUB-0001 和 UWB GSUB-0002），展现出在汽车领域延伸的潜力。

第三节　智能手机等 5G 市场

5G 则是 SiP 的另一大代表性市场，SiP 同时存在于 4G 和 5G 智能手机中，图 7.2 对比了 4G 和 5G 智能手机中所需射频器件的数量，可以发现，由 4G 到 5G，射频器件的数量增加了一倍。SiP 应用比较普遍的是在 CPU 处理器和 DDR 存储器集成上，例如，苹果 A10 处理器 + 三星 LPDDR4 内存，苹果 A11 处理器 + 海力士 LPDDR4 内存，华为麒麟 950 处理器 + 美光 LPDDR4 内存，小米 5 采用的高通骁龙 820 处理器 + 三星 LPDDR4 内存等，这些都是将处理器和存储器封装在一起形成的系统级封装，其他诸如触控芯片、指纹识别芯片、射频前端芯片等也开始采用 SiP 技术[9]。例如，2024 年 9 月发布的苹果 16，其电容按键及 Wi-Fi 模组均使用 SiP。

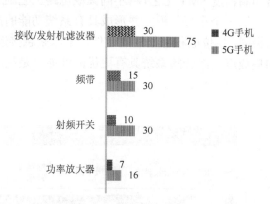

图 7.2　5G 手机所需射频器件与 4G 手机的数量对比

一般情况下，SoC 只整合 AP 类的逻辑系统，而 SiP 则是整合 AP + mobileDDR。某种程度上说 SiP = SoC + DDR。随着将来集成度越来越高，eMMC 也很有可能会整合至 SiP 中。芯片发展从一味追求功耗下降及性能提升（摩尔定律），转向更加务实的满足市场的需求（超越摩尔定律）。手机轻薄化和高性能需求推动系统级整合。手机用户既需要手机性能持续提升、功能不断增加，也需要携带的便利性，这两个相互制约的因素影响着过去 10 多年智能手机的更新换代过程：①轻薄化。以 iPhone 手机为例，最早机身厚度约 12 mm，到 iPhone16 的厚度降低到 7.8 mm；②功能增加、性能提升。手机逐步增加了多摄像头、NFC 移动支付、双卡槽、指纹识别、多电芯、人脸解锁、ToF 等新功能，各个零部件的性能也持续提升，这些功能的拓展与性能提升导致组件数量日益增加，占用了更多的手机内部空间，同时也需要消耗更多的电能。然而，手机的锂电池能量密度提升缓慢。因此，节省空间的模组化和系统级整合成为趋势。

　　5G 功能的实现对手机"轻薄"外观带来明显挑战，甚至功耗也不容小觑。2018 年 8 月联想发布 5G 手机 MOTO Z3，其 5G 功能依赖挂载于手机背部且自带 2000 mAh 电池的 5G 模块。随后三星正式发布 5G 版 S10，时隔不久华为发布折叠屏 5G 手机 Mate X，其中华为 Mate X 由于机身展开厚度仅 5.4 mm，最后只能将徕卡三摄、5G 基带以及 4 组 5G 天线放置在侧边凸起。从以上几款手机来看，5G 功能的实现还是对手机的"轻薄"外观提出了明显的挑战，甚至功耗也不容小觑。

　　功能整合形成系统级芯片（SoC）和系统级封装（SiP）两大主流，其技术特征如图 7.3 所示。两者目标都是在同一产品中实现多种系统功能的高度整合，其中 SoC 从设计和制造工艺的角度，借助传统摩尔定律驱动下的半导体芯片制程工艺，将一个系统所需功能组件整合到一块芯片，而 SiP 则从封装和组装的角度，借助后端先进封装和高精度 SMT 工艺，将不同集成电路工艺制造的若干裸芯片和微型无源器件集成到同一个小型基板，并形成具有系统功能的高性能微型组件。受限于摩尔定律的极限，单位面积可集成的元件数量越来越接近物理极限。而 SiP 技术能实现更高的集成度，组合的系统具有更优的性能，是超越摩尔定律的必然选择路径。

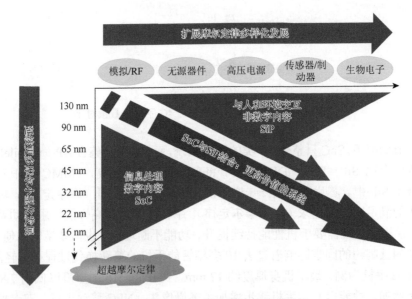

图 7.3　SoC 与 SiP 两种路线的技术特征

相比 SoC 技术，SiP 技术有以下两个优点。

（1）SiP 技术集成度更高，但研发周期反而更短。SiP 技术能减少芯片的重复封装，降低布局与排线难度，缩短研发周期。采用芯片堆叠的 3D SiP 封装，能降低 PCB 的使用量，节省内部空间。例如，iPhone7 Plus 中采用了约 15 处不同类型的 SiP 工艺，为手机内部节省空间。SiP 工艺适用于更新周期短的通信及消费级产品市场。

（2）SiP 技术能解决异质（Si、GaAs）集成问题。手机射频系统的不同零部件往往采用不同材料和工艺，如硅、硅锗（SiGe）和砷化镓（GaAs）以及其他无源元件。目前的技术还不能将这些不同工艺技术制造的零部件制作在一块硅单晶芯片上。但是采用 SiP 工艺却可以应用表面贴装技术 SMT 集成硅和砷化镓裸芯片，还可以采用嵌入式无源元件，非常经济有效地制成高性能 RF 系统。光电器件、MEMS 等特殊工艺器件的微小化也将大量应用 SiP 工艺。

如图 7.4 所示，为满足多场景的应用需求，5G 手机需集成更多射频器件。手机射频模块主要实现无线电波的接收、处理和发射，关键组件包括天线、射频前端和射频芯片等。其中射频前端则包括天线开关、低噪声放大器 LNA、滤波器、双工器、功率放大器等众多器件。从 2G 时代功能机单一通信系统，到如今智能机时代同时兼容 2G、3G、4G 等众多无线通信系统，手机射频前端包含的器件数量也越来越多，对性能要求也越来越高。

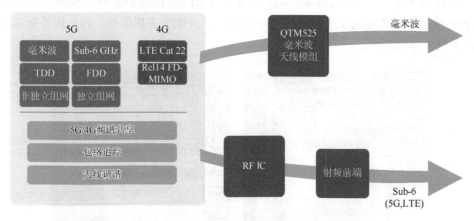

图 7.4　5G 需要 sub-6 和毫米波两套射频系统

5G 手机所需射频器件数量将远超前代产品，结构复杂度大幅提升。5G 手机需要前向兼容 2/3/4G 通信制式，本身单台设备所需射频前端模组数量就将显著提升。5G 单部手机射频半导体用量相比 4G 手机近乎翻倍增长，其中接收/发射机滤波器从 30 个增加至 75 个，包括功率放大器、射频开关、频带等的数量都有翻倍以上增长。

器件数量的大幅增加显著提升了结构复杂度，并提高了封装集成水平的要求。

通信技术的持续升级推动射频相关器件的不断整合，SiP 技术的提升为这种更高程度的整合提供了技术保障。在 2G GMS 时代，射频前端采用分立式技术，天线也置于机身外。单面 SiP 技术在 3G WCDMA 时代开始获得应用，射频前端中的收发器开始模组化（FEM），功率放大器仍然独立存在，天线开始集成到机壳上。在 4G LTE 时代，射频器件数量成倍增长，FEM 与 PA 进一步集成，天线也开始采用 FPC 工艺。在 5G Sub-6 阶段，频段数量 20 个以上，射频器件数量继续增长，更先进的双面 SiP 获得运用。在 5G 毫米波阶段，毫米波的波长极短，信号容易衰减，天线和 PA 等射频前端器件需要尽可能靠近，集成阵列天线和射频前端的 AiP 模组将成为主流技术路线。

未来 SiP 有望整合基带等更多的零部件，进一步提升手机的集成度[10]。高通公司成功商业化了 QSiP（qualcomm snapdragon system-in-package）模组，QSiP模组将应用处理器、电源管理、射频前端、连接芯片、音讯编解码器和内存等 400多个零部件放在一个模组中，大大减少主板的空间需求，从而为电池、摄像头等功能提供了更大空间。同时，使用 QSiP 模组也大幅度简化了手机的设计和制造流程，节省成本和开发时间，并加快整机厂的商业化时间。为了保障 QSiP 模组的顺利量产，高通公司与环旭公司在 2018 年 2 月成立合资公司，以运用环旭公司及日月光集团在 SiP 领域的技术积累和量产经验。2018 年 11 月，华硕发布两款采用 QSiP 模组的手机 ZenFone Max Shot 和 ZenFone Max Plus M2。从图 7.5 来看，QSiP 模组确实大幅简化手机的主板电路设计，并缩小主板面积，为三摄等新功能留下更充分的空间。

(a)　　　　　　　　　　　　　　　(b)

图 7.5　传统电路板（a）和使用 QSiP 模组电路板（b）

第四节　天线封装市场

5G 毫米波频段需要更多的射频前端器件；天线、毫米波高频通信易损耗的特性要求射频前端器件和天线之间的距离尽可能缩短；毫米波天线尺寸可以缩小至 2.5 mm；同时需要屏蔽天线的高频辐射对周边电路的影响。以上的需求，需要将天线与射频器件集成为模组，天线尺寸变小，为该模组的可行性提供了保障。表 7.1 罗列了毫米波天线的发展趋势，对不同信号的频段、波长及天线的长度进行了总结。

表 7.1　毫米波天线发展趋势

信号	频段/GHz	波长/cm	天线尺寸/cm
2G	0.8～1.8	20.0～30.0	5.0～7.5
3G	1.8～2.2	13.0～16.0	3.0～5.0
4G	1.8～2.7	11.0～16.0	2.5～4.0
5G	低频 3.0～5.0	6.0～10.0	1.5～2.5
	高频 20.0～30.0	10.0	2.5
Wi-Fi	2.4	12.5	3.0
	5.0	6.0	1.5
蓝牙	2.4	12.5	3.0
GPS/北斗	1.2～1.6	18.0～25.0	4.5～6.0
NFC	2.4	12.5	3.0
	13.56×10^{-3}	2.2×10^3	
无线充电	13.56×10^{-3}	2.2×10^3	近场传输、线圈电场耦合
	2.2×10^{-5}	—	

毫米波手机需要更多的射频前端和天线，图 7.6 展示了三星手机中集成的 3 个毫米波天线模组。毫米波高频通信需要集成 3 个以上的功率放大器和几十个滤波器，相比覆盖低频模块仅需集成 1～2 个功率放大器、滤波器或双工器在数量上有大幅提升。此外，毫米波通信需要尺寸更小、数量更多的天线。一般天线长度为无线电波长的 1/4，而一旦采用 30 GHz 以上的工作频段，意味着波长将小于 10 mm，对应天线尺寸 2.5 mm，不足 4G 时代的 1/10。同时，由于高频通信传播损耗大，覆盖能力弱，因而将引入更多数量的天线，并通过 MIMO 技术形成天线阵列以加强覆盖能力。

高通 QTM052
天线模组

图 7.6　三星公司某型号智能手机采用三个高通毫米波天线模组

　　天线的效能因手机的外观设计、手机内部空间限制及天线旁边的结构或基板材质不同，会有很大的差异。标准化的 AiP 天线模组很难满足不同手机厂商的不同需求。

　　在无线网络中，运营商部署具有 MIMO 天线系统的巨型蜂窝塔。结合微型天线，MIMO 使用波束成形技术向终端用户发送和接收信号。

　　5G 包含 Sub-6GHz 和毫米波两大频段，具有带宽更高、连接更广以及延迟性更低等特性。其中毫米波主要运用于大带宽移动数据（如高清视频、云游戏），特定领域（如体育场馆、展馆等）大带宽数据传输以及专网垂直应用（如智能汽车与智能工厂）等。微波向高频段的扩展，为毫米波通信技术带来了前所未有的技术优势，特别是在支持 MIMO 技术方面。MIMO 技术通过增加天线数量，显著提高了空间复用增益和阵列增益，从而极大地扩展了网络容量。随着相关技术逐渐成熟，我国 5G 毫米波的应用也在不断拓展和深化。代表性的毫米波应用场景如下。

1. 城市轨道交通运输[11]

　　地铁车地通信系统受制于车地无线网络带宽不足，无法实现车载 CCTV、PIS、TCMS 等大量数据的及时回传，长久以来，主要依靠 USB 拷贝、人工拔插硬盘和 Wi-Fi 等方式实现车底之间的数据转储，或多或少都存在人力成本过高、数据丢失率高、抗干扰能力弱等问题。基于 5G 毫米波技术的车地高速通信系统可完美解决上述缺点。该技术可在车辆段及正线利用列车停站的短暂瞬间，以超过 1 Gbps 的速率，将车载 CCTV 系统视频录像回传到地面存储系统中保存，从而满足 90 天存储需求，同时，作为车地网络之间的一根高速总线，也可以实现车载其他日志数据（如 TCMS）的回传以及地到车业务（如 PIS）的及时推送，构建车地综合业务通信平台。

2. 贸易港口[12]

2024 年，工业和信息化部下发了《26 GHz 频段 5G 毫米波频谱开发利用与技术创新指南》，明确指出了支持制造、采矿、能源、港口、铁路、国防工业等领域企业，推进 26 GHz 频段工业专用网络建设。毫米波波束窄、方向性好，有极高的空间分辨力。同时，由于信号传输周期短、时间精度高，5G 毫米波可实现厘米级的定位。因此，对港口应用来说，毫米波在卫星导航信号较弱的仓库环境，能够为设备吊装、物流运输、货物装卸等场景提供快速、高精度定位服务。青岛港作为西太平洋重要的国际贸易枢纽之一率先探索了毫米波的应用（图 7.7）。目前青岛港已在董家口港区的钢材仓库和矿石码头 2 个区域进行前期实验，并建设 26 GHz 毫米波专网。

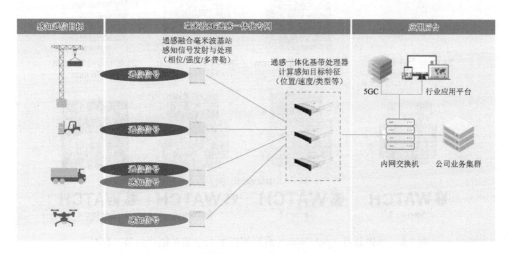

图 7.7　青岛港 26 GHz 专网整体网络规划

综上，在 Sub-6 GHz 和毫米波两大频段的应用中，对天线等射频器件进行封装的集成度、结构复杂度以及其需要考虑的兼容性难度剧增，而系统级封装技术打破传统封装领域的界限，重组产业生态链，而 5G 是系统级封装技术迅速发展的主推动力。在 Sub-6 GHz 频段，系统级封装技术可节省大量空间；在毫米波频段，系统级封装技术可整合所有的元件，使传输距离变短，减少路径损耗。在通信上，手机和车用雷达领域，基板尺寸小于 30 mm×30 mm，基板上的线宽和线距小于 20 μm，可采用天线封装（AiP）达到缩小尺寸、性能最优化的效果；在高速计算上，AI、机器智能（MI）和云端等领域，基板尺寸可达 90 mm×90 mm，更适合运用 2.5/3D 封装和扇出型封装（fan out）、BGA 封装及大尺寸的倒装芯片封装（flip chip）等封装技术。

第五节　SiP 产品实例

一、苹果公司手表产品实例

Apple Watch 功能复杂，在很小的空间中集成了近 900 个零部件，自 2015 年第一代产品就一直采用 SiP 工艺（图 7.8）。Apple Watch 的 SiP 模组集成 Apple Watch 的大部分功能器件，包括：CPU、存储、音频、触控、电源管理、Wi-Fi、NFC 等 30 余个独立功能组件，20 多个芯片，800 多个元器件，厚度仅为 1 mm。

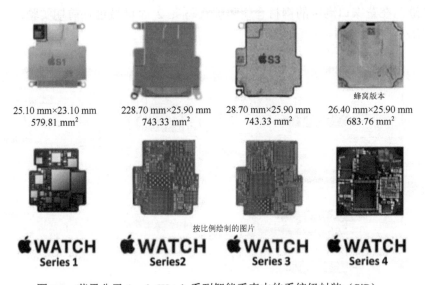

图 7.8　苹果公司 Apple Watch 系列智能手表中的系统级封装（SiP）

AirPods 普通版本功能相对简单，早期没有采用 SiP 技术，后续发布的 AirPods Pro 具有主动降噪功能，需要集成更多零部件，也采用了 SiP 技术。

自第一代 Apple Watch 发布以来，日月光的创新 SiP 技术就一直被苹果公司采用。它具有内部屏蔽，将射频（RF）区域与其他组件隔离。在 Apple Watch Series 4 中，苹果公司采用了台积电为应用处理器封装开发的最新 inFO 技术——inFO-ePoP。此外，苹果公司使用了两种更先进的封装技术，将 PMIC 和射频前端模组集成并小型化。一种是嵌入式芯片技术，在印制电路板（PCB）上连接多个无源元件，并在下方焊接 IC 芯片。另一种是采用双面球栅阵列（BGA）技术，在系统级封装底部集成一个开关、几个滤波器和功率放大器。iWatch 内部的 S1 模组，将 AP、BB、

Wi-Fi、Bluetooth、PMU、MEMS 等功能芯片以及电阻、电容、电感、巴伦、滤波器等元器件都集成在一个封装内部，形成一个完整的系统。

　　图 7.9 为 Apple Watch 3 SiP 图解，其中，高通芯片位于 Apple Watch 3 SiP 正面，东芝（Toshiba）为该手表提供了 16 GB 的 NAND 闪存（flash），从图中可见标示着 FPV7_32G 的 4 颗晶粒。海力士（SK Hynix）提供的 DRAM 应该就封装在 Apple 双核心的最新应用处理器中。在该新款手表中的 Apple 应用处理器尺寸约为 7.29 mm×6.25 mm，较现有装置中所采用的组件尺寸（7.74 mm×6.25 mm）稍小些。

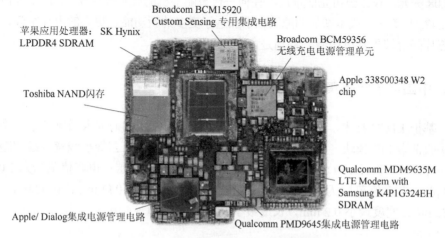

(a) Apple Watch 3 SiP 正面图解

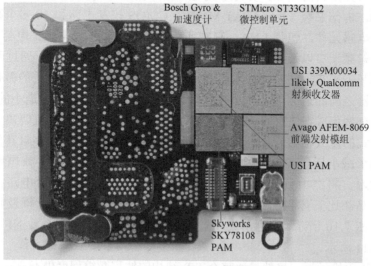

(b) Apple Watch 3 SiP 背面图解

图 7.9　Apple Watch 3 SiP 的正面图解和背面图解

在靠近 RF 组件的 SiP 背面则是意法半导体（STMicroelectronics）的 32 位 ST33G1M2 微控制器（MCU）。亚德诺（Analog Devices，ADI）仍为该智能手表提供两颗电容式触控芯片——触控屏幕控制器与 AD7149 传感控制器，这两款组件同样用于 Series 2 手表中。博通（Broadcom）则提供了无线充电芯片，这与 iPhone 8 的拆解结果相同。恩智浦（NXP）也同样继续提供 NFC 的支持，这和 iPhone 8 所用的 PN80 V NFC 模块是一样的。

另外，IHS Markit 估计 64GB 版 iPhone 8 Plus 的材料成本清单（BM）为 288.08 美元，较该公司先前推出的任何一代智能手机的成本都更高。iPhone 8 BoM 为 247.51 美元。成本增加的原因在于加进了更多的新功能、更大的内存空间，以及芯片降价较平常更缓慢，特别是内存。

二、中国电子科技集团公司 SiP 实例

基于 LTCC 技术，中国电子科技集团公司第十三所的研究人员制备了一个射频接收前端 SiP 模块，其由 LTCC 工艺完成。其采用的工艺最小线宽、线间距均为 50 μm；孔直径 170 μm；同一通孔处最大可以通孔 15 层；电容值范围为 1.0～100 pF；电感值范围为 1.0～40 nH；电阻浆料方阻为 10 Ω·m^{-1}、100 Ω·m^{-1} 和 1 kΩ·m^{-1}，宽度最小 0.2 mm，长度最小 0.3 mm，电阻控制精度为内部±20%，表面为±5%。

该射频接收前端 SiP 模块为 12 层 LTCC 基板，基板尺寸为 39 mm×20 mm× 1.2 mm。内部贴装 12 个 GaAs MMIC、CMOS 控制电路和 30 多个贴片电阻、电容、电感元件，包括 LNA、衰减器、微波开关、集成电感、电容、电阻等，含 4 个射频端口以及控制端和电源端若干。采用多通道方案，通过两个 PIN 单刀多掷开关来实现通道滤波器组之间的切换。对连接 PIN 开关的微带线与带状线滤波器之间的过渡用金属填孔孔径大小进行了优化，以实现最小的过渡损耗。滤波器全部集成在 LTCC 基板之中，为了保证滤波器间的相互隔离，采用了带状线形式的滤波器进行不同层间滤波器的隔离，最大限度减小对其他电路的影响。为了减小后级噪声影响前级放大器采用高增益的 LNA，该电路采用二次变频技术，将二中频下变频为 100 MHz，与传统的采用混合电路技术制作的同类产品相比其体积缩小到原来的 1/50。该 SiP 系统的设计框及封装后实物照片如图 7.10 所示。实测结果增益（Ga）大于 60 dB，噪声系数 NF 小于 3 dB，如图 7.11 所示。

对于手机领域，虽然异质整合 SiP 结构的体积微缩程度仍不及同质整合 SoC 晶片，但对比传统分散式零组件可大幅缩减体积与传输效率，可见 SiP 技术的不凡之处。

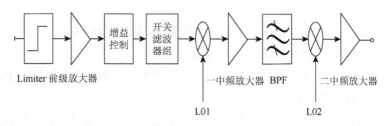

(a) X波段射频接收前端SiP设计框架图

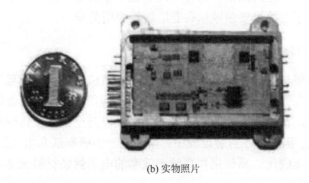

(b) 实物照片

图 7.10　X 波段射频接收前端 SiP 系统框架图与实物照片

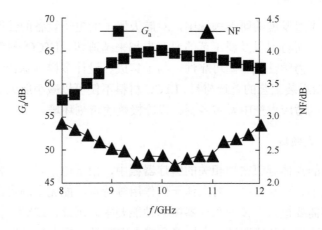

图 7.11　X 波段射频接收前端 SiP 增益和噪声

目前消费性电子因产品功能特性持续发展下，衍生出许多不同类型终端应用。进一步探究智能手机发展趋势可以发现，通信传输（RFFE，射频前端）、摄像头（camera）及传感器（sensor）（如光学、震动、陀螺仪等）持续导入相关系统，促使相应功能不断升级。

第六节　LTCC-SiP 封装市场展望

随着电子功率器件的飞速发展，电子封装陶瓷材料因其优异的导热、介电、耐腐蚀、高强度和高可靠性等优势，需求量越来越大，应用领域也在不断拓展[13]。电子封装陶瓷在与人们生活息息相关的电子通信、医疗器械、照明机械、汽车电子等领域有着非常广泛的应用。另外，随着微电子封装产业的不断发展，电子封装材料在航天、军工等重要领域也有着广阔的应用前景。

1. 电子通信领域

电子通信领域与人们生活紧密相连。在移动通信设备手机、蓝牙等产品中，相关的低温共烧陶瓷（LTCC）产品得到了普遍的应用。与传统通信技术相比，5G 接入工作器件时，首先需满足全频谱接入、高频段乃至毫米波传输和超高宽带传输三个基本要求。因此，在封装过程中，需要进一步研制低介电常数、高热导率、高绝缘、大规模集成化、高频化和高频谱效率的电子封装材料来满足当前信息技术领域的发展需求。

2. 航天电子领域

如今，在飞速发展的航天领域中，对航天器上的电子设备的性能要求越来越高。因此，对于新材料以及新工艺的研究也越来越迫切。LTCC 材料由于其优异的介电、热学、力学性能和高可靠性、易于集成、设计多样等综合性能，已成为 MCM 多芯片微组装工艺的首选材料。LTCC 材料不仅可以减小航天器载荷的体积与质量，还可以适应太空中恶劣多变、极冷极热的苛刻环境。

3. 医疗器械领域

在与人们的身体健康密切相关的医疗器械中，由于电子封装材料中的 LTCC 材料具有体积小、可靠性高、对人体无副作用等特点，能完全满足诸如心脏起搏器和助听器等需要植入人体的医疗器械的性能要求。因此，LTCC 材料广泛应用于医疗检测和监护设备等器械，在性能和成本方面具有极大的优势。

4. 汽车电子领域

随着人们对汽车等日常出行代步工具的工作可靠性和安全性等性能要求的不断提高，汽车控制正向智能化和电子化的方向飞速发展。LTCC 材料以其耐高温、抗振动性和密封性能优异等优势，在汽车电子电路领域具有重要的地位。发动机控制模块（ECU）和制动防抱死模块（ABS）就应用了 LTCC 技术和材料来满足对汽车高可靠性和高性能的要求。此外，在军用的集成电路和声表面波器件、晶体振荡器件、光电器件等领域，电子陶瓷封装材料也有较大的发展空间，并向多层化方向发展。可靠性好、柔性大、开发费用低的多层陶瓷封装外壳也是研究人员的关注重点。

参 考 文 献

[1]　田德文，孙昱祖，宋青林. 系统级封装的应用、关键技术与产业发展趋势研究[J]. 中国集成电路，2021，30（4）：20-35.

[2]　王燕，苏梦蜀. 一种频综 SiP 的设计开发[J]. 电子工艺技术，2022，43（5）：259-261，274.

[3]　谭庆华. 系统级封装：系统微型化趋势下的先进封装技术[J]. 集成电路应用，2011（7）：32-34.

[4]　Scanlan M C，Karim N，王正华. SiP（系统级封装）技术的应用与发展趋势（上）[J]. 中国集成电路，2004（11）：59-64.

[5]　Scanlan M C，Karim N，王正华. SiP（系统级封装）技术的应用与发展趋势（下）[J]. 中国集成电路，2004（12）：55-59.

[6]　郑学仁，李斌，姚若河，等. 系统级封装技术方兴未艾[J]. 中国集成电路，2003（8）：79-82.

[7]　李盼盼. 共创新发展，聚焦芯未来——中国集成电路设计业年会暨厦门集成电路产业创新发展高峰论坛（ICCAD 2022）成功召开[J]. 中国集成电路，2023，32（1）：19-23.

[8]　赵科，李茂松. 高可靠先进微系统封装技术综述[J]. 微电子学，2023，53（1）：115-120.

[9]　谢迪，李浩，王从香，等. 基于 TGV 工艺的三维集成封装技术研究[J]. 电子与封装，2021，21（7）：20-25.

[10]　胡杨，蔡坚，曹立强，等. 系统级封装（SiP）技术研究现状与发展趋势[J]. 电子工业专用设备，2012，41（11）：1-6，31.

[11]　李瀛生. 5G 毫米波技术在城市轨道交通中的应用[J]. 数字通信世界，2023（10）：100-102.

[12]　王峰岷，冯生. 26 GHz 毫米波专网在港口方面的应用探究[J]. 通信世界，2024，17：28-31.

[13]　杨振涛，余希猛，段强，等. 高温环境用陶瓷封装外壳研究[J]. 电子质量，2024，4：75-79.